FANUC宏程序
——编程技巧与实例精解

杜 军 编著

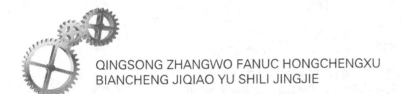

化学工业出版社
·北京·

这是一本让你轻松实现从入门到精通FANUC数控宏程序编程的书籍。

本书是实用性非常强的数控技术用书，详细介绍了以FANUC 0i系统为蓝本的B类宏程序的基础知识、数控车削加工宏程序编程和数控铣削加工宏程序编程相关知识。全书内容采用"实例法"由浅入深，由易到难，循序渐进的模块化方式编写，共分56个模块，先介绍相关入门基础知识导入学习，然后精选102道典型例题详细讲解以期重难点突破，最后精心设计了200余道针对性思考练习题供强化练习巩固提高（附参考答案），完全符合科学的学习模式。

本书可供数控行业的工程技术人员、从事数控加工编程及操作人员使用，也可作为各类大中专院校或培训学校的数控相关专业师生使用，还可作为各类数控竞赛和国家职业技能鉴定数控高级工、数控技师、高级技师的参考书。

图书在版编目（CIP）数据

轻松掌握FANUC宏程序——编程技巧与实例精解/杜军编著．—北京：化学工业出版社，2011.1（2024.9重印）
ISBN 978-7-122-10102-0

Ⅰ．轻… Ⅱ．①杜… Ⅲ．数控机床-程序设计
Ⅳ．TG659

中国版本图书馆CIP数据核字（2010）第241822号

责任编辑：张兴辉	文字编辑：项 潋
责任校对：周梦华	装帧设计：王晓宇

出版发行：化学工业出版社（北京市东城区青年湖南街13号　邮政编码100011）
印　　装：北京虎彩文化传播有限公司
787mm×1092mm　1/16　印张15　字数368千字　2024年9月北京第1版第9次印刷

购书咨询：010-64518888　　　　　　　　　售后服务：010-64518899
网　　址：http://www.cip.com.cn

凡购买本书，如有缺损质量问题，本社销售中心负责调换。

定　　价：46.00元　　　　　　　　　　　　　　　　　版权所有　违者必究

前言 FOREWORD

这是一本让你轻松实现从入门到精通 FANUC 数控宏程序编程的书籍。

如果你是数控编程学习人员，你是数控加工从业人员，那你懂宏程序吗？……不懂？……你会用宏程序吗？……不会？太难？……你对宏程序的应用了解全面吗？……了解一部分，不全面？……你 OUT（落伍）了！

什么是宏程序？

先看下面的例题：数控车削精加工图 1 所示 "ϕ30×40" 外圆柱面，设工件坐标系原点在右端面与轴线的交点上，加工路线 A→B，编制加工程序为 "G01 X30 Z-40 F0.1"，其中 "30"、"40" 是常量。若将图 1 中直径尺寸 "ϕ30" 和长度尺寸 "40" 分别用符号 "D" 和 "L" 替换（如图 2 所示），编制加工程序为 "G01 XD Z-L F0.1"。

不用想太多，"D" 和 "L" 都是符号而已，那么用其他符号代替也可以的吧。将图 2 中符号 "D" 和 "L" 分别用数控机床能认识的符号 "♯1" 和 "♯2" 替换（如图 3 所示，"♯1"、"♯2" 就是变量），加工程序就变为 "G01 X♯1 Z-♯2 F0.1"，这就是一个宏程序语句！

定义有了：含有 "♯i"（变量）符号的程序就叫宏程序！！很简单！

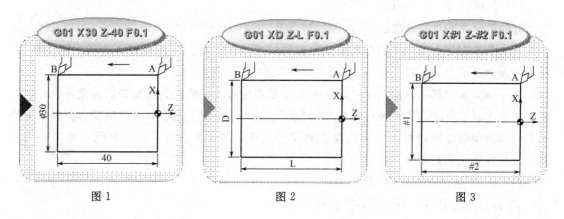

图 1　　　　　　　　图 2　　　　　　　　图 3

宏程序给你带来什么？

宏程序的典型应用：

(1) 定制专属固定循环指令

重复出现的相同结构、形状相似、尺寸不同的系列产品，还有如大平面铣削等典型的循环动作均可轻松实现一条指令调用宏程序完成期望动作，将重复或复杂的问题简单化，还可设为G、M、T指令方便调用。

(2) 实现曲线插补

系统仅提供了直线插补和圆弧插补，运用宏程序可实现公式曲线的插补功能，椭圆、双曲线、抛物线、正弦曲线等非圆曲线尽在掌握，可大大拓展系统插补指令。

关于宏程序能给你带来的改变，也许从下图能有所了解。

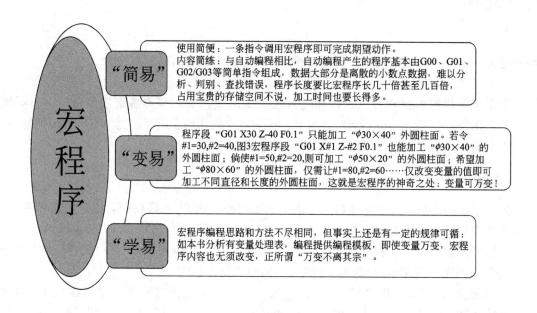

本书为你提供什么？

(1) 教练式教学，学习轻松简单

好的教学方式等于成功的一半。

本书章节布局合理，全部采用模块化编写，可从头至尾，从易到难，由浅入深地学习，也可单独学习研究某一章节。

每一小节按"基础知识"、"例题讲解"、"思考练习"三部曲方式安排，完全符合科学有效的教练式教学模式。先精细化介绍基础知识，对所涉知识了然于胸，然后精选具有代表性的题目作为例题详细讲解，作为示范以例导学，最后安排大量练习题，采用一课多练的方式，检验并强化巩固所学知识。

(2) 活学活用，从入门到精通

"熟读唐诗三百首，不会作诗也会吟。"

本书打造了"一图一表"（一幅变量模型图，一张变量处理表）的特色例题讲解模式，生动形象，大大提高学习效率，入门从此变得轻松简单。同时提供海量针对性的习题，在不断练习的过程中逐渐学以致用、举一反三，俗话说"曲不离口，拳不离手"，熟才能生巧，只有大量的强化练习方能真正将知识纳为己用,精通不再遥远。

(3) 现学现用,不懂也能用

"临阵磨枪,不快也光。"

本书亦可作为宏程序编程手册式书籍,章节模块化可单独查询学习,使用方便;每节例题采用模板式编写,可以"拿来主义"不求甚解直接套用。

君不见各种数控竞赛中宏程序大显身手,这是它高贵的一面;君不见它能像固定循环一样使编程和加工工作变得简单快捷,这是它普通的一面。驾驭它,你就能"高人一等"!毋庸置疑,宏程序是数控加工编程的高级内容,有人称它为"数控编程金字塔的塔尖"来形容它的高度与难度,通过本书的学习,它将高度犹存,难度不在。

还等什么?Let's go!

编著者

CONTENTS

目录

第1章 宏程序基础   Page 001

- 1.1 概述 …………………………… 1
- 1.2 宏程序入门 …………………… 4
- 1.3 变量 …………………………… 7
  - 1.3.1 概述 ……………………… 7
  - 1.3.2 系统变量 ……………… 10
- 1.4 算术和逻辑运算 ……………… 17
- 1.5 转移和循环语句 ……………… 22
- 1.6 宏程序的调用 ………………… 29
  - 1.6.1 概述 …………………… 29
  - 1.6.2 简单宏程序调用（G65）… 29
  - 1.6.3 模态宏程序调用
    （G66、G67）…………… 32
  - 1.6.4 G指令宏程序调用 …… 35
  - 1.6.5 M指令宏程序调用 …… 37
  - 1.6.6 M指令子程序调用 …… 38

第2章 数控车削加工宏程序编程   Page 040

- 2.1 概述 …………………………… 40
- 2.2 数控车削加工系列零件 ……… 40
- 2.3 数控车削加工固定循环 ……… 43
  - 2.3.1 外圆柱（锥）面加工循环 … 43
  - 2.3.2 外圆柱（锥）螺纹加工
    循环 ……………………… 46
  - 2.3.3 梯形螺纹加工循环 …… 48
  - 2.3.4 圆弧螺纹加工循环 …… 52
  - 2.3.5 变螺距螺纹加工循环 … 55
  - 2.3.6 钻孔加工循环 ………… 61
  - 2.3.7 固定循环综合编程 …… 63
- 2.4 数控车削加工公式曲线类零件 … 67
  - 2.4.1 数控车削加工公式曲线类
    零件编程模板 …………… 67
  - 2.4.2 工件原点在椭圆中心的正
    椭圆类零件车削加工 …… 71
  - 2.4.3 工件原点不在椭圆中心的正
    椭圆类零件车削加工 …… 77
  - 2.4.4 G65调用宏程序加工正椭
    圆类零件车削加工 ……… 81
  - 2.4.5 倾斜椭圆类零件车削加工 … 83
  - 2.4.6 抛物线类零件车削加工 … 88
  - 2.4.7 双曲线类零件车削加工 … 92
  - 2.4.8 正弦曲线类零件车削加工 … 94
  - 2.4.9 其他公式曲线类零件
    车削加工 ………………… 98

第3章 数控铣削加工宏程序编程   Page 102

- 3.1 概述 ………………………… 102
- 3.2 数控铣削加工系列零件 …… 103
  - 3.2.1 不同尺寸规格系列零件
    的铣削加工 …………… 103
  - 3.2.2 相同轮廓的重复铣削加工 … 105
- 3.3 数控铣削加工固定循环 …… 107

- 3.4 零件平面铣削加工 …………………… 109
  - 3.4.1 长方形零件平面铣削加工 ………………………… 109
  - 3.4.2 圆形零件平面铣削加工 … 112
- 3.5 公式曲线类零件铣削加工 …… 116
  - 3.5.1 工件原点在椭圆中心的正椭圆类零件铣削加工 … 116
  - 3.5.2 工件原点不在椭圆中心的正椭圆类零件铣削加工 ………… 119
  - 3.5.3 倾斜椭圆类零件铣削加工 ………………………… 122
  - 3.5.4 抛物线类零件铣削加工 … 129
  - 3.5.5 双曲线类零件铣削加工 … 132
  - 3.5.6 其他公式曲线类零件铣削加工 ………………………… 135
- 3.6 孔系类零件铣削加工 …………… 138
  - 3.6.1 直线点阵孔系铣削加工 … 138
  - 3.6.2 圆周均分孔系铣削加工 … 140
  - 3.6.3 矩形网式点阵孔系铣削加工 ………………………… 145
  - 3.6.4 大直径内螺纹铣削加工 …… 148
- 3.7 凹槽类零件铣削加工 …………… 152
  - 3.7.1 圆形凹槽零件铣削加工 … 152
  - 3.7.2 矩形凹槽类零件铣削加工 … 155
  - 3.7.3 键槽类零件铣削加工 …… 157
  - 3.7.4 阿基米德螺线凹槽类零件铣削加工 …………………… 159
  - 3.7.5 空间曲线槽零件铣削加工 … 162
- 3.8 球面类零件铣削加工 …………… 164
  - 3.8.1 凸球面类零件铣削加工 … 164
  - 3.8.2 凹球面类零件铣削加工 … 171
  - 3.8.3 椭球面类零件铣削加工 … 174
- 3.9 凸台类零件铣削加工 …………… 178
  - 3.9.1 圆锥台类零件铣削加工 … 178
  - 3.9.2 椭圆锥台类零件铣削加工 … 182
  - 3.9.3 天圆地方凸台类零件铣削加工 …………………… 185
  - 3.9.4 水平圆柱面铣削加工 …… 189
- 3.10 数控铣削加工零件轮廓倒角 …… 193

参考答案 …… Page 199

参考文献 …… Page 231

第1章 宏程序基础

1.1 概述

(1) 用户宏程序的概念

在一般的程序编制中程序字为常量,一个程序只能描述一个几何形状,当工件形状没有发生改变但是尺寸发生改变时,只能重新编程,灵活性和适用性差。另外在编制如椭圆等没有插补指令的公式曲线加工程序时,需要逐点算出曲线上的点,然后用直线或圆弧段逼近,如果零件表面粗糙度要求很高则需要计算很多点,程序庞大且不利于修改。利用数控系统提供的宏程序功能,当所要加工的零件形状不变只是尺寸发生了一定变化的情况时,只需要在程序中给要发生变化的尺寸加上几个变量和必要的计算公式,当加工的是椭圆等非圆曲线时,只需要在程序中利用数学关系来表达曲线,然后实际加工时,尺寸一旦发生变化,只要改变这几个变量的赋值参数就可以了。这种具有变量,并利用对变量的赋值和表达式来进行对程序编辑的程序叫宏程序。

数控系统供应商提供的宏程序称为系统宏程序,用户不能修改只能使用,如循环指令G70、G81等。客户自行编制的宏程序称为用户宏程序,可以修改、存储等。平常说的宏程序就是指用户宏程序。

宏程序可以较大地简化编程,扩展应用范围。宏程序适合图形类似只是尺寸不同的系列零件的编程,适合刀具轨迹相同只是位置参数不同的系列零件的编程,也适合抛物线、椭圆、双曲线等没有插补指令的曲线编程。

(2) 宏程序编程的基本特征

普通编程只能使用常量,常量之间不能运算,程序只能顺序执行,不能跳转。宏程序编程与普通程序编制相比有以下特征。

① **使用变量** 可以在宏程序中使用变量,使得程序更具有通用性,当同类零件的尺寸发生变化时,只需要更改宏程序主体中变量的值就可以了,而不需要重新编制程序。

② **可对变量赋值** 可以在宏程序调用命令中对变量进行赋值或在参数设置中对变量赋值,使用者只需要按照要求使用,而不必去理解整个宏程序内部的结构。

③ **变量间可进行演算** 在宏程序中可以进行变量的计算和算术逻辑运算,从而可以加工出非圆曲线轮廓和一些简单的曲面。

④ **程序运行可以跳转** 在宏程序中可以改变控制执行顺序。

(3) 宏程序与子程序的比较

① **相同之处** 宏程序是提高数控机床性能的一种特殊功能,使用中通常把能完成某一

功能的一系列指令像子程序一样存入存储器，然后用一个总指令代表它们，使用时只需给出这个总指令就能执行该功能。

子程序是将零件中常出现的几何形状完全相同的加工轨迹，编制成有固定顺序和重复模式的程序段，通常在几个程序中都会使用它。

宏程序的调用和子程序完全一样。

② **不同之处** 虽然子程序对编制相同加工操作的程序非常有用，但宏程序由于允许使用变量算术或逻辑运算及条件转移，使得编制相同甚至类似加工操作的程序更方便、更容易，如发展成打包好的自定义的固定循环。加工程序可利用一条简单的指令来调用宏程序，就像使用子程序一样，但是宏程序在调用指令中可对变量进行赋值。

(4) 宏程序的优点

① **长远性** 数控系统中随机携带有各种固定循环指令，这些指令是以宏程序为基础开发的通用的固定循环指令。通用循环指令有时对于工厂中实际的某一类特点的加工零件并不一定能满足加工要求，可以根据加工零件的具体特点，量身定制出适合这类零件特征的专用的宏程序，并固化在数控系统内部。这种专用的宏程序像使用普通固定循环指令一样调用，使数控系统增加了专用的固定循环指令，只要这一类零件继续生产，这种专用固定循环指令就一直存在并长期应用，因而，数控系统的功能得到增强和扩大。

② **共享性** 宏程序的编制确实存在相当的难度，要想编制出一个加工效率高、程序简洁、功能完善的宏程序更是难上加难，但是这并不影响宏程序的使用。正如设计一台电视机要涉及多方面的知识，考虑多方面的因素，是复杂的事情，但使用电视机却是一件相对简单的事情，使用者只要熟悉它的操作与使用，并不注重其内部构造和结构原理。宏程序的使用也是一样，使用者只需懂其功能、各参数的具体含义、使用限制注意事项即可，不必了解其设计过程、原理、具体程序内容。使用宏程序者不是必须要懂得宏程序，当然懂得宏程序可以更好地应用宏程序。

③ **多功能性** 宏程序的功能包含以下几个方面。

a. 相似系列零件的加工。同一类相同特征不同尺寸的零件，给定不同的参数，使用同一个宏程序就可以加工，编程得到大幅度简化。

b. 非圆曲线的拟合处理加工。对于椭圆、双曲线、抛物线、螺旋线、正（余）弦曲线等可以用数学公式描述的非圆曲线的加工，数控系统一般没有这样的插补功能，但是应用宏程序功能，可以将这样的非圆曲线用非常微小的直线段或圆弧段拟合加工，得到满足精度要求的非圆曲线。

c. 曲线交点的计算功能。在复杂零件结构中，许多节点的坐标是需要计算才能得到的，例如，直线与圆弧的交点、切点，直线与直线的交点，圆弧与圆弧的交点、切点等，不用人工计算并输入，只要输入已知的条件，节点坐标可以由宏程序计算完成并直接编程加工，在很大程度上增强了数控系统的计算功能，降低了编程的难度。

d. 人机界面及功能设计。数控系统一般针对通用机床开发，但也可用于专用机床，为适应专用机床的特点，数控系统显示的人机界面可用宏程序改变，但这需要厂家的技术支持。

④ **简练性与智能性** 宏程序是程序编制的高级阶段，程序编制的质量与编程人员的素质息息相关。高素质的编程人员在宏程序的编制过程中可以融入积累的工艺经验技巧，考虑轮廓要素之间的数学关系，应用适当的编程技巧，使程序非常简练，并且加工效果好。宏程序是由人工编制的，必然包含人的智能因素，程序中应考虑到各种因素对加工过程及精度的影响。

在质量上，自动编程产生的程序基本由 G00、G01、G02/G03 等简单指令组成，数据大部分是离散的小数点数据，难以分析、判别、查找错误，程序长度要比宏程序长几十倍甚至几百倍，不仅占用宝贵的存储空间，加工时间也要长得多。

(5) 编制宏程序的基础要求

宏程序的功能强大，但学会编制宏程序有相当的难度，要求掌握多方面的基础知识。

① **数学基础知识** 编制宏程序必须有良好的数学基础，数学知识的作用有多方面：计算轮廓节点坐标需要频繁的数学运算；在加工规律曲线、曲面时，必须熟悉其数学公式并根据公式编制相应的宏程序拟合加工，如椭圆的加工；更重要的是，良好的数学基础可以使人的思维敏捷，具有条理性，这正是编制宏程序所需要的。

② **计算机编程基础知识** 宏程序是一类特殊的、实用性极强的专用计算机控制程序，其中许多基本概念、编程规则都是从通用计算机语言编程中移植过来的，所以学习 C 语言、BSAIC、FORTAN 等高级编程语言的知识，有助于快速理解并掌握宏程序。

③ **一定的英语基础** 在宏程序编制过程中需要用到许多英文单词或单词的缩写，掌握一定的英语基础可以正确理解其含义，增强分析程序和编制程序的能力；再者，数控系统面板按键及显示屏幕中也有为数不少的英语单词，良好的英语基础有利于熟练操作数控系统。

④ **耐心与毅力** 相对于普通程序，宏程序显得枯燥而难懂。编制宏程序过程需要灵活的逻辑思维能力，调试宏程序需要付出更多的努力，发现并修正其中的错误需要耐心与细致，更要有毅力从一次次失败中汲取经验教训并最终取得成功。

(6) FANUC 用户宏程序的分类

FANUC 用户宏程序功能分 A、B 两类，在功能上差异并不大，但在编程和分析判读方面，B 类宏程序要比 A 类宏程序清晰容易得多。A 类宏程序使用的是 G65 Hm 指令，指令格式长而含义表达含糊，B 类宏程序使用的是高级语言编程，表达式简单明了而且含义清晰。

例如，要表达 #101＝#102＋#103；

A 类宏程序为　G65　H02　P#101　Q#102　R#103；（"G65　H02"代表加法运算）
B 类宏程序为　#101＝#102＋#103；

在用户宏程序发展的初期，A 类宏程序用于车床数控系统（如 FANUC 0TD）较多，B 类宏程序用于铣床和加工中心数控系统较多，而现在绝大部分 FANUC 系统（如 FANUC 0i）中都应用了 B 类宏程序，使宏程序的编制得到了简化，本书中均以 FANUC 0i 系统为蓝本的 B 类宏程序进行讲解。

(7) 用户宏程序的使用

宏程序语句（简称宏指令）既可以在主程序体中使用，也可以当作子程序来调用。

① **放在主程序体中**

```
...
N50  #100=30.0;
N60  #101=20.0;
N70  G01 X#100 Y#101 F500;
...
```

② **当作子程序调用**

主程序：

O1001;　　　　　　　　　　　（主程序号）
...

第 1 章　宏程序基础

...
N100 G65 P1002 L2 A1.0 B2.0;　　　（调用1002号宏程序2次,将值传递给#1和#2变量）
...
...
M30;　　　　　　　　　　　　　　　（主程序结束）
　　宏程序:
O1002;　　　　　　　　　　　　　　（宏程序号）
N10 #3=#1+#2;　　　　　　　　　　（赋值语句）
N20 IF [#3GT360]GOTO40;　　　　　（条件转移语句）
N30 G00 G91 X#3;　　　　　　　　 （快速点定位）
N40 M99;　　　　　　　　　　　　　（宏程序结束并返回主程序）

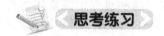

1. FANUC用户宏程序有哪些种类?
2. 宏程序编程与普通程序编制相比有哪四大特征?
3. 用户宏程序有哪些优点?它可以用于哪些方面的数控编程?
4. 用户宏程序的用法有哪几种?

1.2　宏程序入门

　　为了让读者对宏程序有一个比较简单的认识,这里先介绍两个宏程序入门例题,它们分别属于将宏指令放在主程序体中和当作子程序来调用的两种不同应用方式。

　　【例1-1】　数控铣削精加工图1-1(a)所示矩形外轮廓,要求采用宏程序指令编制加工程序。

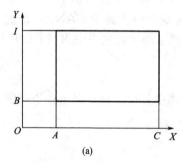
(a)

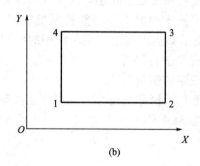
(b)

图1-1　矩形外轮廓数控铣削加工

　　解　假定起刀点在O点,如图1-1(b)所示,按O→1→2→3→4→1→O的走刀轨迹加工(不考虑刀具补偿等问题),则加工程序如下:

N10 G00 XA YB;　　　　　　　　　（从O点快速点定位至1点）
N20 G01 XC F100;　　　　　　　　（直线插补至2点）
N30 YI;　　　　　　　　　　　　　（直线插补至3点）
N40 XA;　　　　　　　　　　　　　（直线插补至4点）
N50 YB;　　　　　　　　　　　　　（直线插补至1点）

N60 G00 X0 Y0;　　　　　　　（返回O点）

将程序中变量A、B、C、I用宏程序中的变量♯i来代替,设字母与的♯i的对应关系为（即将A、B、C、I分别赋值给♯1、♯2、♯3和♯4）:

♯1＝A
♯2＝B
♯3＝C
♯4＝I

则编制宏程序如下:

N10 ♯1＝A;　　　　　　　　（将A值赋给♯1）
N20 ♯2＝B;　　　　　　　　（将B值赋给♯2）
N30 ♯3＝C;　　　　　　　　（将C值赋给♯3）
N40 ♯4＝I;　　　　　　　　（将I值赋给♯4）
N50 G00 X♯1 Y♯2;　　　　　（从O点快速点定位至1点）
N60 G01 X♯3 F100;　　　　　（直线插补至2点）
N70 Y♯4;　　　　　　　　　（直线插补至3点）
N80 X♯1;　　　　　　　　　（直线插补至4点）
N90 Y♯2;　　　　　　　　　（直线插补至1点）
N100 G00 X0 Y0;　　　　　　（返回O点）

当加工同一类尺寸不同的零件时,只需改变宏指令的数值即可,而不必针对每一个零件都编一个程序。当然,实际使用时一般还需要在上述程序中加上坐标系设定、刀具半径补偿和F、S、T等指令。

【例1-2】 调用宏程序车削加工图1-2所示的台阶轴零件。

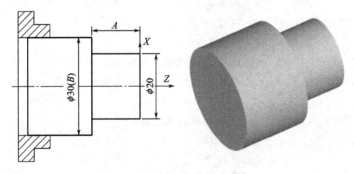

图1-2　台阶轴零件数控车削加工

解 图中标注A的轴肩通常有不同长度,采用宏程序编程可以满足加工不同A尺寸工件的需要。为了加工该工件,需要按照一般的格式编制主程序,在主程序中通常是刀具到达准备开始加工位置时,有一程序段调用宏程序,宏程序执行结束,则返回主程序中继续执行。编制加工程序如下。

主程序:

O1010;　　　　　　　　　　（主程序号）
N10 G50 X150.0 Z50.0;　　　（工件坐标系设定）
N20 S550 M03;　　　　　　　（主轴正转）

```
N30 G00 X20.0 Z2.0;            （刀具快速到达切削起始点）
N40 G65 P1011 A15;             （调用1011号用户宏程序，将轴肩长度"15"赋值给变量#1）
N50 G01 X30.0;                 （车削轴肩）
N60 G00 X150.0 Z200.0;         （快速返回刀具起始点）
N70 M05;                       （主轴停转）
N80 M30;                       （程序结束）
```

宏程序：

```
O1011;                         （宏程序号）
G01 Z－#1 F0.2;                （车削外圆，可获得任意轴肩长度）
M99;                           （返回主程序）
```

在主程序中，N40程序段用G65指令调用1011号宏程序，A15表示将轴肩的长度15mm赋值给变量#1。车削轴端外圆并保证所需长度尺寸是通过宏程序中下面程序段实现的：

G01 Z－#1 F0.2;

如果用一般程序加工轴肩长度为"15"的外圆，可输入下面的程序段：

G01 Z－15.0 F0.2;

然而，这只能加工这种长度的工件。宏程序允许用户加工任意所需长度的工件，这可以通过改变G65指令中地址A后的数值实现。

轴肩的长度加工完成后，执行M99返回到主程序，加工轴肩端面并获得所需直径。如果轴肩直径（图1-2中B尺寸）也需要变化，也可以通过宏程序实现。为此，在主程序中还需要加入地址B，程序可修改如下。

主程序：

```
O1012;                         （主程序号）
N10 G50 X150.0 Z50.0;          （工件坐标系设定）
N20 S550 M03;                  （主轴正转）
N30 G00 X20.0 Z2.0;            （刀具快速到达切削起始点）
N40 G65 P1013 A15.0 B30.0;     （调用用户宏程序，将轴肩长度"15"和轴肩直径"30"分别赋
                                值给变量#1和#2）
N50 G00 X150.0 Z200.0;         （快速返回刀具起始点）
N60 M05;                       （主轴停转）
N70 M30;                       （程序结束）
```

宏程序：

```
O1013;                         （宏程序号）
G01 Z－#1 F0.2;                （车削外圆，可获得任意轴肩长度）
X#2;                           （车削轴肩可得到任意直径）
M99;                           （返回主程序）
```

该程序中通过地址B把直径"30"赋值给变量#2，只需要修改N40程序段中的A、B值即可加工不同轴肩长度直径的工件。

从以上例子可以看出，用户宏程序中可以用变量代替具体数值，因而在加工同一类型工件时，只需对变量赋不同的值，而不必对每一个零件都编一个程序。

思考练习

1. 编制精加工图 1-3(a) 所示直径为 D、长度为 L 的外圆柱面的部分程序段，请完成填空并回答问题。

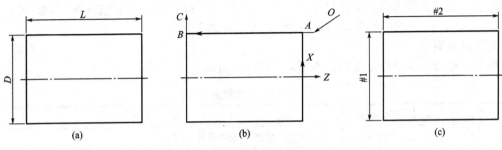

图 1-3 圆柱面的加工

如图 1-3(b) 所示，建立工件坐标系原点于右端面与轴线的交点上，按 $O \to A \to B \to C$ 的路线加工（设 A 点距离工件右端面 2mm，C 点距离工件外圆面 5mm），编制部分加工程序如下。
$O \to A$：G00 X[D] Z2.0；
$A \to B$：G01 X[D] Z[−L] F0.1；
$B \to C$：G00 X[D+10] Z_____；

如图 1-3(c) 所示，若用 #1 替代直径 D，用 #2 替代长度 L，则将上述程序修改为：
$O \to A$：G00 X#1 Z2.0；
$A \to B$：G01 X_____ Z−#2 F0.1；
$B \to C$：G00 X[#1+10] Z−#2；

若要求精加工 "$\phi 40 \times 25$" 的外圆柱面，执行如下程序即可：
#1=40；
#2=25；
G00 X#1 Z2.0；
G01 X#1 Z−#2 F0.1；
G00 X[#1+10] Z−#2；
请问若要求精加工 "$\phi 32 \times 20$" 的外圆柱面，程序应如何修改？

2. 试简述采用常量编程（普通程序）和用变量编程（宏程序）各有何特点。

1.3 变量

1.3.1 概述

值不发生改变的量称为常量，如 "G01 X100 Y200 F300" 程序段中的 "100"、"200"、"300" 就是常量，而值可变的量称为变量，在宏程序中使用变量来代替地址后面的具体数值，如 "G01 X#4 Y#5 F#6" 程序段中的 "#4"、"#5"、"#6" 就是变量。变量可以在程序中或 MDI 方式下对其进行赋值。变量的使用可以使宏程序具有通用性，并且在宏程序中可以使用多个变量，彼此之间用变量号码进行识别。

(1) 变量的表示形式

变量的表示形式为：#i，其中，"#" 为变量符号，"i" 为变量号，变量号可用 1、2、

3等数字表示，也可以用表达式来指定变量号，但其表达式必须全部写入方括号"[ ]"中，例如♯1和♯[♯1+♯2+10]均表示变量，当变量♯1=10，变量♯2=100时，变量♯[♯1+♯2+10]表示♯120。

表达式是指用方括号"[ ]"括起来的变量与运算符的结果。表达式有算术表达式和条件表达式两种。算术表达式是使用变量、算术运算符或者函数来确定的一个数值，如[10+20]、[♯10*30]、[♯10+42]和[1+SIN[30]]都是算术表达式，它们的结果均为一个具体的数值。条件表达式的结果是零（假）（FALSE）或者任何非零值（真）（TRUE），如[10GT5]表示一个"10大于5"的条件表达式，其结果为真。

(2) 变量的类型

根据变量号，变量可分成四种类型，如表1-1所示。

表1-1 变量类型

变量号	变量类型	功　　能
♯0	空变量	该变量总是空的，不能被赋值（只读）
♯1～♯33	局部变量	局部变量只能在宏程序内部使用，用于保存数据，如运算结果等。当电源关闭时，局部变量被清空，而当宏程序被调用时，（调用）参数被赋值给局部变量
♯100～♯149(♯199) ♯500～♯531(♯999)	公共变量	公共变量在不同宏程序中的意义相同。当电源关闭时，变量♯100～♯149被清空，而变量♯500～♯531的数据仍保留
♯1000～♯9999	系统变量	系统变量可读、可写，用于保存NC的各种数据项，如：当前位置、刀具补偿值、机床模态等

注意：

① 公共变量♯150～♯199，♯532～♯999是选用变量，应根据实际系统使用。

② 局部变量和公共变量称为用户变量。局部变量和公共变量可以有"0"值或在下述范围内的值：$-10^{47} \sim 10^{-29}$或$10^{-29} \sim 10^{47}$，如计算结果无效（超出取值范围）时，发出编号"111"的错误警报。

(3) 变量的引用

将跟随在地址符后的数值用变量来代替的过程称为引用变量。同样，引用变量也可以采用表达式。在程序中引用（使用）变量时，其格式为在指令字地址后面跟变量号。当用表达式表示变量时，表达式应包含在一对方括号内，如："G01 X[♯1+♯2] F♯3;"。

变量引用的注意事项：

① 被引用变量的值会根据指令地址的最小输入单位自动进行四舍五入，例如，程序段"G00 X♯1"，给变量♯1赋值12.3456，在1/1000mm的CNC上执行时，程序段实际解释为"G00 X12.346"。

② 要使被引用的变量值反号，在"♯"前加前缀"-"即可，如"G00 X-♯1;"。

③ 当引用未定义（赋值）的变量时，这样的变量称为"空"变量（变量"♯0"总是空变量），该变量前的指令地址被忽略，如：♯1=0，♯2="空"（未赋值），执行程序段"G00 X♯1 Y♯2;"，结果为"G00 X0"。

④ 当引用一个未定义的变量时，地址本身也被忽略。

⑤ 变量引用有限制，变量不能用于程序号"O"、程序段号"N"、任选段跳跃号"/"，例如，如下变量使用形式均是错误的。

O♯1;
/♯2 G00 X100.0;
N♯3 Y200.0;

（4）变量的赋值

赋值是指将一个数赋予一个变量。变量的赋值方式有两种。

① **直接赋值** 变量可以在操作面板上用 MDI 方式直接赋值，也可在程序中以等式方式赋值，但等号左边不能用表达式。

例如，"♯1＝100；"中，"♯1"表示变量；"＝"表示赋值符号，起语句定义作用；"100"就是给变量♯1赋的值。

"♯100＝30＋20；"中，将表达式"30＋20"赋值给变量♯100，即♯100＝50。

直接赋值相关注意事项：

a. 赋值符号（＝）两边内容不能随意互换，左边只能是变量，右边可以是数值、表达式或者变量。

b. 一个赋值语句只能给一个变量赋值。

c. 可以多次给一个变量赋值，但新的变量值将取代旧的变量值，即最后赋的值有效。

d. 在程序中给变量赋值时，可省略小数点。例如，当♯1＝123被定义时，变量♯1的实际值为123.0。

e. 赋值语句在其形式为"变量＝表达式"时具有运算功能。在运算中，表达式可以是数值之间的四则运算，也可以是变量自身与其他数据的运算结果，如："♯1＝♯1＋1"，则表示新的♯1等于原来的♯1＋1，这点与数学等式是不同的。

需要强调的是："♯1＝♯1＋1"形式的表达式可以说是宏程序运行的"原动力"，任何宏程序几乎都离不开这种类型的赋值运算，而它偏偏与人们头脑中根深蒂固的数学上的等式概念严重偏离，因此对于初学者往往造成很大的困扰，但是如果对计算机编程语言（例如 C 语言）有一定了解的话，对此应该更易理解。

f. 赋值表达式的运算顺序与数学运算的顺序相同。

② **自变量赋值** 宏程序以子程序方式出现时，所用的变量可在宏程序调用时赋值。例如，程序段"G65 P1020 X100.0 Y30.0 Z20.0 F100"，该处的 X、Y、Z 不代表坐标字，F 也不代表进给字，而是对应于宏程序中的局部变量号，变量的具体数值由自变量后的数值决定（详见 1.6"宏程序的调用"）。

一、选择题

1. 宏程序中的♯110属于（　　）。
　A）常量　　　　　B）局部变量　　　　C）系统变量　　　　D）公共变量

2. 若♯103＝50时，F♯103表示（　　）。
　A）F50　　　　　B）F103　　　　　　C）F0　　　　　　　D）表示形式有误

3. 若♯110＝100时，对于Z-♯110最准确的表示是（　　）。
　A）Z－100.0　　B）Z－100　　　　　C）Z100.0　　　　　D）Z－110.0

4. 若♯120＝3时，G♯120表示（　　）。
　A）G03　　　　　B）G120　　　　　　C）G00　　　　　　D）表示形式有误

5. 若♯130＝90时，N♯130表示（　　）。
　A）N90　　　　　B）N130　　　　　　C）N0　　　　　　　D）表示形式有误

6. 执行如下两程序段后，N2程序段计算的是变量（　　）的值，其值为（　　）。
N1 ♯1＝3；

N2 #[#1]=3.5+#1;
A) #1, 3.5   B) #1, 6.5   C) #3, 6.5   D) #3, 3.5

7. 若有50=#100+1,则该程序段表示（　　）。
A) 直接赋值   B) 自变量赋值   C) 变量赋值   D) 赋值形式有误

8. 若有#50=#50+10,则#50的值为（　　）。
A) 10   B) 60   C) 0   D) 赋值错误

二、简答题

1. "宏程序可以使用多个变量，这些变量可以用变量号来区别"，这句话对吗？
2. #1=0，#2=#0,则"G00 X#1 Y#2"的执行结果是什么？
3. 执行如下两程序段后，#1的值为多少？

#1=20；
#1=2；

4. 执行如下两程序段后，#1的值为多少？

#1=20；
#1=#1+2；

5. 执行如下程序段后，N1程序段的常量形式是什么？

#1=0；
#11=90；
#1=1.0；
#2=0.0；
N1 G#7 G#11 X#1 Y#2；

6. 执行如下程序段后，N1程序段的常量形式是什么？

#1=1；
#2=0.5；
#3=3.7；
#4=20；
N1 G#1 X[#1+#2] Y#3 F#4；

7. 执行如下程序段后，N2程序段的常量形式是什么？

#1=1；
#2=0.5；
#4=20；
N2 G#1 X[#1+#2] Y#3 F#4；

1.3.2 系统变量

系统变量是宏程序变量中一类特殊的变量，其定义为：数控系统中所使用的有固定用途和用法的变量，它们的位址是固定对应的，它的值决定系统的状态。系统变量一般由"#"后跟4位数字来定义，它能获取包含在机床处理器或NC内存中的只读或读/写信息，包括与机床处理器有关的交换参数、机床状态获取参数、加工参数等系统信息。宏程序中还有许多不同功能和含义的系统变量，有些只可读，有些既可读又可写。系统变量对于系统功能二次开发至关重要，它是自动控制和通用加工程序开发的基础。系统变量的序号与系统的某种状态有严格的对应关系，在确实明白其含义和用途前，不要任意应用，否则会造成难以预料的结果。

(1) 接口信号

接口信号是在可编程机床控制器（PMC）和用户宏程序之间进行交换的信号。表1-2为用于接口信号的系统变量。

表1-2 用于接口信号的系统变量

变量号	功能
#1000~#1015 #1032	用于从PMC传送16位的接口信号到用户宏程序。#1000~#1015信号是逐位读取的,而#1032信号是16位一次读取的
#1100~#1115 #1132	用于从用户宏程序传送16位的接口信号到PMC。#1100~#1115信号是逐位写入的,而#1132信号是16位一次写入的
#1133	用于从用户宏程序一次写入32位的接口信号到PMC 注意:#1133取值范围为-99999999~+99999999

(2) 刀具补偿

使用这类系统变量可以读取或者写入刀具补偿值,刀具补偿存储方式有三种,分别见表1-3~表1-5。

变量号的后3位数对应于刀具补偿号,如#10080或#2080均对应补偿号"80"。

可使用的变量数取决于刀具补偿号和是否区分外形补偿和磨损补偿,以及是否区分刀具长度补偿和刀具半径补偿。当刀具补偿号小于或等于200时,#10000组或#2000组都可以使用(表1-3、表1-4),但当刀具补偿号大于200,采用刀具补偿存储方式C(表1-5)的时候应避开#2000组的变量号码,而使用#10000组的变量号码。

与其他的变量一样,刀具补偿数据可以带有小数点,因此小数点之后的数据输入时应加入小数点。

表1-3 刀具补偿存储方式A的系统变量

补偿号	系统变量
1	#10001(#2001)
...	...
200	#10200(#2200)

表1-4 刀具补偿存储方式B的系统变量

补偿号	半径补偿	长度补偿
1	#11001(#2201)	#10001(#2001)
...	...	...
200	#11200(#2400)	#10200(#2200)

表1-5 刀具补偿存储方式C的系统变量

补偿号	刀具长度补偿(H)		刀具半径补偿(D)	
	外形补偿	磨损补偿	外形补偿	磨损补偿
1	#11001(#2201)	#10001(#2001)	#13001	#12001
...	...	...	...	...
200	#11201(#2400)	#10201(#2200)	...	...
...	...	...	...	...
400	#11400	#10400	#13400	#12400

注意:以上变量可能会因机床参数不同而使磨损补偿系统变量与外形补偿系统变量相反,或者与坐标所使用的变量相冲突,所以在使用之前先要确认机床具体的刀具补偿系统变量。

(3) 宏程序报警

宏程序报警系统变量号码3000使用时,可以强制NC处于报警状态,如表1-6所示。

表 1-6　宏程序报警的系统变量

变量号	功　能
♯3000	当♯3000 值为 0～200 间的某一值时，CNC 停止并显示报警信息。可在表达式后指定不超过 26 个字符的报警信息。CRT 屏幕上显示报警号和报警信息，其中报警号为变量♯3000 的值加上 3000

例如，执行程序段"♯3000＝1（TOOL NOT FOUND）"后，CNC 停止运行，报警屏幕将显示"3001 TOOL NOT FOUND"（刀具未找到），其中"3001"为报警号，"TOOL NOT FOUND"为报警信息。

（4）程序停止和信息显示

变量号码 3006 使用时，可停止程序并显示提示信息，启动后可继续运行，见表 1-7。

表 1-7　停止和信息显示系统变量

变量号	功　能
♯3006	在宏程序中指令"♯3006＝1(MESSAGE)；"时，程序在执行完前一程序段后停止，并在 CRT 上显示括号内不超过 26 个字符的提示信息

（5）时间信息

时间信息可以读和写，用于时间信息的系统变量，见表 1-8。通过对"♯3011"和"♯3012"时间信息系统变量赋值，可以调整系统的显示日期（年/月/日）和当前的时间（时/分/秒）。

表 1-8　时间信息的系统变量

变量号	功　能
♯3001	这个变量是一个以 1 毫秒(ms)为增量一直计数的计时器，当电源接通时或达到 $2147483648（2^{32}）$ 毫秒时，该变量值复位为"0"重新开始计时
♯3002	这个变量是一个以 1 小时(h)为增量，当循环启动灯亮时开始计数的计时器，电源关闭后计时器值依然保持，达到 9544.371767h 时复位为"0"(可用于刀具寿命管理)
♯3011	这个变量用于读取当前日期(年/月/日)，该数据以类似于十进制数显示。例如,1993 年 3 月 28 日表示成 19930328
♯3012	这个变量用于读当前时间(时/分/秒)，该数据以类似于十进制数显示。例如，下午 3 点 34 分 56 秒表示成 153456

（6）自动运行控制

自动运行控制可以改变自动运行的控制状态。自动运行控制的系统变量见表 1-9、表 1-10。

表 1-9　自动运行控制的系统变量 （♯3003）

♯3003	程序单段运行	辅助功能的完成
0	有效	等待
1	无效	等待
2	有效	不等待
3	无效	不等待

① ♯3003

a. 当电源接通时，该变量值为"0"，即缺省状态为允许程序单段运行和等待辅助功能完成后才执行下一程序段。

表 1-10　自动运行控制的系统变量（#3004）

#3004	进给保持	进给倍率	准确停止
0	有效	有效	有效
1	无效	有效	有效
2	有效	无效	有效
3	无效	无效	有效
4	有效	有效	无效
5	无效	有效	无效
6	有效	无效	无效
7	无效	无效	无效

b. 当单段运行"无效"时，即使单段运行开关置为"开（ON）"，单段运行操作也不执行。

c. 当指定"不等待"辅助功能（M、S和T功能）完成时，则不等待本程序段辅助功能的结束信号就直接继续执行下一程序段。

② #3004

a. 当电源接通时，该变量值为"0"，即缺省状态为进给保持、进给倍率可调及进行准确停止检查。

b. 当进给保持无效时：进给保持按钮按下并保持时，机床以单段停止方式停止，但单段方式若因变量"#3003"而无效时，不执行单程序段停止操作；进给保持按钮按下又释放时，"进给保持"灯亮，但机床不停止，程序继续执行，直到机床停在最先含有进给保持有效的程序段。

c. 当进给倍率无效时，倍率锁定在100%，而忽略机床操作面板上的倍率开关。

d. 当准确停止无效时，即使是那些不执行切削的程序段，也不执行准确停止检查（位置检测）。

(7) 零件数

要求加工的零件数（目标数）变量#3902和已加工的零件数（完成数）变量#3901可以被读和写，如表1-11所示。

表 1-11　加工零件数的系统变量

变量号	功能
#3901	已加工的零件数（完成数）
#3902	要求加工的零件数（目标数）

注意：写入的零件数不能使用负数。

(8) 模态信息

模态信息是只读的系统变量，正在处理的程序段之前指定的模态信息可以读出，其数值根据前一个程序段指令的不同而不同，变量号为#4001～#4120。模态信息的系统变量见表1-12。

例如当执行"#1=#4002"时，在#1中得到的值是"17"、"18"或"19"。执行如下三个程序段后#1的数值为"17"，#2的数值为"03"。

N40 G17 M03 S1000；
N50 ♯1＝♯4016；
N60 ♯2＝♯4113；

表 1-12 模态信息的系统变量

变量号	功能	组别
♯4001	G00,G01～G03,G33,G60（依参数选项）	01 组
♯4002	G17～G19	02 组
♯4003	G90,G91	03 组
♯4004		04 组
♯4005	G94,G95	05 组
♯4006	G20,G21	06 组
♯4007	G40～G42	07 组
♯4008	G43,G44,G49	08 组
♯4009	G73,G74,G76,G80～G89	09 组
♯4010	G98,G99	10 组
♯4011	G50,G51	11 组
♯4012	G65～G67	12 组
♯4013	G96,G97	13 组
♯4014	G54～G59	14 组
♯4015	G61～G64	15 组
♯4016	G68,G69	16 组
…	…	
♯4022	G50.1,G50.2	22 组
♯4102	B 代码	
♯4107	D 代码	
♯4109	F 代码	
♯4111	H 代码	
♯4113	M 代码	
♯4114	程序段号 N	
♯4115	程序号 O	
♯4119	S 代码	
♯4120	T 代码	

(9) 当前位置

位置信息系统变量不能写，只能读。表 1-13 为位置信息的系统变量。

表 1-13 位置信息的系统变量

变量号	位置信息	坐标系	刀具补偿值	移动期间读操作
♯5001～♯5004	程序段终点	工件坐标系	不包括	有效
♯5021～♯5024	当前位置	机床坐标系	包括	无效
♯5041～♯5044	当前位置	工件坐标系	包括	无效
♯5061～♯5064	跳转信号位置	工件坐标系	包括	有效
♯5081～♯5084	刀具补偿值			无效
♯5101～♯5104	伺服位置误差			无效

① 对于数控铣镗类机床,末位数(1~4)分别代表轴号,数 1 代表 X 轴,数 2 代表 Y 轴,数 3 代表 Z 轴,数 4 代表第四轴。如♯5001 表示工件坐标系下程序段终点的 X 坐标值。

② ♯5081~♯5084 存储的刀具补偿值是当前执行值,不是后面程序段的处理值。

③ 在含有 G31(跳转功能)的程序段中发出跳转信号时,刀具位置保持在变量♯5061~♯5064 中,如果不发出跳转信号,这些变量中储存指定程序段的终点值。

④ 移动期间读变量无效时,表示由于缓冲(准备)区忙,所希望的值不能读。

⑤ 移动期间可读变量在移动指令后无缓冲读取时可能会不是希望值。

⑥ 请注意,工件坐标系当前位置♯5041~♯5044 和跳转信号位置♯5061~♯5064 的值包含了刀具补偿值♯5081~♯5084,而不是坐标的显示值。

(10) 工件坐标系补偿(工件坐标系原点偏移值)

工件坐标系原点偏移值的系统变量可以读和写,如表 1-14 所示。

表 1-14 工件坐标系原点偏移值的系统变量

工件坐标系原点	第 1 轴	第 2 轴	第 3 轴	第 4 轴
外部工件坐标系原点补偿量	♯5201	♯5202	♯5203	♯5204
G54 工件坐标系原点补偿量	♯5221	♯5222	♯5223	♯5224
G55 工件坐标系原点补偿量	♯5241	♯5242	♯5243	♯5244
G56 工件坐标系原点补偿量	♯5261	♯5262	♯5263	♯5264
G57 工件坐标系原点补偿量	♯5281	♯5282	♯5283	♯5284
G58 工件坐标系原点补偿量	♯5301	♯5302	♯5303	♯5304
G59 工件坐标系原点补偿量	♯5321	♯5322	♯5323	♯5324

【例 1-3】 假设当前时间为 2007 年 11 月 18 日 18:17:32,则执行如下程序后,公共变量♯500 和♯501 的值为多少?

O1031;
♯500=♯3011;
♯501=♯3012;
M30;

解 运行程序后查看公共变量♯500 和♯501,分别显示 20071118 和 181732。

【例 1-4】 假设当前时间为 2007 年 11 月 18 日 18:17:32,则执行如下程序后,时间信息变量♯3011 和♯3012 的值分别为多少?

O1032;
♯3011=20071119;
♯3012=201918;
M30;

解 如对♯3011 和♯3012 赋值则可以修改系统日期和时间,程序运行后系统日期改为 2007 年 11 月 19 日,时间修改为 20:19:18(注意:某些系统可能无法通过直接赋值修改日期和时间)。

【例 1-5】 执行如下程序后,工件坐标系原点位置发生了什么样的变化?

N1 G28 X0 Y0 Z0;
N2 ♯5221=-20.0;
 ♯5222=-20.0;
...
N3 G90 G00 G54 X0 Y0;

N10 #5221=-80.0;
　　#5222=-10.0;
N11 G90 G00 G54 X0 Y0;

解 如图1-4所示，M点为机床坐标系原点，W_1点为以N2定义的G54工件坐标系原点，W_1'点为以N10定义的G54工件坐标系原点。

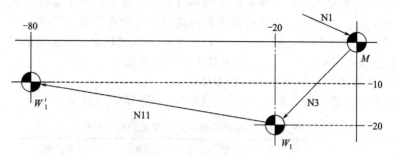

图1-4　工件原点偏移图

一、选择题

1. 在采用刀具补偿存储方式B的系统变量的数控机床中，若2号刀具的半径补偿值为5mm，长度补偿值为8mm，下列描述最可能正确的是（　　）

A) 刀具半径补偿号为D02，由于D02=5，则将数值"5"赋给#11002；刀具长度补偿号为H02，由于H02=8，则将数值"8"赋给#10002。

B) 刀具半径补偿号为D05，由于D05=2，则将数值"2"赋给#11005；刀具长度补偿号为H08，由于H08=2，则将数值"2"赋给#10008。

C) 刀具半径补偿号为D02，由于D02=5，则将数值"5"赋给#10002；刀具长度补偿号为H02，由于H02=8，则将数值"8"赋给#11002。

2. 执行程序段"#3000=2（NUMBER IS WRONG）"后报警信息显示为（　　）。

A) 3002 NUMBER IS WRONG　　B) 3000 NUMBER IS WRONG
C) 3102 NUMBER IS WRONG　　D) NUMBER IS WRONG

3. 若现在日期是2009年7月4日，执行"#1=#3011"程序段后，#1的值为（　　）。

A) 20090704　　B) 200974　　C) 20090407　　D) 200947

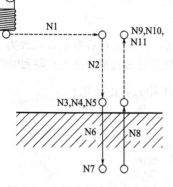

图1-5　攻螺纹固定循环动作

二、解释题

图1-5所示为攻螺纹固定循环动作，O1033程序是一个使用变量#3004编制的攻螺纹固定循环宏程序，请仔细阅读该程序后在每个程序段后添加注释。

O1033;　　　　　　　　　　　　（　　）
N1 G00 G91 X#24 Y#25;　　　　　（　　）
N2 Z#18;　　　　　　　　　　　 （　　）
N3 G04;　　　　　　　　　　　　（　　）
N4 #3003=3;　　　　　　　　　　（　　）
N5 #3004=7;　　　　　　　　　　（　　）
N6 G01 Z#26 F#9;　　　　　　　 （　　）

N7 M04;   (   )
N8 G01 Z－[ROUND[#18]+ROUND[#26]]; (   )
N9 G04;   (   )
N10 #3004=0;   (   )
N11 #3003=0;   (   )
N12 M03;   (   )
N13 M99;   (   )

1.4 算术和逻辑运算

表 1-15 列出的算术和逻辑运算可以在变量中执行。运算符右边的表达式可用常量或变量与函数或运算符组合表示。表达式中的变量 #j 和 #k 可用常量替换，也可用表达式替换。

表 1-15 算术和逻辑操作

类型	功能	格式	备注
变量赋值	变量赋值 常量赋值	#i=#j #i=(具体数值)	
算术运算	加 减 乘 除	#i=#j+#k #i=#j-#k #i=#j*#k #i=#j/#k	
函数运算	正弦 反正弦 余弦 反余弦 正切 反正切 平方根 绝对值 圆整 小数点后舍去 小数点后进位 自然对数 指数函数	#i=SIN[#j] #i=ASIN[#j] #i=COS[#j] #i=ACOS[#j] #i=TAN[#j] #i=ATAN[#j]/[#k] #i=SQRT[#j] #i=ABS[#j] #i=ROUND[#j] #i=FIX[#j] #i=FUP[#j] #i=LN[#j] #i=EXP[#j]	角度以度(°)为单位，如90°30′表示成 90.5°
逻辑运算	等于 不等于 大于 小于 大于等于 小于等于 或 异或 与	#j EQ #k #j NE #k #j GT #k #j LT #k #j GE #k #j LE #k #i=#j OR #k #i=#j XOR #k #i=#j AND #k	用二进制数按位进行逻辑操作
信号交换	将 BCD 码转换成 BIN 码 将 BIN 码转换成 BCD 码	#i=BIN[#j] #i=BCD[#j]	用于与 PMC 间信号的交换

(1) 赋值运算

赋值运算中，右边的表达式可以是常数或变量，也可以是一个含四则混合运算的代数式。

(2) 三角函数

三角函数"SIN"、"ASIN"、"COS"、"ACOS"、"TAN"、"ATAN"中所用角度单位是度，用十进制表示，如90°30′表示成90.5°，30°18′表示成30.3°。在三角函数运算中常数可以代替变量"#j"。

在反正切函数后指定两条边的长度，并用斜线（/）隔开，其运算结果范围为0°～360°。例如，指定"#1=ATAN[1]/[-1]"时，#1的值为135.0°。

(3) ROUND（圆整，四舍五入）函数

① 当ROUND函数包含在算术或逻辑操作、IF语句、WHILE语句中时，在小数点后第1个小数位进行四舍五入。例如，"#1=ROUND[#2]"，若其中#2=1.2345，则#1=1.0。

② 当ROUND函数出现在NC语句地址中时，根据地址的最小输入增量四舍五入指定的值。

例如，编一个钻削加工程序，按变量#1、#2的值进行切削，然后返回到初始点。假定最小设定单位是1/1000mm，#1=1.2345，#2=2.3456，则：

N20 G00 G91 X-#1；　　　　　（移动1.235mm）
N30 G01 X-#2 F300；　　　　　（移动2.346mm）
N40 G00 X[#1+#2]；　　　　　（移动3.580mm）

由于1.2345+2.3456=3.5801，则N40程序段实际移动距离为四舍五入后的3.580mm，而N20和N30两程序段移动距离之和为1.235+2.346=3.581，因此刀具未返回原位。刀具位移误差来源于运算时先相加后四舍五入，若先四舍五入后相加，即换成"G00 X[ROUND[#1]+ROUND[#2]]"就能返回到初始点。（注：G90编程时，上述问题不一定存在。）

(4) 小数点后舍去和小数点后进位

小数点后舍去和小数点后进位是指绝对值，而与正负符号无关。

例如，假设#1=1.2，#2=-1.2。

当执行"#3=FUP[#1]"时，运算结果为#3=2.0。

当执行"#3=FIX[#1]"时，运算结果为#3=1.0。

当执行"#3=FUP[#2]"时，运算结果为#3=-2.0。

当执行"#3=FIX[#2]"时，运算结果为#3=-1.0。

(5) 算术与逻辑运算指令的缩写

程序中指令函数时，函数名的前两个字符可用于指定该函数。例如，ROUND可输入为"RO"，FIX可输入为"FI"。

(6) 运算的优先顺序

运算的先后次序为：

① 方括号"[]"。方括号的嵌套深度为五层（含函数自己的方括号），由内到外一对算一层，当方括号超过五层时，则出现报警。

② 函数。

③ 乘、除、逻辑和。

④ 加、减、逻辑或、逻辑异或。

其他运算遵循相关数学运算法则。

例如，♯1＝♯2＋♯3＊SIN［♯4－1］;
$$\underline{1}$$
$$\underline{2}$$
$$\underline{3}$$
$$\underline{4}$$

例如，♯1＝SIN［［［♯2＋♯3］＊♯4＋♯5］＊♯6］;
$$\underline{1}$$
$$\underline{2}$$
$$\underline{3}$$
$$\underline{4}$$

例中，1～4 表示运算次序。

(7) 除数

在除法运算中除数为"0"或在求角度为 90°的正切值时（即 TAN［90］，函数 TAN 按 SIN/COS 执行）时，产生报警。

(8) 运算误差

① 运算时可能产生的误差见表 1-16。

表 1-16 运算中的误差

运算	平均误差	最大误差	误差类型
a＝b＊c	1.55×10^{-10}	4.66×10^{-10}	相对误差① $\left|\dfrac{\varepsilon}{a}\right|$
a＝b/c	4.66×10^{-10}	1.88×10^{-9}	
a＝$\sqrt{b}$	1.24×10^{-9}	3.73×10^{-9}	
a＝b＋c a＝b－c	2.33×10^{-10}	5.32×10^{-10}	取小值 $\left\|\dfrac{\varepsilon}{b}\right\|,\left\|\dfrac{\varepsilon}{c}\right\|$②
a＝SIN［b］ a＝COS［b］	5.0×10^{-9}	1.0×10^{-8}	绝对误差③ $\|\varepsilon\|$
a＝ATAN［b］/［c］④	1.8×10^{-6}	3.6×10^{-6}	

① 相对误差大小与运算结果有关。
② 取两误差中较小的一个。
③ 绝对误差大小为常值，与运算结果无关。
④ 正切函数 TAN 用 SIN/COS 完成。

② 由于变量值的精度为 8 位小数（在 NC 中变量用科学计数法表示），当在加减运算中处理很大的数时，会出现意想不到的结果。

例如，当试图把下面的值赋给变量♯1 和♯2 时，即♯1＝9876543210123.456;
♯2＝9876543277777.777。

变量的实际值为：♯1＝9876543200000.000;♯2＝9876543300000.000。

此时如果计算"♯3＝♯2－♯1"，则结果为♯3＝100000.000。

运算结果的误差由变量是用二进制数运算引起的。（在 NC 中用于存储变量的二进制位数是有限的，为表示尽能大的数，将数转换成科学计数法表示，变量的二进制位中的后几位表示指数，其余的位存储小数部分，当数的有效位多于变量的最大有效位时，多余的部分进行四舍五入，从而引起误差。此误差相对数本身来说极小，但对结果的影响就可能很大。编程时，应尽可能避免这种情况。）

③ 因数据精度的原因，在条件表达式中用 EQ、NE、GE、GT、LE 和 LT 时，也可能出现误差。

例如，"IF[♯1EQ♯2]" 的运算会受♯1和♯2误差的影响，当♯1和♯2的值近似时，就可能造成错误的判断。若将上式改写成 "IF[ABS[♯1－♯2] LT0.001]" 后就可以在一定程度上避免两个变量的误差，但如果两变量的差值小于所需精度（此处为 0.001）时，则认为两个变量的值是相等的。

④ 在使用小数点后舍去指令应小心。

例如，当计算 "♯2=♯1*1000"，式中♯1=0.002 时，变量♯2 的结果值不是准确的 2.0，而可能是 1.99999997。因此执行 "♯3=FIX[♯2]" 时，变量♯3=1.0 而不是 2.0。此时，可先纠正误差，再执行小数点后舍去，或是用如下的四舍五入操作，即可得到正确结果。

♯3=FIX [♯2+0.001]；

或

♯3=ROUND [♯2]；

(9) "♯0（空）"参与运算

有 "♯0（空）" 参与的运算需注意结果，如表 1-17 所示。

表 1-17 "♯0（空）"参与的运算结果

表达式	运算结果
♯i=♯0+♯0	♯i=0
♯i=♯0－♯0	♯i=0
♯i=♯0*♯0	♯i=0
♯i=♯0/♯j	♯i=0(♯j≠0)
♯i=♯j+♯0	♯i=♯j
♯i=♯j－♯0	♯i=♯j
♯i=♯j*♯0	♯i=0

【例 1-6】 构造一个适用于 FANUC 系统的计算器用于计算 sin30.0°数值的宏程序。

解 编程如下。

O1040；
N10 S500 M03；
N20 ♯101=♯5221；   （把♯5221 变量中的数值寄存在♯101 变量中）
N30 ♯5221=SIN [30]；   （计算 "SIN[30]" 的数值并保存在♯5221 中，以方便读取）
N40 M00；   （程序暂停以便读取记录计算结果）
N50 ♯5221=♯101；   （程序再启动，♯5221 变量恢复原来的数值）
N60 M30；   （程序结束）

宏程序中变量运算的结果保存在局部变量或者公用变量中，这些变量中的数值不能直接显示在屏幕上，读取很不方便，为此借用一个变量 G54 坐标系中 X 的数值，这是一个系统变量，变量名为♯5221，把计算结果保存在系统变量 G54 坐标系中的 X 中，可以从 OFF-SET/SETTING 屏幕画面上直接读取计算结果，十分方便。编程中，预先把♯5221 变量值（G54 坐标系中的 X 的数值）寄存在变量♯101 中，只是借用♯5221 变量显示计算结果，计算完毕会自动恢复♯5221 变量中的数值。编程中编入 S500 M03 指令的目的只是提醒操作者：主轴启动，计算开始，主轴停止，程序运算完毕。它只是一个信号，并无实际切削运动产生，熟练者也可以不用。

计算器的使用：根据数学公式编制相应的宏程序后，把工作方式选为自动加工方式，页面调整为 OFFSET/SETTING 中的 G54 坐标系画面，启动程序，在 G54 坐标系中的 X 坐标处即显示计算结果，程序暂停，再次启动程序，计算结果消失，G54 坐标系中的 X 坐标恢复原值，计算完毕，程序结束。

编制宏程序计算器的过程中，只要具备相应的基础数学知识，程序编制相对很简单，复杂运算公式的编程一般不会超过十行，并且对于复杂公式的计算要比人工用电子计算器快。计算的结果保存在局部变量和公用变量中，编程时可以直接调用变量，例如上面的例子中，把 N50 中的♯5221 换为"♯××"，编程中可以直接编入"G00 X♯××"，直接调用计算数值"♯××"，精度高且不用担心重新输入数值编程可能引起的错误。

计算器宏程序虽然短小，但却涵盖了宏程序编制的基本过程：
① 程序逻辑过程构思。
② 数学基础知识的融合与运用。
③ 编程规则及指令的使用技巧。
④ 变量的种类及使用技巧等。

编制计算器宏程序可以作为学习宏程序中函数运算功能的基本练习内容，让读者初步了解宏程序变量的运用以及函数运算的基本特点，有效地激发编程人员对宏程序的兴趣，为复杂的宏程序分析与编制打下一个良好的基础。

【例 1-7】 试编制一个计算一元二次方程 $4x^2+5x+2=0$ 的两个根 x_1 和 x_2 值的计算器宏程序。

解 一元二次方程 $ax^2+bx+c=0$ 的两个根 x_1 和 x_2 的值为

$$x = \frac{-b \pm \sqrt{b^2-4ac}}{2a}$$

编程如下：

O1041；
S500 M03；
♯101=♯5221；   （把♯5221 变量中的数值寄存在♯101 变量中）
♯1=SQRT [5*5－4*4*2]；   （计算公式中的 $\sqrt{b^2-4ac}$）
♯5221=[－5＋♯1] /[2*4]；   （计算根 x_1）
M00；   （程序暂停以便记录根 x_1 的结果）
♯5221=[－5－♯1] /[2*4]；   （计算根 x_2）
M00；   （程序暂停以便记录根 x_2 的结果）
♯5221=♯101；   （程序再启动，♯5221 变量恢复原来的数值）
M30；   （程序结束）

从程序中可以看出，宏程序计算复杂公式要方便得多，可以计算多个结果，并逐个显示。如果有个别计算结果记不清楚，还可以重新运算一遍并显示结果。

一、判断题

在宏程序中，方括号"[ ]"主要用于封闭表达式，而圆括号"( )"用于注释。（ ）

二、选择题

1. 下列函数表达有误的是（　　）。
   A) COS [#1]　　B) SIN [#1]　　C) SIN#1　　D) COS [45]

2. 令#1=a，#24=x，用变量表示 $\dfrac{a^2}{x^2}$，如下表示错误的是（　　）。
   A) #1*#1/#24*#24　　　　　　B) #1*#1/#24/#24
   C) #1*#1/[#24*#24]　　　　　D) [#1*#1]/[#24*#24]

三、简答题

1. 宏程序的算术和逻辑运算功能具体有哪些？
2. 运算的优先顺序是什么？

四、编程题

1. 编制一个用于判断某一数值为奇数还是偶数的宏程序。
2. 编制一个用于运算指数函数 $f(x)=2.2^{3.3}$ 的计算器宏程序。

提示：FANUC用户宏程序中并没有此种指数函数运算功能，但是可以利用用户宏程序中自然对数函数"ln[]"，把此种 $f(x)=x^y$ 指数函数运算功能转化为可以运算的自然对数函数计算。设 $f(x)=x^y$，那么：

$$\ln[f(x)]=\ln(x^y)=y*\ln(x)$$

（y）*ln(x) 可以很方便地计算出来，又

$$e^{\ln[f(x)]}=f(x)=e^{y\ln(x)}$$

即可求出 $f(x)=x^y$。其中 x 的数值要求大于0，可以是任意小数或分数，y 的数值可以是任意值（正值、负值、零），当 y=2 时，为求平方值 x^2；当 y=3 时，为求立方值 x^3；当 y=N 时，为求 N 次方值 x^N；当 y=1/2 时，为求平方根值 $\sqrt{x}$；当 y=1/3 时，为求立方根值 $\sqrt[3]{x}$；当 y=1/N 时，为求 N 次方根值 $\sqrt[N]{x}$。

3. 编制一个用于运算对数函数 $f(x)=\log_2^3$ 的计算器宏程序。

提示：数学运算中常用的对数运算 $\log_a^b$，宏程序中也没有类似的函数运算功能，但可以转化为自然对数"ln[]"运算，即

$$f(x)=\log_a^b=\dfrac{\ln(b)}{\ln(a)}$$

1.5 转移和循环语句

在程序中，使用GOTO语句和IF语句可以改变控制执行顺序。有三种转移和循环操作可供使用：

GOTO语句（无条件转移指令）；
IF语句（条件转移指令）；
WHILE语句（循环指令）。

(1) 无条件转移指令（GOTO语句）

指令格式：GOTO+目标程序段号（不带N）

无条件转移指令用于无条件转移到指定程序段号的程序段开始执行，可用表达式指定目标程序段号，例如：

GOTO10；　　　　　　（转移到顺序号为N10的程序段）

又如

#100=50；

GOTO♯100； （转移到由变量♯100指定的程序段号为N50的程序段）

(2) 条件转移指令（IF语句）

① 指令格式1：IF+[条件表达式]+GOTO+目标程序段号（不带N）

当条件满足时，转移到指定程序段号的程序段，如果条件不满足则执行下一程序段。

例如下程序，如果变量♯1的值大于10（条件满足），转移到程序段号为N100的程序段，如果条件不满足则执行N20程序段。

N10 IF [♯1GT10]GOTO100；
N20 G00 X70.0 Y20；
…
N100 G00 G91 X10.0；

- 条件表达式。条件表达式必须包括运算符号，运算符插在两个变量或变量和常数之间，并且用方括号封闭。表达式可以替代变量。
- 运算符。运算符由2个字母组成，用于两个值的比较，以决定它们的大小或相等关系。注意不能使用不等号。表1-18为运算符含义。

表1-18 运算符含义

运算符	含义	运算符	含义
EQ	等于（=）	GE	大于或等于（≥）
NE	不等于（≠）	LT	小于（<）
GT	大于（>）	LE	小于或等于（≤）

注意：在条件表达式中，空值和零的使用结果不同，见表1-19。

表1-19 条件表达式中空值和零的使用

当♯1=空(♯0)时	♯1EQ♯0	成立	当♯1=0时	♯1EQ♯0	不成立
	♯1NE♯0	不成立		♯1NE♯0	成立
	♯1GE♯0	成立		♯1GE♯0	成立
	♯1GT♯0	不成立		♯1GT♯0	不成立

② 指令格式2：IF+[条件表达式]+THEN+宏程序语句

当条件表达式满足时，执行预先决定的宏程序语句。例如，执行程序段"IF[♯1EQ♯2] THEN♯3=0"，该程序段的含义是如果♯1和♯2的值相等，则将"0"赋给♯3。

(3) 循环指令（WHILE语句）

循环指令格式：

WHILE[条件表达式] DOm(m=1、2、3)；
…
ENDm；

当条件满足时，就循环执行DO与END之间的程序段（称循环体），当条件不满足时，就执行END后的下一个程序段。DO和END后的数字用于指定程序执行范围的识别号，该识别号只能在1、2、3中取值，否则系统报警。

例如，对于程序

N10 WHILE[♯1GT10]DO1；

N20 G00 X70.0 Y20；

...

N100 END1；

如果变量#1的值大于10（条件满足），执行N20程序段，如果条件不满足则转移到程序段号为N100的程序段结束循环。

① 嵌套
- 在DO-END循环中的识别号（1~3）可根据需要多次使用。
- 不能交叉执行DO语句，如下的书写格式是错误的：

$$\left\{\begin{array}{l}\text{WHILE}[\cdots]\text{DO1}; \\ \cdots \\ \left\{\begin{array}{l}\text{WHILE}[\cdots]\text{DO2}; \\ \cdots \\ \text{END1}; \\ \text{END2}; \end{array}\right. \end{array}\right.$$

- 嵌套层数最多3级，如下的书写格式是正确的：

$$\left\{\begin{array}{l}\text{WHILE}[\cdots]\text{DO1}; \\ \cdots \\ \left\{\begin{array}{l}\text{WHILE}[\cdots]\text{DO2}; \\ \cdots \\ \left\{\begin{array}{l}\text{WHILE}[\cdots]\text{DO3}; \\ \cdots \\ \text{END3}; \end{array}\right. \\ \cdots \\ \text{END2}; \end{array}\right. \\ \cdots \\ \text{END1}; \end{array}\right.$$

- 可以在循环内转跳到循环外，如下的书写格式是正确的：

WHILE[…]DO1；
$$\left\{\begin{array}{l}\text{IF}[\cdots]\text{GOTOn}; \\ \cdots \\ \text{END1}; \\ \text{Nn }\cdots; \end{array}\right.$$

- 不可以在循环内跳到循环内，如下的书写格式是错误的：

$$\left\{\begin{array}{l}\text{IF}[\cdots]\text{GOTOn}; \\ \cdots \\ \text{WHILE}[\cdots]\text{DO1}; \\ \text{Nn }\cdots; \\ \text{END1}; \end{array}\right.$$

② 无限循环。若指定了DO而没有指定WHILE语句时，循环将在DO和END之间无限期执行下去。

③ 执行时间。程序执行GOTO语句时，要进行顺序号的搜索，反向执行的时间比正向

执行的时间长,因此可以用WHILE语句实现循环,可减少处理时间。

【例1-8】 阅读如下程序,然后回答程序执行完毕后#2的值。

#1=#0;
#2=0;
IF[#1EQ0]GOTO1;　　　(如果#1的值等于0则直接转向N1程序段,否则继续执行下一程序段)

#2=1;
N1 G00 X100.0 Y#2;

解 由于条件表达式不成立,所以执行完上述程序后#2=1。

【例1-9】 阅读如下程序,然后回答程序执行完毕后#2的值。

#1=#0;
#2=0;
IF[[#1*2]EQ0]GOTO1;　　(如果"#1*2"的值等于0则直接转向N1程序段,否则继续执行下一程序段)

#2=1;
N1 G00 X100.0 Y#2;

解 由于#1*2=0,条件表达式成立,程序直接转向N1程序段,所以执行完上述程序后#2=0。

【例1-10】 运用条件转移指令编写求1~10各整数总和的宏程序。

解 求1~10各整数总和的编程思路(算法)主要有两种,分析如下。
① 最原始方法
步骤1:先求1+2,得到结果3。
步骤2:将步骤1得到的和3再加3,得到结果6。
步骤3:将步骤2得到的和6再加4,得到结果10。
步骤4:依次将前一步计算得到的和加上加数,直至加到10即得最终结果。
这样的算法虽然正确,但太繁。
② 改进后的编程思路
步骤1:使变量#1=0。
步骤2:使变量#2=1。
步骤3:计算#1+#2,和仍然储存在变量#1中,可表示为"#1=#1+#2"。
步骤4:使#2的值加1,即"#2=#2+1"。
步骤5:如果#2≤10,返回重新执行步骤3以及其后的步骤4和步骤5,否则结束执行。
利用改进后的编程思路,求1~100各整数总和时,只需将步骤5中的#2≤10改成#2≤100即可。
如果求"1×3×5×7×9×11"的乘积,编程也只需做很少的改动。
步骤1:使变量#1=1。
步骤2:使变量#2=3。
步骤3:计算#1×#2,表示为"#1=#1*#2"。
步骤4:使#2的值+2,即"#2=#2+2"。
步骤5:如果#2≤11,返回重新执行步骤3以及其后的步骤4和步骤5,否则结束执行。

该编程思路不仅正确，而且是计算机较好的算法，因为计算机是高速运算的自动机器，实现循环轻而易举。采用该编程思路编程如下：

```
O1050;                      (程序号)
#1=0;                       (存储和的变量赋初值0)
#2=1;                       (计数器赋初值1,从1开始)
N1 IF[#2GT10]GOTO2;         (如果计数器值大于10,转移到N2程序段)
#1=#1+#2;                   (求和)
#2=#2+1;                    (计数器加1,即求下一个被加的数)
GOTO1;                      (返回到N1程序段继续判断)
N2 M30;                     (程序结束)
```

【例1-11】 运用循环指令编写求1~10各整数总和的宏程序。

解 编制求和宏程序如下。

```
O1051;                      (程序号)
#1=0;                       (存储和的变量赋初值0)
#2=1;                       (计数器赋初值1,从1开始)
N1 WHILE[#2LE10]DO1;        (如果计数器值小于或等于10执行循环,否则转移到N2程序段)
#1=#1+#2;                   (求和)
#2=#2+1;                    (计数器加1,即求下一个被加的数)
END1;                       (循环1结束)
N2 M30;                     (程序结束)
```

【例1-12】 试编制计算数值 $1^2+2^2+3^2+\cdots+10^2$ 的总和的程序。

解 使用循环指令编程如下：

```
O1052;
#1=0;                       (和赋初值)
#2=1;                       (计数器赋初值)
WHILE[#2LE10]DO1;           (计数器累加)
#1=#1+#2*#2;                (求和)
#2=#2+1;                    (计数器累加)
END1;                       (循环1结束)
M30;                        (程序结束)
```

如果使用条件转移指令编程，程序如下：

```
O1053;
N10 #1=0;                   (和赋初值)
N20 #2=1;                   (计数器赋初值)
N30 #1=#1+#2*#2;            (求和)
N40 #2=#2+1;                (计数器累加)
N50 IF[#2LE10]GOTO30;       (计数器累加)
N60 M30;                    (程序结束)
```

两个程序中变量#1是存储运算结果的，#2作为自变量。

【例 1-13】 在宏变量♯500～♯505中，事先设定常数值如下：♯500＝30；♯501＝60；♯502＝40；♯503＝80；♯504＝20；♯505＝50。要求编制从这些值中找出最大值并赋给变量♯506的程序。

解 求最大值宏程序变量见表1-20。

表1-20 变量表

变 量 号	作　　用
♯500～♯505	事先设定常数值,用来进行比较
♯506	存放最大值
♯1	保存用于比较的变量号

编制求最大值的程序如下：

♯1＝500；　　　　　　　　　　　　（变量号赋给♯1）
♯506＝0；　　　　　　　　　　　　（存储变量置0）
WHILE[♯1LE505]DO1；　　　　　　（条件判断）
IF[♯[♯1]GT♯506]THEN♯506＝♯[♯1]；（大小比较并储存较大值）
♯1＝♯1＋1；　　　　　　　　　　　（变量号递增）
END1；　　　　　　　　　　　　　（循环1结束）

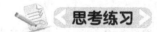

思考练习

一、选择题

1. "WHILE[3LE♯5]DO1"语句的含义是（　　）。
   A) 如果♯3大于♯5时，循环1继续　　B) 如果♯3小于♯5时，循环1继续
   C) 如果♯3等于♯5时，循环1继续　　D) 如果♯3小于等于♯5时，循环1继续

2. 宏程序（　　）语句可以有条件改变控制的流向。
   A) IF [ ] GOTO　　B) GOTO　　C) THEN　　D) WHILE

3. 宏程序（　　）语句可以实现程序循环。
   A) IF [ ] GOTO　　B) GOTO　　C) THEN　　D) WHILE

4. 下列程序段中，属于无条件转移的语句是（　　）。
   A) IF [♯1GT10]GOTO10　　　　　B) GOTO♯10
   C) WHILE [♯2LE20]DO2　　　　　D) IF [♯1EQ♯2]THEN♯3＝0

5. 下列语句格式有错的是（　　）。
   A) GOTON30　　B) GOTO30　　C) GO30

6. 例1-11中，1～10的总和数值赋给了变量（　　）。
   A) ♯1　　B) ♯2　　C) N1　　D) N2

二、填空题

如下程序是运用条件转移指令编写求1～10各整数总和的宏程序，请完成该程序。

O1054；
N10 ♯1＝0；
N20 ♯2＝＿＿＿；
N30 ♯1＝♯1＋♯2；
N40 ♯2＝♯2＋1；

N50 IF［＃2 ＿＿10］GOTO ＿＿；
N60 M30；

三、简答题

1．仔细阅读例1-13程序，回答以下问题。

（1）试思考如何验证上述程序是正确的。下面是一个用于输入数控系统验证的程序，请问当执行完程序后刀具刀位点的X坐标值应为多少？

♯500＝30；
♯501＝60；
♯502＝40；
♯503＝80；
♯504＝20；
♯505＝50；
♯1＝500；
♯506＝0；
WHILE［♯1LE505］DO1；
IF［♯[♯1］GT♯506］THEN♯506＝♯[♯1］；
♯1＝♯1＋1；
END1；
G00 X♯506；

（2）请判断以下采用IFGOTO语句编写的两程序中哪一个能正确找出最大值并将值赋给变量♯506？错误的程序中♯506的值为多少？为什么？

程 序 一	程 序 二
♯1＝500； ♯506＝0； WHILE［♯1LE505］DO1； IF［♯[♯1］GT♯506］GOTO20； N20 ♯506＝♯[♯1］； ♯1＝♯1＋1； END1；	♯1＝500； ♯506＝0； WHILE［♯1LE505］DO1； IF［♯[♯1］GT♯506］GOTO20； GOTO30； N20 ♯506＝♯[♯1］； N30 ♯1＝♯1＋1； END1；

2．若♯1＝32，请问执行以下3个程序段后♯2的值为多少？若♯1＝30.1呢？若♯1＝20呢？

IF［♯1GT30］THEN♯2＝0.1；　　　（当♯1大于30时♯2＝0.1）
IF［♯1GT30.2］THEN♯2＝0.5；　　（当♯1大于30.2时♯2＝0.5）
IF［♯1GT31］THEN♯2＝1.5；　　　（当♯1大于31时♯2＝1.5）

四、编程题

1．试利用转移或循环语句编制求20～100各整数的总和的宏程序。

2．试利用转移或循环语句编制求1～20各整数的总乘积的宏程序。

3．试编制计算数值$1.1^2+2.2^2+3.3^2+\cdots+9.9^2$的总和的程序。

4．试编制计算数值$1.1\times1.0+2.2\times1.0+3.3\times1.0+\cdots+9.9\times1.0+1.1\times2.0+2.2\times2.0+3.3\times2.0+\cdots+9.9\times2.0+1.1\times3.0+2.2\times3.0+3.3\times3.0+\cdots+9.9\times3.0$的总和的程序。

提示：本程序中要用到循环嵌套，第一层循环控制变量1.0，2.0，3.0的变化，第二层循环控制变量1.1，2.2，3.3，…，9.9的变化。

5．高等数学中有一个著名的菲波那契数列1，2，3，5，8，13，…，即数列的每一项都是前面两项的和，现在要求编程找出小于360的最大的那一项的数值。

1.6 宏程序的调用

1.6.1 概述

(1) 宏程序的调用方法

一个数控子程序只能用 M98 来调用,但是 B 类宏程序的调用方法较数控子程序丰富得多。宏程序调用方法大致可分为两类:宏程序调用和子程序调用。即使在 MDI 运行中,也同样可以调用程序。

① 宏程序调用
- 简单调用(G65);
- 模态调用(G66、G67);
- 利用 G 代码(或称 G 指令)的宏程序调用;
- 利用 M 代码的宏程序调用。

② 子程序调用
- 利用 M 代码的子程序调用;
- 利用 T 代码的子程序调用;
- 利用特定代码的子程序调用。

(2) 宏程序调用和子程序调用的差别

宏程序调用(G65/G66/G 指令/M 指令)与子程序调用(M98/M 指令/T 指令)具有如下差别:

① 宏程序调用可以指定一个自变量(传递给宏程序的数据),而子程序没有这个功能。

② 当子程序调用段含有另一个 NC 指令(如:G01 X100.0 M98 Pp)时,则执行命令之后调用子程序,而宏程序调用的程序段中含有其他的 NC 指令时,会发生报警。

③ 当子程序调用段含有另一个 NC 指令(如:G01 X100.0 M98 Pp)时,在单程序段方式下机床停止,而使用宏程序调用时机床不停止。

④ 用 G65(G66)进行宏程序调用时局部变量的级别要改变,也就是说在不同的程序中数值可能不同,而子程序调用则不改变。

1. 宏程序的调用方法有哪些?
2. 宏程序调用与子程序调用相同吗?若不相同的话,有哪些区别?

1.6.2 简单宏程序调用(G65)

用户宏程序以子程序方式出现时,所用的变量可在宏程序调用时赋值。当指定 G65 时,地址 P 所指定的用户宏程序被调用,自变量(数据)能传递到宏程序中。

(1) 简单宏程序调用格式

指令格式:

G65 P___ L___ <自变量表>;

各地址含义:P 为要调用的宏程序号;L 为重复调用的次数(取值范围 1~9999,缺省值为 1，即当调用 1 次为 L1 时可以省略）；自变量为传递给被调用程序的数值，通过使用自变量表，值被分配给相应的局部变量（赋值）。

例如

G65 P1060 X100.0 Y30.0 Z20.0 F100.0；

该处的"X"、"Y"、"Z"不代表坐标字，"F"也不代表进给字，而是对应于宏程序中的局部变量号，变量的具体数值由自变量后的数值决定。

(2) 自变量使用

自变量与局部变量的对应关系有两类。第一类为自变量指定类型Ⅰ（表1-21），可以使用的字母只能使用一次，格式：

A＿B＿C＿…X＿Y＿Z＿

第二类为自变量指定类型Ⅱ（表1-22），可以使用 A、B、C（一次），也可以使用 I、J、K（最多十次），格式：

A＿B＿C＿I＿J＿K＿I＿J＿K＿…

在实际使用程序中，I、J、K 的下标不用写出来。

① 自变量地址
- 地址 G、L、N、O、P 不能当作自变量使用。
- 不需要的地址可以省略，与省略的地址相应的局部变量被置成空。
- 地址不需要按字母顺序指定，但应符合字母地址的格式。I、J 和 K 需要按字母顺序指定。

表 1-21　自变量指定类型Ⅰ

地址	变量号	地址	变量号	地址	变量号
A	#1	E	#8	T	#20
B	#2	F	#9	U	#21
C	#3	H	#11	V	#22
I	#4	M	#13	W	#23
J	#5	Q	#17	X	#24
K	#6	R	#18	Y	#25
D	#7	S	#19	Z	#26

表 1-22　自变量指定类型Ⅱ

地址	变量号	地址	变量号	地址	变量号
A	#1	K_3	#12	J_7	#23
B	#2	I_4	#13	K_7	#24
C	#3	J_4	#14	I_8	#25
I_1	#4	K_4	#15	J_8	#26
J_1	#5	I_5	#16	K_8	#27
K_1	#6	J_5	#17	I_9	#28
I_2	#7	K_5	#18	J_9	#29
J_2	#8	I_6	#19	K_9	#30
K_2	#9	J_6	#20	I_{10}	#31
I_3	#10	K_6	#21	J_{10}	#32
J_3	#11	I_7	#22	K_{10}	#33

例如,"B_A_D_…J_K_",正确。
"B_A_D_…J_I_",不正确。

② 格式。在自变量之前一定要指定 G65。

③ 自变量指定类型Ⅰ和Ⅱ混合使用。如果将两类自变量混合使用,自变量使用的类别系统自己会根据使用的字母自动确定属于哪类,最后指定的那一类优先。若相同变量对应的地址指令同时指定时,仅后面的地址有效。

提示:如果只用自变量赋值Ⅰ进行赋值,由于地址和变量是一一对应的关系,混淆和出错的可能性相当小,尽管只有 21 个英文字母可以给自变量赋值,但是毫不夸张地说,绝大多数编程工作再复杂也不会出现超过 21 个变量的情况。因此,建议在实际编程时使用自变量赋值Ⅰ进行赋值。

④ 小数点。传递的不带小数点的自变量的单位与每个地址的最小输入增量一致,其值与机床的系统结构非常一致。为了程序的兼容性,建议使用带小数点的自变量。

⑤ 调用嵌套。调用最多可以嵌套含有简单调用(G65)和模态调用(G66)的程序 4 级,但不包括子程序调用(M98)。

⑥ 局部变量的级别
- 局部变量可以嵌套 0~4 级,见表 1-23。
- 主程序的级数是 0。
- 用 G65 或 G66 每调用一次宏,局部变量的级数就增加一次。上一级局部变量的值保存在 NC 中。
- 宏程序执行到 M99 时,控制返回到调用的程序。这时局部变量的级数减 1,恢复宏调用时存储的局部变量值。

表 1-23 局部变量的级别

	主程序(0级) O0001; … #1=1; G65 P2 A2; M30;	宏程序(1级) O0002; … #1=2; G65 P3 A3; M99;	宏程序(2级) O0003; … #1=3; G65 P4 A4; M99;	宏程序(3级) O0004; … #1=4; G65 P5 A5; M99;	宏程序(4级) O0005; … #1=5; … M99;
	(0级)	(1级)	(2级)	(3级)	(4级)
	变量 / 值	变量 / 值	变量 / 值	变量 / 值	变量 / 值
局部变量	#1 / 1	#1 / 2	#1 / 3	#1 / 4	#1 / 5
	… / …	… / …	… / …	… / …	… / …
	#33 / …	#33 / …	#33 / …	#33 / …	#33 / …
公共变量	公共变量(#100~#199,#500~#599)可以由宏程序在不同的级别上读写				

【例 1-14】 执行如下程序段后,试确定对应宏程序中的局部变量分别为何数值。

N10 G65 P1061 A50.0 I40.0 J100.0 K0 I20.0 J10.0 K40.0;
N20 G65 P1062 A50.0 X40.0 F100.0;
N30 G65 P1063 A50.0 D40.0 I100.0 K0 I20.0;

解 N10 程序段采用自变量指定类型Ⅰ给 30 号宏程序赋值,经赋值后 #1=50.0,#4=40.0,#5=100.0,#6=0,#7=20.0,#8=10.0,#9=40.0(注意:程序中第一次出现的"Ⅰ"为Ⅰ1,第二次出现的"Ⅰ"为Ⅰ2,依次类推)。

N20 程序段采用自变量指定类型Ⅱ给 40 号宏程序赋值，经赋值后#1＝50.0，#24＝40.0，#9＝100.0。

N30 程序段采用自变量指定类型Ⅰ和类型Ⅱ混合使用方式给 50 号宏程序赋值，经赋值后，D40.0 与 I20.0 同时分配给变量#7，则后一个#7 有效，所以变量#7＝20.0，其余同上。

【例 1-15】 试采用简单宏程序调用指令编写一个计时器宏程序（功能相当于 G04）。

解 宏程序调用指令为

G65 P1064 T＿＿；　　　　　　　["T"后数值为等待时间,单位毫秒(ms)]

宏程序：

O1064；
#3001＝0；　　　　　　　　　（初始设定,#3001 为时间信息系统变量）
WHILE[#3001LE#20]DO1；　　（等待规定时间）
END1；
M99；

一、选择题

1. 自变量指定类型Ⅰ中 A 的变量表示为（　　）。
   A）#1　　　　B）#2　　　　C）#3　　　　D）#4
2. 自变量指定类型Ⅰ中 Z 的变量表示为（　　）。
   A）#24　　　 B）#25　　　 C）#26　　　 D）#27
3. 自变量指定类型Ⅱ中 I_2 的变量表示为（　　）。
   A）#7　　　　B）#8　　　　C）#9　　　　D）#10

二、简答题

1. G65 调用程序段"G65 P1065 L2.0 B4.0 A5.0 D6.0 J7.0 K8.0"中自变量地址顺序符合要求吗？若正确，该程序段分别将值赋给哪些变量？
2. G65 调用程序段"G65 P1065 B3.0 A4.0 D5.0 K6.0 J5.0"中自变量地址顺序符合要求吗？若正确，该程序段分别将值赋给哪些变量？

1.6.3　模态宏程序调用（G66、G67）

G65 简单宏调用可方便地向被调用的宏程序传递数据，但是用它制作诸如固定循环之类的移动到坐标后才加工的程序就无能为力了。采用模态宏程序调用 G66 指令调用宏程序，那么在以后的含有轴移动命令的程序段执行之后，地址 P 所指定的宏程序被调用，直到发出 G67 命令，该方式被取消。

(1) 模态宏程序调用指令格式

指令格式：

G66 P＿＿＿ L＿＿＿＜自变量指定＞；
…
G67；

各地址含义：P 为要调用的宏程序号；L 为重复调用的次数（缺省值为 1，取值范围 1～

9999）；自变量为传递给宏程序中的数据，与 G65 调用一样，通过使用自变量，值被分配给相应的局部变量；G67 为取消模态调用。

（2）模态宏程序调用注意事项

① G66 所在程序段进行宏程序调用，但是局部变量（自变量）已被设定，即 G66 程序段仅赋值。

② 一定要在自变量前指定 G66。

③ G66 和 G67 指令在同一程序中，需成对指定。若无 G66 指令，而有 G67 指令，会导致程序错误。

④ 在只有诸如 M 指令这样辅助功能字，但无轴移动指令的程序段中不能调用宏程序。

⑤ 在一对 G66 和 G67 指令之间有轴移动指令的程序段中，先执行轴移动指令，然后才执行被调用的宏程序。

⑥ 最多可以嵌套含有简单调用（G65）和模态调用（G66）的程序 4 级（不包括子程序调用）。模态调用期间可重复嵌套 G66。

⑦ 局部变量（自变量）数据只能在 G66 程序段中设定，每次模态调用执行时不能在坐标地址中设定，例如，下面几个程序段中的同一地址的含义不尽相同：

G66 P1070 A1.0 B2.0 X100.0；（"X100.0"为自变量，用于将数值 100 赋给局部变量 #24）
G00 G90 X200.0；（"X200.0"表示 X 轴坐标值为 200，移动到"X200"后调用
                   1070 号宏程序执行）
Y200.0；   （移动到"Y200"后调用 1070 号宏程序执行）
X150.0 Y300.0；   （移动到"X150 Y300"后调用 1070 号宏程序执行）
G67；   （取消模态调用）

【例 1-16】 阅读如下孔加工程序，试判断其执行情况。

主程序部分程序段：

N1 G90 G54 G00 X0 Y0 Z20.0；
N2 G91 G00 X-50.0 Y-50.0；
N3 G66 P1071 R2.0 Z-10.0 F100；
N4 X-50.0 Y-50.0；
N5 X-50.0；
N6 G67；

宏程序：

O1071；
N10 G00 Z#18；   （进刀至 R 点）
N20 G01 Z#26 F#9；   （钻孔加工）
N30 G00 Z [#18+10.0]；（退刀）
N40 M99；

解 程序执行情况示意如图 1-6 所示。

【例 1-17】 仔细阅读如下程序，然后确定各程序段的执行顺序。

主程序部分程序段：

G66 P1072；   （调用 O1072 号宏程序）
G00 X10.0；   （程序段 1-1）

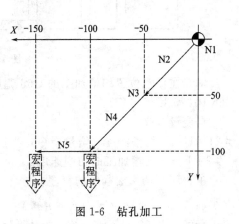

图 1-6 钻孔加工

```
G66  P1073；           （调用 O1073 号宏程序）
X15.0；                （程序段 1-2）
G67；                  （取消 O1073 号宏程序调用）
G67；                  （取消 O1072 号宏程序调用）
X-25.0；               （程序段 1-3）
```

宏程序 O1072：

```
O1072；
Z50.0；                （程序段 2-1）
M99；
```

宏程序 O1073：

```
O1073；
X60.0；                （程序段 3-1）
Y70.0；                （程序段 3-2）
M99；
```

解 上述程序的执行顺序（省略不包含移动指令的程序段）为：

程序段 1-1→程序段 2-1→程序段 1-2→程序段 3-1→程序段 2-1→程序段 3-2→程序段 2-1→程序段 1-3

注意：

● 程序段 3-1 执行后，继续调用宏程序 O1072 执行程序段 2-1，程序段 3-2 执行同样需要执行程序段 2-1。

● 程序段 1-3 之后不是宏程序调用方式，因此不能进行模态调用。

【例 1-18】 利用模态调用指令编制图 1-7 所示切槽加工程序。

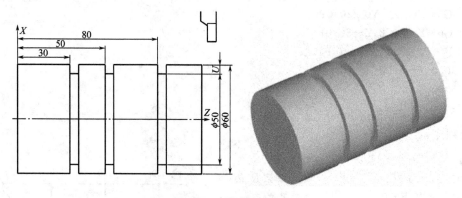

图 1-7 直沟槽的加工

解 在任意位置切槽加工的 G66 调用格式：

G66 P1075 U____ F____；

自变量含义：

$\sharp 21$＝U——切槽深度（增量指令，半径值）；

$\sharp 9$＝F——切槽加工的切削速度。

主程序（调用宏程序的程序）：

```
O1074；                （主程序号）
G50 X100.0 Z200.0；    （建立工件坐标系）
```

S1000 M03;　　　　　　　　　（主轴启动）
G66 P1075 U5.0 F0.2;　　　　（调用宏程序,通过变量"U"和"F"赋值切槽深度5mm和切削速度
　　　　　　　　　　　　　　0.2mm/r给宏程序）
G00 X64.0 Z80.0;　　　　　　（进刀至"X64.0 Z80.0"处后,调用宏程序加工第1槽）
Z50.0;　　　　　　　　　　　（进刀至"X64.0 Z50.0"处后,调用宏程序加工第2槽）
Z30.0;　　　　　　　　　　　（进刀至"X64.0 Z30.0"处后,调用宏程序加工第3槽）
G67;　　　　　　　　　　　　（取消宏程序调用功能）
G00 X100.0 Z200.0 M05;　　　（返回起刀点,主轴停止）
M30;　　　　　　　　　　　　（程序结束）

　　宏程序：

O1075;　　　　　　　　　　　（宏程序号）
G01 U[−2*[#21+2]] F#9;　　（切削加工至槽底部,走刀距离为"安全距离+槽深度"）
G04 X2.0;　　　　　　　　　 （暂停进给2s）
G00 U[2*[#21+2]];　　　　　 （退刀）
M99;　　　　　　　　　　　　（返回主程序）

思考练习

　　如图1-8所示,在轴的表面有三个不是均匀分布的相同的槽,试完成采用宏程序的模态调用指令编制的切槽程序。

　　主程序：
O1076;
S600 M03;
T0101;
G00 X62.0 Z80.0;
G66 P＿＿＿＿ U−5.0;　　　　（模态调用1077号程序,"U−5.0"为槽的深度）
Z80.0;　　　　　　　　　　　（在"Z80.0"处切槽）
Z50.0;　　　　　　　　　　　（在"Z50.0"处切槽）
Z＿＿＿＿;　　　　　　　　　（在"Z30.0"处切槽）
G67;　　　　　　　　　　　　（取消模态调用）
G00 X150.0 Z150.0;
T0100;
M＿＿＿＿;

　　宏程序：
O1077;
G01 U[2*#21] F0.2;　　　　　（切槽）
G00 U＿＿＿＿;
M＿＿＿＿;

1.6.4　G指令宏程序调用

　　G指令宏程序调用也可以称为自定义G指令

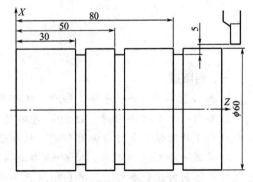

图1-8　非均匀分布槽的加工

调用，使用系统提供的 G 指令调用功能可以将宏程序调用设计成自定义的 G 指令形式（也可以使用其他代码，如 M 代码或 T 代码调用）。在相应参数（No.6050～No.6059）中设置调用宏程序（O9010～O9019）的 G 指令（G 指令号为 1～9999），然后按简单宏程序调用（G65）同样的方法调用宏程序。例如，要将某一宏程序定义为 G93 指令执行的固定循环，先将宏程序名改为表 1-24 中的一个，如 O9010，将对应参数 6050 中的值改为"93"即可。

(1) 参数号和程序号之间的对应关系

系统用参数对应以特定的程序号命名的宏程序，参数号和程序号之间的对应关系如表 1-24 所示。

表 1-24　参数号和程序号之间的对应关系

程序号	O9010	O9011	O9012	O9013	O9014	O9015	O9016	O9017	O9018	O9019
参数号	6050	6051	6052	6053	6054	6055	6056	6057	6058	6059

(2) 重复调用

与简单宏程序调用一样，地址 L 中指定 1～9999 的重复次数。

(3) 自变量指定

与简单宏程序调用一样，可以使用两种自变量指定类型，并可根据使用的地址自动决定自变量的指定类型。

(4) 使用 G 指令的宏程序调用嵌套

在 G 指令调用的程序中，不能用 G 指令调用宏程序，这种程序中的 G 指令被处理为普通 G 指令。在用 M 或 T 指令调用的子程序中，不能用 G 指令调用宏程序，这种程序中的 G 指令也处理为普通 G 指令。

【例 1-19】 O9010 宏程序如下，如何实现用 G81 调用该程序，并对宏程序赋值？

宏程序：

O9010；

…

N9 M99；

解　通过设置参数 No.6050＝81，则可由 G81 调用宏程序 O9010，而不再需要由 G65 或 G66 指令宏程序中指定"P9010"。参数设置好后若执行"G81 X10.0 Y20.0 Z-10.0"程序段就可以实现用 G81 调用 O9010 号宏程序，并对该宏程序赋值（该宏程序调用指令中"X10.0Y20.0Z-10.0"与 G65 简单宏程序调用方法一致，均为自变量赋值）。

思考练习

一、判断题

1. 用 G 代码调用宏程序除了 G00 外任何 ISO 标准 G 代码都可以被新编的宏程序替代。（　　）

2. 编写一个 O9010 程序，把 6050 参数值改为 1，那么 G01 原有的功能就被 O9010 替代了，当调用 G01 的时候就会自动调用 O9010 这个子程序。（　　）

3. 编写一个 O9013 程序，把 6053 参数值改为 1，那么 G01 原有的功能就被 O9013 替代了，当调用 G01 的时候就会自动调用 O9013 这个子程序。（　　）

4. 编写一个 O9013 程序，把 6053 参数值改为 92，那么 G92 原有的功能就被 O9013 替代了，

当调用 G92 的时候就会自动调用 O9013 这个子程序。（　）

5. G01～G9999 内最多可以选 10 个 G 指令用于调用宏程序。（　）

6. 通过 G 指令调用宏程序功能，完全可以定制个性化的宏程序，如将某一类型的走刀轨迹用固定循环的形式表示，再用自定义的 G 指令调用。常见结构的宏程序定制是实际加工编程中有效提高编程效率的手段之一。（　）

7. 通过 G 指令调用宏程序功能开发一些未指定的新的 G 代码，这样可以丰富系统本身所包含的各种固定循环以及各种曲线插补的 G 代码，可以极大地提高编程效率和精简程序。（　）

二、编程题

阅读如下类似 G04 暂停的程序。

G65 调用指令

G65 P1080 T35.0;　　　　　　　（指令暂停 35s）

宏程序：

O1080;

#3001=0;　　　　　　　　　　　（计时器置 0）

WHILE [#3001LE#20] DO1;　　（当#3001 小于或等于#20 时执行循环 1）

END1;　　　　　　　　　　　　（循环 1 结束）

M99;

若要求将上述 G65 调用宏程序的指令改写为用 G04 指令调用宏程序，请先回答下面三个问题，然后完成编程的改写。

1. 宏程序号需要更改吗？
2. 参数如何设置？
3. 调用宏程序的 G04 指令格式如何？

1.6.5　M 指令宏程序调用

(1) M 指令宏程序调用方法

用 M 代码调用宏程序属于 M 指令的扩充应用。在参数中设置调用宏程序的 M 代码，即可按非模态调用（G65）同样的方法调用宏程序。

在参数（No.6080～No.6089）中设置调用用户宏程序（O9020～O9029）的 M 代码号（1～99999999），调用用户宏程序的方法与 G65 相同。参数号和程序号之间的对应关系见表 1-25，参数（No.6080～No.6089）对应用户宏程序（O9020～O9029），一共可以设计 10 个自定义的 M 指令。

表 1-25　参数号与程序号之间的对应关系

程序号	O9020	O9021	O9022	O9023	O9024	O9025	O9026	O9027	O9028	O9029
参数号	6080	6081	6082	6083	6084	6085	6086	6087	6088	6089

例如，设置参数 No.6080=50，M50 就是一个新功能的 M 指令，由 M50 调用宏程序 O9020，就可以调用由用户宏程序编制的特殊加工循环，如执行程序段"M50A1.0B2.0"将调用宏程序 O9020，并用 A1.0 和 B2.0 分别赋值给宏程序中的#1 和#2。如果设置 No.6080=23，则 M23 就是调用宏程序 O9020 的特殊指令，相当于"G65 P9020"。

(2) M 指令调用宏程序的注意事项：

① 有些系统支持的 M 代码最大为 M99，设置参数 No.6080～No.6089 时，其数值不要超过 99，否则会引起系统报警。

② 与非模态 G65 指令调用一样，自定义的 M 指令（如 M23）中地址 L 中指定 1～9999

的重复调用次数。

③ 与非模态 G65 指令调用一样，自定义的 M 指令（如 M23）中自变量指定规则相同。

④ 调用宏程序的 M 代码必须在程序段的开头指定。

⑤ 用 G 代码调用的宏程序或用 M 代码或 T 代码调用的子程序中，不能用 M 代码调用宏程序。这种宏程序或子程序中的 M 代码被处理为普通 M 代码。

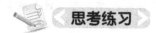

思考练习

一、判断题

1. 设置参数 No.6080＝07，M07 指令即可调用宏程序 O9020。（　　）
2. 设置参数 No.6084＝07，M07 指令即可调用宏程序 O9023。（　　）
3. 参数（No.6071～No.6079）对应调用宏程序（O9001～O9009），一共可以设计 9 个自定义的 M 指令。（　　）
4. M 指令调用宏程序不能实现给宏程序变量赋值。（　　）

二、简答题

简述 M 指令调用宏程序与 G65 或 G 指令调用宏程序的区别。

1.6.6　M 指令子程序调用

(1) M 指令子程序调用方法

子程序的调用指令是

M98 P＿ L＿；

其中，P 后数值代表被调用子程序的名称；L 后数值代表调用子程序的次数。利用宏程序功能，能使更多的 M 指令能像 M98 指令一样调用子程序。

在参数（No.6071～No.6079）中设置调用子程序的 M 代码号（1～99999999），相应的用户宏程序（O9001～O9009）按照与 M98 相同的方法调用，如表 1-26 所示。参数（No.6071～No.6079）对应调用宏程序（O9001～O9009），一共可以设计 9 个自定义的 M 指令。

表 1-26　参数号与程序号的对应关系

参数号	6071	6072	6073	6074	6075	6076	6077	6078	6079
程序号	O9001	O9002	O9003	O9004	O9005	O9006	O9007	O9008	O9009

例如，设置参数 No.6071＝03，M03 就是一个新功能的 M 指令，由 M03 调用子程序 O9001。如果设置参数 No.6071＝89，则 M89 就是调用子程序 O9001 的特殊指令，相当于"M98 P9001"。

(2) M 指令子程序调用注意事项

① 有些系统支持的 M 代码最大为 M99，设置参数 No.6071～No.6079 时，其数值不要超过 99，否则会引起系统报警。

② 与 M98 指令调用子程序一样，自定义的 M 指令（如 M89）中地址 L 中指定 1～9999 的重复调用次数。

③ 特别注意：自定义的 M 指令（如 M89）调用子程序时不允许指定自变量。

④ 用 G 代码调用的宏程序或用 M 代码或 T 代码调用的子程序中，不能用 M 代码调用宏程序。这种宏程序或子程序中的 M 代码被处理为普通 M 代码。

思考练习

判断题,请判断如下说法是否正确。

1. 设置参数 No.6071=04,就可用 M04 调用子程序 O9001。( )
2. 设置参数 No.6074=04,就可用 M04 调用子程序 O9004。( )
3. 设置参数 No.6078=07,执行"M07 L2"表示用 M07 调用子程序 O9008 两次。( )
4. M 指令调用子程序能实现给宏程序变量赋值。( )

第 2 章 数控车削加工宏程序编程

2.1 概述

(1) 数控车削加工用户宏程序的分类

FANUC 系统的数控车削加工用户宏程序分为 A、B 两类。一般情况下,在一些较老的车削系统(如 FANUC 0TD)中采用 A 类宏程序,而在较为先进的车削系统(如 FANUC 0iT)中则采用 B 类宏程序。本章仅介绍 B 类宏程序。

(2) 数控车削加工宏程序的适用范围

① 适用于手工编制椭圆、抛物线、双曲线等没有插补指令的非圆曲线类的数控车削加工程序。

② 适用于编制工艺路线相同、但位置参数不同的系列零件的加工程序。

③ 适用于编制形状相似但尺寸不同的系列零件的加工程序。

④ 使用宏程序能扩大数控车床的编程范围,简化编制的零件加工程序。

(3) 数控车削加工宏程序编程注意事项

① 直径与半径。数控车削加工的编程可用直径编程方式,也可以用半径编程方式,用哪种方式可事先通过参数设定,一般情况下,数控车削加工均采用直径编程。特别需要注意的是:由于曲线方程中的 x 值为半径值,编制公式曲线的加工宏程序中的 X 坐标值应换算为直径值。

② 模态与非模态。编程中的指令分为模态指令和非模态指令。模态指令也称为续效指令,一经程序段中指定,便一直有效,与上段相同的模态指令可省略不写,直到以后程序中重新指定同组指令时才失效。而非模态指令(非续效指令)的功能仅在本程序段中有效,与上段相同的非模态指令不可省略不写。除 00 组之外的其他 G 指令均为模态 G 指令。

1. 数控车削加工用户宏程序有几种?
2. 数控车削加工宏程序的适用范围有哪些?
3. 模态指令与非模态指令有何区别?

2.2 数控车削加工系列零件

宏程序编程可用于零件形状相同,但部分尺寸不同的系列零件加工。如果将这些不同的尺寸用宏变量（参数）形式给出，由程序自动对相关节点坐标进行计算，则可用同一程序完成一个系列零件的加工。

【例 2-1】 试运用宏变量编制车削加工图 2-1 所示系列零件外圆面的宏程序，G54 工件坐标系工件原点设在球心，已知毛坯棒料直径 ϕ58mm。

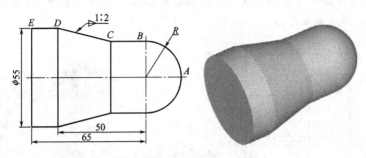

图 2-1 系列零件外圆面的加工

解 从图 2-1 中可以看出，编程所需节点中除 D、E 两点外，A、B、C 三点坐标值均与球半径 R 有关，若用变量 #1 表示 R，表 2-1 给出了各节点坐标值。

表 2-1 节点坐标值

节点	用 R 和数值表示的坐标值		用宏变量和数值表示的坐标值	
	X	Z	X	Z
A	0	R	0	#1
B	2R	0	2*#1	0
C	2R	60−4R	2*#1	60−4*#1
D	55	−50	55	−50
E	55	−65	55	−65

编制加工程序如下，该程序中将球半径"R20"赋值给了 #1，若加工该系列其他 R 尺寸零件时仅需将 N40 程序段数值进行修改即可：

O2000；   （程序号）
N10 T0101；   （调用刀具刀补）
N20 G54 G00 X100.0 Z100.0；   （选择工件坐标系并进刀至起刀点）
N30 M03 S800；   （主轴正转，转速 800r/min）
N40 #1=20.0；   （将半径值"20"赋值给变量 #1）
N50 X70.0 Z[#1+2] M08；   （进刀至循环起点，开切削液）
N60 G73 U6.5 W5.0 R5.0；   （粗加工参数设定）
N70 G73 P80 Q130 U1.0 W0.5 F0.3； （粗加工参数设定）
N80 G00 X0；   （精加工外轮廓起始程序段）
N90 G01 Z#1 F0.1；   （A 点）
N100 G03 X[2*#1] Z0 R#1；   （B 点）
N110 G01 Z[60−4*#1]；   （C 点）
N120 X55.0 Z−50.0；   （D 点）
N130 Z−65.0；   （E 点）
N140 G70 P80 Q130；   （精加工循环）
N150 G00 X100.0 Z100.0 M09；   （返回起刀点，关切削液）
N160 M05；   （主轴停转）
N170 M30；   （程序结束）

思考练习

1. 试运用宏变量编制车削加工图 2-2 所示系列零件外圆面的宏程序，已知毛坯棒料直径 φ32mm，刀具及工件坐标系自拟。

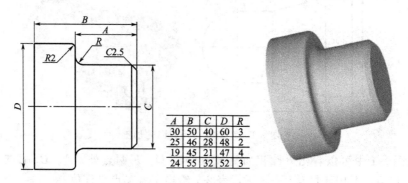

A	B	C	D	R
30	50	40	60	3
25	46	28	48	2
19	45	21	47	4
24	55	32	52	3

图 2-2　零件外圆面的加工

2. 试编制一个用宽度为 A 的切断刀加工"$B \times H$"的矩形槽（图 2-3）的宏程序，并完成调用该宏程序加工图 2-4 中 4 处浅槽的程序。

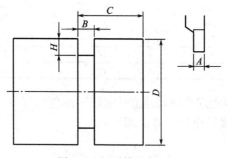
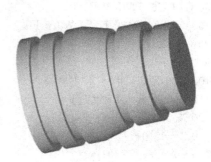

图 2-3　矩形槽的加工

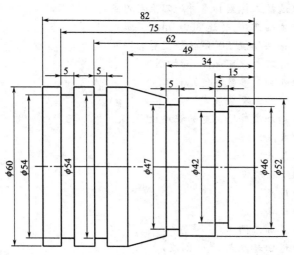

图 2-4　浅槽的加工

3. 如图 2-5 所示零件，已知 D、R 和 L 尺寸，试编制其加工宏程序。

提示：由 $r_1=D/2-R$、$r_2+r_3=4L$ 和 $r_1+r_2=5L$ 可得 $r_2=5L-r_1$、$r_3=4L-r_2$。

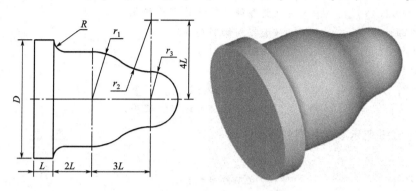

图 2-5　零件的加工

2.3　数控车削加工固定循环

2.3.1　外圆柱（锥）面加工循环

固定循环是为简化编程将多个程序段指令按约定的执行次序综合为一个程序段来表示。如在数控车床上进行外圆面或外螺纹等加工时，往往需要重复执行一系列的加工动作，且动作循环已典型化，这些典型的动作可以预先编好宏程序并存储在内存中，需要时可用类似于外圆面切削循环（G90）指令的方式进行宏程序调用。

【例 2-2】　精加工图 2-6 所示轴类零件外圆柱面，试用宏程序编制类似 G90 的固定循环加工外圆柱面的操作。

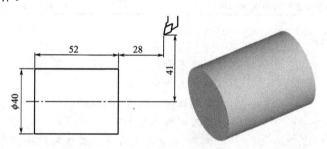

图 2-6　轴类零件外圆柱面的加工

解　外圆柱面切削循环指令刀具轨迹如图 2-7 所示，刀具从循环起点 A 开始按矩形循环，按 $A\to B\to C\to D\to A$ 路线走刀，最后回到循环起点。

外圆柱面切削循环宏程序调用指令：

G65 P2010 X____ Z____ F____；

自变量含义：

♯24＝X——圆柱面切削终点 C 点的 X 轴绝对坐标值；
♯26＝Z——圆柱面切削终点 C 点的 Z 轴绝对坐标值；
♯9＝F——进给速度。

该切削循环宏程序如下：

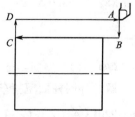

图 2-7　外圆柱面切削循环刀具轨迹图

```
O2010;                          (宏程序号)
N10 #1=#5001;                   (储存循环起点的 X 坐标值)
N20 #2=#5002;                   (储存循环起点的 Z 坐标值)
N30 G00 X#24;                   (进刀到切削起点)
N40 G01 Z#26 F#9;               (切削到切削终点)
N50 G01 X#1;                    (退刀)
N60 G00 Z#2;                    (返回循环起点)
N70 M99;                        (宏程序结束并返回主程序)
```

精加工图 2-5 所示零件外圆柱面的主程序为：

```
O2011;                          (主程序号)
G50 X82.0 Z28.0;                (建立工件坐标系)
M03 S900;                       (主轴正转，转速 900r/min)
G00 X50.0 Z2.0 M08;             (进刀到循环起点)
G65 P2010 X40.0 Z-52.0 F0.15;   (调用 2010 号宏程序，将值传递给变量#24、#26 和#9)
G00 X82.0 Z28.0 M09;            (返回起刀点)
M05;                            (主轴停转)
M30;                            (主程序结束)
```

【例 2-3】 粗精加工图 2-6 所示零件外圆柱面，已知毛坯直径 ϕ45mm。

解 总加工余量、背吃刀量及主要加工尺寸如表 2-2 所示。

表 2-2 总加工余量、背吃刀刀量及主要加工尺寸   mm

1	总加工余量	45−40＝5		
2	背吃刀量 a_p	精加工(第 3 层)	半精加工(第 2 层)	粗加工(第 1 层)
		1	2	2
3	主要加工尺寸(切削终点 C 点的 X 坐标值)	40	41(40+1)	43(41+2)

编制加工程序如下：

```
O2012;                          (主程序号)
G50 X82.0 Z28.0;                (建立工件坐标系)
M03 S900;                       (主轴正转，转速 900r/min)
G00 X50.0 Z2.0 M08;             (进刀到循环起点)
G65 P2010 X43.0 Z-52.0 F0.3;    (调用 2010 号宏程序，将值传递给变量#24、#26 和#9
                                 进行粗加工)
G65 P2010 X41.0 Z-52.0 F0.2;    (调用 2010 号宏程序进行半精加工)
G65 P2010 X40.0 Z-52.0 F0.15;   (调用 2010 号宏程序进行精加工)
G00 X82.0 Z28.0 M09;            (返回起刀点)
M05;                            (主轴停转)
M30;                            (主程序结束)
```

【例 2-4】 编制一个 G65 调用的用于粗精车加工外圆柱面的宏程序。

解 外圆柱面粗精车调用指令：

G65 P2013 A__ B__ C__ I__ J__ K__ F__;

自变量含义：

#1=A——毛坯直径；
#2=B——外圆柱直径；
#3=C——圆柱长度；
#4=I——粗加工每层背吃刀量（直径值）；
#5=J——精加工余量（直径值）；
#6=K——圆柱面右端面在工件坐标系中的Z坐标值；
#9=F——精加工进给速度。

宏程序：

O2013;
#10=#2+#5;   （计算粗加工每层的X坐标值）
N10 #10=#10+#4;   （粗加工层的X坐标值递增）
IF[#10LT#1]GOTO10;   （如果X坐标值小于毛坯直径值时转向N10程序段）
WHILE[#10GT#2]DO1;   （当X坐标值大于圆柱直径时执行循环1）
G00 Z[#6+2];   （Z向快进）
X#10;   （X向快进）
G01 Z[#6-#3+0.1] F0.3;   （粗加工，Z向留0.1mm的精加工余量）
X[#10+5];   （X向退刀）
#10=#10-#4;   （X坐标值减去粗加工每层背吃刀量）
END1;   （循环1结束）
G00 Z[#6+2];   （精加工Z向定位）
X#2;   （X向定位）
G01 Z[#6-#3] F#9;   （精加工外圆面）
X[#1+2];   （X向退刀）
G00 Z[#6+2];   （Z向退刀）
M99;   （程序结束，返回主程序）

若粗精加工图2-6所示零件外圆柱面，毛坯直径φ45mm，设工件坐标系原点在圆柱右端面与轴线的交点上，完成粗精加工该外圆柱面的指令为：

G65 P2013 A45.0 B40.0 C52.0 I4.0 J1.0 K0 F0.1

思考练习

一、选择题

若要求将例2-2中的宏程序改为用G指令（如G90）调用的宏程序，试选择正确的内容完成该宏程序。

1. 设置参数 No.6050=（   ），由G90调用宏程序O9010。
   A) 81   B) 90   C) 01

2. 外圆柱面切削循环简单宏程序调用指令为：
   G90（   ）X____ Z____ F____ ；
   A) P2010   B) P9010   C) 无内容

3. 自变量含义：X、Z为圆柱面切削终点C点的绝对坐标值，F为进给量。其中X值赋给变量（   ）。
   A) #1   B) #2   C) #24   D) #26   E) #9

4. 切削循环宏程序如下：
(   );
N10 #1=#5001;
N20 #2=#5002;
N30 G00 X#24;
N40 G01 Z#26 F#9;
N50 G01 X#1;
N60 G00 Z#2;
N70 M99;

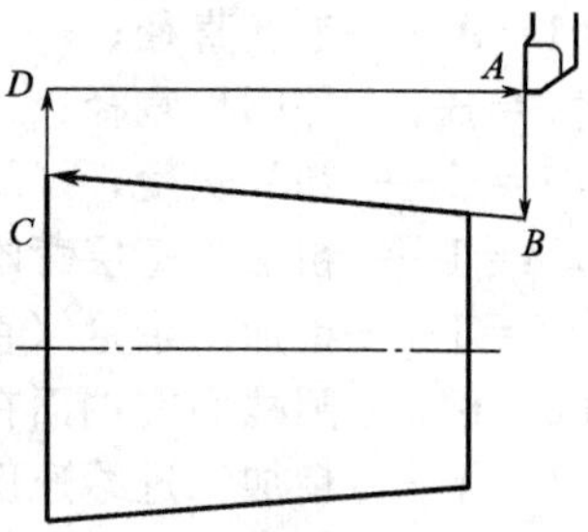

A）O2010　　　　　B）O9010　　　　　C）O6050

图 2-8　外圆锥面切削循环
指令运行刀具轨迹

二、编程题

外圆锥面切削循环指令具体运行刀具轨迹如图 2-8 所示，刀具由循环起点 A 开始按直角梯形循环，先至切削起点 B，再到切削终点 C，然后退刀到退刀点 D，最终返回循环起点 A。试用宏程序编制类似 G90 的固定循环加工外圆锥面的操作，要求将切削循环终点 C 点的绝对坐标值、B 点和 C 点的半径差及进给量的值通过自变量传递给宏程序。

2.3.2　外圆柱（锥）螺纹加工循环

外圆柱螺纹加工时，先将加工部位精车至螺纹大径（实际加工时由于螺纹加工牙型的膨胀，外螺纹加工前工件直径比螺纹大径小），并切好退刀槽，然后进行分层切削加工（粗、精加工）螺纹。

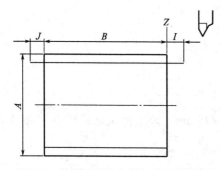

图 2-9　外圆柱螺纹车削加工变量模型

【例 2-5】 编制一个用于车削加工外圆柱螺纹的 G65 调用宏程序。

解　如图 2-9 所示，螺纹大径 A，螺距 C，螺纹长度 B，导入空刀量 I，导出空刀量 J，螺纹精加工余量 K（半径值）。下面是一种简单的车削加工分层方法（其他分层方法读者自行思考，后续章节亦有介绍）：采用直进法加工外圆柱螺纹，车削次数等于螺纹总背吃刀量（按经验公式总背吃刀量 $=0.54C$，半径值）除以螺纹精加工余量 K 后求整，根据精加工余量确定第 n 次切削时的直径值 $=$ 螺纹大径 $-2nK$。

宏程序调用指令：

G65 P2020 A___B___C___I___J___K___Z___；

自变量含义：

#1=A——螺纹大径；
#2=B——螺纹长度；
#3=C——螺纹螺距；
#4=I——螺纹导入空刀量；
#5=J——螺纹导出空刀量；
#6=K——螺纹精加工余量（半径值）；
#26=Z——螺纹右端面的工件 Z 向坐标值。

宏程序如下：

O2020；　　　　　　　　　　　　　　　（宏程序号）

```
N10  #30=FUP[0.54*#3/#6];        (切削次数上取整)
     #31=0.54*#3/#30;             (背吃刀量递减均值)
     #32=#1;                      (将螺纹大径赋给加工直径变量#32)
     #33=1;                       (切削次数计数器赋初值1)
N15  WHILE[#33LE#30]DO1;          (如果#33小于或等于#30,执行循环1)
N20  #32=#32-2*#31;               (第n次加工螺纹的X坐标计算)
N25  G00 X[#1+5] Z[#26+#4];       (到螺纹起点,导入空刀量#4)
N30  X#32;                        (定位到螺纹加工直径#32)
N35  G32 W-[#2+#5+#4] F#3;        (切削螺纹到螺纹切削终点,导出空刀量#5)
N40  G00 X[#1+5];                 (X轴方向退刀)
N45  W[#2+#5+#4];                 (Z轴方向退刀)
N50  #33=#33+1;                   (切削次数计数器加1)
N55  END1;                        (循环1结束)
N60  G00 X[2*#1] Z100.0;          (退离工件)
N65  M99;                         (子程序结束,返回主程序)
```

【例 2-6】 编制一个类似于 G76 采用斜进法车螺纹的宏程序。

解 宏程序调用指令:

G65 P2021 A__ B__ C__ Z__ F__;

自变量含义:

#1=A——螺纹大径;
#2=B——螺纹小径;
#3=C——第一刀吃刀深度;
#26=Z——螺纹切削终点的Z坐标值;
#9=F——螺距。

宏程序如下:

```
O2021;
#4=1;                             (#4赋初值)
#8=#5002;                         (将当前Z坐标值赋给#8)
#10=30;                           (牙型半角赋值)
N1  #5=#1-#3*SQRT[#4];            (计算加工的螺纹直径)
    IF[#5LT#2]GOTO2;              (若#5小于螺纹小径#2时直接进行精加工)
    #6=#3*SQRT[#4];               (计算加工深度)
    #7=[0.5*#6]*TAN[#10];         (计算Z向移动距离)
    #11=#8-#7;                    (计算Z向坐标值)
    G01 Z#11 F0.2;                (刀具Z向移动到循环起点)
N3  G92 X#5 Z#26 F#9;             (G92循环加工螺纹)
    IF[#5EQ#2]GOTO4;              (若#5等于螺纹小径#2时完成加工)
    #4=#4+1;                      (#4递增)
    GOTO1;                        (转向程序段1)
N2  #5=#2;                        (将螺纹小径值赋给#5)
    GOTO3;                        (转向程序段3)
N4  M99;                          (子程序结束,返回主程序)
```

思考练习

1. 试调用外圆柱螺纹车削加工宏程序完成图 2-10 所示零件螺纹加工程序的编制。

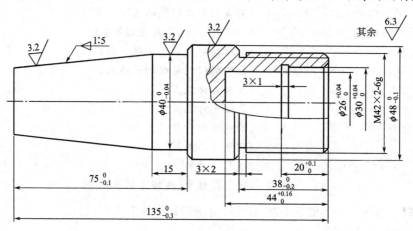

图 2-10 螺纹的加工

2. 例 2-5 程序中第 n 次切削时的直径值=螺纹大径$-2nK$，但是宏程序中计算第 n 次加工螺纹的 X 坐标值的 N20 程序段内容却为"#32＝#32－2＊#31"，对吗？

3. 试参照例 2-5 编制一个用于车削加工外圆锥螺纹的宏程序。

2.3.3 梯形螺纹加工循环

(1) 梯形螺纹代号及尺寸计算

梯形螺纹的代号用字母"Tr"及"公称直径×螺距"表示，单位均为 mm。左旋螺纹需在尺寸规格之后加注"LH"，右旋则不用标注。例如，"Tr36×6"，"Tr44×8LH"等。

国家标准规定，公制梯形螺纹的牙型角为 30°。梯形螺纹的牙型如图 2-11 所示，各基本尺寸计算公式见表 2-3。

(2) 梯形螺纹加工方法

梯形螺纹的加工方法主要有直进法、斜进法、左右切削法、车直槽法和分层法等。

直进法加工梯形螺纹时，螺纹车刀的三面都参与切削，导致加工排屑困难，切削力和切削热增加，刀尖磨损严重，当进刀量过大时，还可能产生"扎刀"和"爆刀"现象。斜进法加工时，螺纹车刀沿牙型角方向斜向间歇进给至牙深处，该方法加工梯形螺纹时，螺纹车刀始终只有一个侧刃参加切削，从而使排屑比较顺利，刀尖的受力和受热情况有所改善，在车削中不易引起"扎刀"现象。左右切削法加工类似于斜进法，螺纹车刀沿牙型角方向左右交替车削间隙进给至牙深。车直槽法是先用切槽刀粗切出螺纹槽，再用梯形螺纹车刀加工螺纹两侧面，这种方法的编程与加工在数控车床上较难实现。

分层法车削梯形螺纹实际上是直进法和左右切削法的综合应用。在车削较大螺距的梯形螺纹时，分层法通常不是一次性就把梯形槽切削出来，

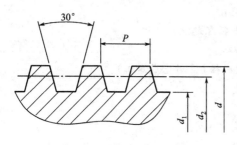

图 2-11 梯形螺纹牙型图

表 2-3 梯形螺纹各部分名称、代号及计算公式

名称	代号	计算公式			
牙顶间隙	a_c	P(螺距)	1.5～5	6～12	14～44
		a_c	0.25	0.5	1
大径	d、D	$d=$公称直径,$D=d+a_c$			
中径	d_2、D_2	$d_2=d-0.5P, D_2=d_2$			
小径	d_1、D_1	$d_1=d-2h, D_1=d-P$			
牙高	h、H	$h=0.5P+a_c, H=h$			
牙顶宽	f、f'	$f=f'=0.366P$			
牙槽底宽	W、W'	$W=W'=0.366P-0.536a_c$			

而是把牙槽分成若干层（每层可根据实际情况取值 1～2mm），转化成若干个较浅的梯形槽来进行切削。每一层的切削都采用先直进后左右的车削方法，由于左右切削时槽深不变，刀具只须做向左或向右的纵向（沿导轨方向）进给即可。如图 2-12 所示，分层法就是将梯形螺纹牙分为 1、2、3 若干层，每层均采用 a、b、c 的加工顺序。

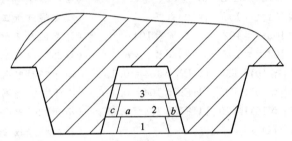

分层法在每层切削时背吃刀量小，螺纹车刀始终只有一个侧刃参加切削，从而使排屑比较顺利，刀尖的受力和受热情况有所改善，因此能加工出较高质量的梯形螺纹，而且该方法易于理解，编制的加工程序简短，实际加工操作简单。

图 2-12 分层切削法加工梯形螺纹示意图

【例 2-7】 数控车削加工图 2-13 所示梯形螺纹，试编制其加工宏程序。

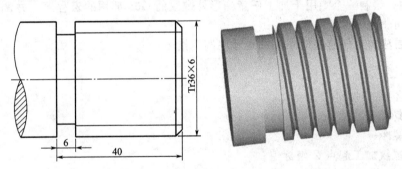

图 2-13 梯形螺纹的加工（一）

解 采用分层法加工图 2-13 所示梯形螺纹，宏程序中使用的变量及其含义如表 2-4 所示。

表 2-4 宏程序中使用的变量及其含义

序号	参数	内容	备注
1	＃101	螺纹加工直径	在加工过程中由大径向小径变化
2	＃102	右边借刀量	随着切深的增加而增大
3	＃103	左边借刀量	随着切深的增加而减小
4	＃104	每层吃刀深度	在加工中可根据情况进行调整

编制该梯形螺纹的加工程序如下：

```
O2030;
T0101 M03 S300;                    (换梯形螺纹刀,主轴转速300r/min)
G00 X38.0 Z5.0 M08;                (快速走到起刀点,切削液开)
#101=36;                           (螺纹公称直径)
#102=0;                            (右边借刀量初始值)
#103=-1.876;                       (左边借刀量初始值,"tan15*3.5*2"或"0.938*2")
#104=0.2;                          (每次吃刀深度,初始值)
N1 IF[#101LT29]GOTO2;              (加工到小径尺寸循环结束)
G00 Z[5+#102];                     (快速走到右边加工起刀点)
G92 X#101 Z-37.0 F6;               (右边加工一刀)
G00 Z[5+#103];                     (快速走到左边加工起刀点)
G92 X#101 Z-37.0 F6;               (左边加工一刀)
#101=#101-#104;                    (改变螺纹加工直径)
#102=#102-0.134*#104;              (计算因改变切深后右边借刀量,tan15°/2=0.134)
#103=#103+0.134*#104;              (计算因改变切深后左边借刀量,tan15°/2=0.134)
IF[#101LT34]THEN#104=0.15;         (小于"34"时每次吃刀深度为"0.15")
IF[#101LT32]THEN#104=0.1;          (小于"32"时每次吃刀深度为"0.10")
IF[#101LT30]THEN#104=0.05;         (小于"30"时每次吃刀深度为"0.05")
GOTO1;                             (转向程序段1)
N2 G92 X29.0 Z-37.0 F6;            (在小径处精加工一刀)
G00 X100.0 Z100.0 M09;             (刀具退回,切削液关)
M05;                               (主轴停)
M30;                               (程序结束)
```

【例 2-8】 编制一个能用于加工任意梯形外螺纹的 G65 调用的宏程序，并调用该程序加工图 2-13 所示梯形螺纹。

解 分层法加工任意梯形外螺纹宏程序调用指令：

G65 P2031 A_ B_ C_ I_ J_;

自变量含义：

$\#1=A$——螺纹公称直径；

$\#2=B$——螺距；

$\#3=C$——螺纹加工起点 Z 坐标值；

$\#4=I$——螺纹加工终点 Z 坐标值；

$\#5=J$——刀具宽度。

宏程序如下：

```
O2031;
G00 X[#1+10] Z#3;                  (进刀到螺纹加工循环起点)
IF[#2GE1.5]THEN#11=0.25;           (螺距大于等于1.5,则螺纹顶隙为0.25)
IF[#2GE6]THEN#11=0.5;              (螺距大于等于6,则螺纹顶隙为0.5)
IF[#2GE14]THEN#11=1;               (螺距大于等于14,则螺纹顶隙为1)
#12=0.5*#2+#11;                    (计算牙高)
#13=#1-2*#12;                      (计算螺纹小径)
```

```
#14=0.366*#2;                                    （计算牙顶宽）
#15=0.366*#2-0.536*#11;                          （计算牙槽底宽）
IF[#5GT#15]THEN#3000=1(TOOL WRONING);            （若刀具宽度大于牙槽底宽则报警）
#21=[#14-#5]/2;                                  （左右借刀量初始值）
#22=0.2;                                         （每次吃刀深度初始值）
N1 IF[#1LT#13]GOTO2;                             （加工到小径尺寸循环结束）
G00 Z#3;                                         （快进至中间加工起刀点）
G92 X#1 Z#4 F#2;                                 （中间加工）
G00 Z[#3+#21];                                   （快进至右边加工起刀点）
G92 X#1 Z#4 F#2;                                 （右边加工）
G00 Z[#3-#21];                                   （快进至左边加工起刀点）
G92 X#1 Z#4 F#2;                                 （左边加工）
#1=#1-#22;                                       （改变螺纹加工直径）
#21=#21-TAN[15]*#22;                             （计算因改变切深后的左右借刀量）
IF[#1LT[#13+5]]THEN#22=0.15;                     （小于小径加5时,每次吃刀深度为0.15）
IF[#1LT[#13+3]]THEN#22=0.1;                      （小于小径加3时,每次吃刀深度为0.10）
IF[#1LT[#13+1]]THEN#22=0.05;                     （小于小径加1时,每次吃刀深度为0.05）
GOTO1;                                           （转向N1程序段）
N2 G00 Z#3;                                      （快进至精加工中间起刀点）
G92 X#13 Z#4 F#2;                                （精加工中间）
G00 Z[#3+[#15-#5]/2];                            （快进至精加工右边起刀点）
G92 X#13 Z#4 F#2;                                （精加工右边）
G00 Z[#3-[#15-#5]/2];                            （快进至精加工左边起刀点）
G92 X#13 Z#4 F#2;                                （精加工左边）
M99;                                             （程序结束）
```

图 2-13 所示梯形螺纹螺纹公称直径为 36mm，螺距为 6mm，设 G54 工件坐标原点在螺纹右端面与轴线的交点上，则加工起点 Z 坐标值取为"Z5"，加工终点 Z 坐标值取为"Z-37"，选择刀具宽度为 1mm 的梯形螺纹刀加工，则调用宏程序编制加工该梯形螺纹程序如下：

```
O2032;
G54 G00 X100.0 Z100.0;
M03 S300;
G65 P2031 A36.0 B6.0 C5.0 I-37.0 J1.0;    （调用宏程序加工梯形螺纹）
G00 X100.0 Z100.0;
M05;
M30;
```

思考练习

1. 编制车削加工图 2-14 所示梯形螺纹的宏程序。
2. 编制完成图 2-15 所示零件中梯形螺纹加工的宏程序。
3. 试参考加工梯形外螺纹的宏程序编制一个适用于加工梯形内螺纹的宏程序。
4. 运用分层切削法加工图 2-16 所示梯形槽，试编制该加工宏程序。

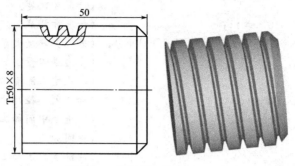

图 2-14 梯形螺纹的加工（二）

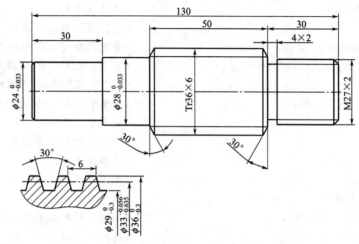

图 2-15 梯形螺纹的加工（二）

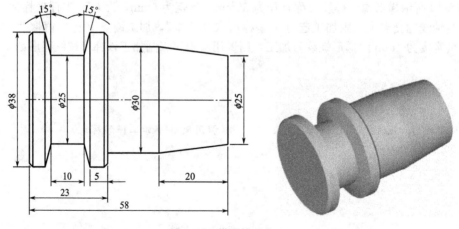

图 2-16 梯形槽的加工

2.3.4 圆弧螺纹加工循环

圆弧螺纹是指螺纹牙型为圆弧形的直螺纹，而与圆弧面上加工的螺纹是不同的两个概念。

【例 2-9】 加工图 2-17 所示圆弧螺纹，试编制加工宏程序。

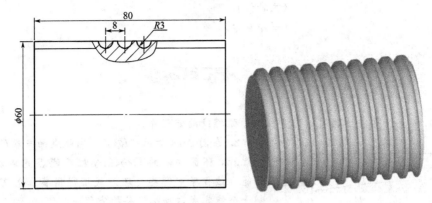

图 2-17 圆弧螺纹的加工

解 ① 采用直径 ϕ6mm 的圆弧螺纹车刀直进法加工螺纹，设工件坐标系原点在工件右端面与轴线的交点上，编制加工宏程序如下：

O2040;
G54 G00 X100.0 Z50.0;   （选择 G54 工件坐标系，刀具快进到起刀点）
M03 S300;   （主轴正转，转速 300r/min）
G00 X70.0 Z8.0;   （刀具移动到螺纹切削循环的循环起点位置）
#1=0.2;   （切削深度赋初值）
N10 G92 X[60－2*#1] Z－84.0 F8; （G92 循环加工螺纹）
#1=#1+0.2;   （切削深度加增量）
IF[#1LE3]GOTO10;   （条件判断）
G00 X100.0 Z50.0;   （返回起刀点）
M05;   （主轴停）
M30;   （程序结束）

② 采用圆弧半径小于螺纹牙型半径的圆弧螺纹车刀（如 R2mm）沿圆弧逐次进刀点叠加构成圆弧螺纹轮廓，设工件坐标系原点在工件右端面与轴线的交点上，圆弧螺纹车刀的刀位点为圆的圆心，编制加工宏程序如下：

O2041;
G54 G00 X100.0 Z50.0;   （选择 G54 工件坐标系，刀具快进到起刀点）
M03 S300;   （主轴正转）
G00 X70.0 Z8.0;   （快速点定位至循环起点）
#1=3;   （圆弧螺纹半径赋值）
#2=2;   （刀具半径赋值）
#3=0;   （角度赋初始值为 0°）
WHILE[#3LE180] DO1;   （如果没有切削完一个半圆弧的牙型，继续循环 1）
#5=[#1－#2]*SIN[#3];   （计算 X 坐标值）
#6=[#1－#2]*COS[#3];   （计算 Z 坐标值）
G00 Z[5+#6];   （进刀到螺纹切削循环起点）
G92 X[60－2*#5] Z－84.0 F8;   （螺纹切削循环）
#3=#3+3;   （角度每次递增 3°）
END1;   （循环 1 结束）
G00 X100.0 Z50.0;   （返回起刀点）

M05;　　　　　　　　　　　　（主轴停）
M30;　　　　　　　　　　　　（程序结束）

思考练习

1. 试编制一个用 G65 调用的用于加工圆弧螺纹的宏程序。

2. 在图 2-18 所示"R200"圆弧表面车螺纹，螺距为 2.5mm，下面编制的 O2042 号程序能否完成加工任务？若能，该程序中哪些处理方式值得借鉴？若不能，请编制一个能完成该加工任务的宏程序。

设工件坐标系原点在工件右端面与轴线的交点上，采用大进给量拉出螺旋线的原理编制加工程序如下：

O2042;
M03S350;　　　　　　　　　　（主轴正转，转速 350r/min）
#1=30;　　　　　　　　　　　（起始直径值赋初值）
N1 G00 G99 Z2.5;　　　　　　（刀具快进，每转进给）
X#1;　　　　　　　　　　　　（X 向进刀）
G32 Z0 F2.5;　　　　　　　　（螺纹加工）

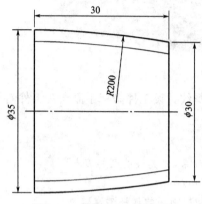

图 2-18　在圆弧表面车螺纹

G03 U5.0 Z−30.0 R200.0 F2.5;　（圆弧插补指令加工圆弧表面螺纹）
G01 W−5.0 F2.5;　　　　　　（螺纹导出空刀量段加工）
G00 X60.0;　　　　　　　　　（X 向退刀）
#1=#1−0.5;　　　　　　　　　（加工直径值减小）
IF [#1GE27.5]GOTO1;　　　　（条件判断）
G00 X100.0;　　　　　　　　（X 向退刀）
Z100.0;　　　　　　　　　　（Z 向退刀）
M05;　　　　　　　　　　　　（主轴停转）
M30;　　　　　　　　　　　　（程序结束）

3. 在图 2-19 所示"R60"的圆弧面上车削加工圆弧螺纹，试编制其加工宏程序。

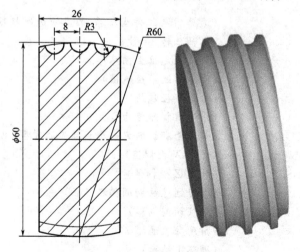

图 2-19　在圆弧表面车圆弧螺纹

2.3.5 变螺距螺纹加工循环

(1) 变螺距螺纹的螺距变化规律

常用变距螺纹的螺距变化规律如图 2-20 所示,螺纹的螺距是按等差级数规律渐变排列的,图中 P 为螺纹的基本螺距,ΔP 为主轴每转螺距的增量或减量。

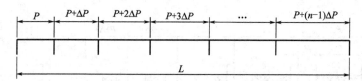

图 2-20 变距螺纹的螺距变化规律

由图 2-20 可得:第 n 圈的螺距为

$$P_n = P + (n-1)\Delta P$$

设螺旋线上第 1 圈螺纹起始点到第 n 圈螺纹终止点的距离为 L,则可得

$$L = nP + \frac{n(n-1)}{2}\Delta P$$

式中　P——基本螺距;

　　　ΔP——螺距变化量;

　　　n——螺旋线圈数。

(2) 变距螺纹的种类及加工工艺

变距螺纹有两种情况,一种是槽等宽牙变距螺纹(图 2-22),另一种是牙等宽槽变距螺纹(图 2-23)。

槽等宽牙变距螺纹加工时,主轴带动工件匀速转动,同时刀具做轴向匀加(减)速移动就能形成变距螺旋线。

对于牙等宽槽变距螺纹的加工要比槽等宽牙变距螺纹复杂一些,表面上看要车成变槽宽,只能是在变距车削的过程中使刀具宽度均匀变大才能实现,不过这是不实际的。实际加工中可通过改变螺距和相应的起刀点来进行赶刀,逐渐完成螺纹加工。具体方法是:第一刀先车出一个槽等宽牙变距的螺纹,第二刀切削时的起刀点向端面靠近(或远离)一定距离,同时基本螺距变小一个靠近的距离(或变大一个远离的距离)。依次类推,第三刀再靠近(或远离)一定距离,基本螺距再变小一个靠近的距离(或再变大一个远离的距离),直至加工到要求尺寸为止。

(3) 牙等宽槽变距螺纹加工相关计算

如图 2-21 所示,图 (a) 为牙宽为 H,以基本螺距 P 为导入空刀量的牙等宽槽变距螺纹加工结果示意图,该螺纹是通过改变螺距和相应的起刀点来进行赶刀,以加工多个槽等宽牙变距螺纹逐渐叠加完成加工的;图 (b) 表示首先选择刀具宽度为 V,以 P 为基本螺距加工出一个槽等宽牙变距螺纹到第 n 圈(螺距为 P_n);图 (c) 表示最后一次赶刀,刀具在第 n 圈朝右偏移距离 U(如图虚线箭头示意,但进给方向仍为图中实线箭头从右向左)后以 $P-\Delta P$ 为基本螺距,螺距变化量仍为 ΔP 加工到螺距为 P_{n-1} 的第 n 圈。

如图 2-21 所示,设工件右端面为 Z 向原点,则第一刀的切削起点的 Z 坐标值 $Z_1=P$,最后一刀的切削起点的 Z 坐标值 $Z_2=2P-\Delta P-V-H$。由图可得从第二刀到最后一刀第 n 圈的赶刀量(即第 n 圈第一刀加工后的轴向加工余量)为 U,螺距递减一个螺距变化量 ΔP,则赶刀次数至少为 $Q=\dfrac{U}{V}$ 的值上取整。其中,Q 为赶刀次数;V 为刀具宽度;U 为赶刀量,

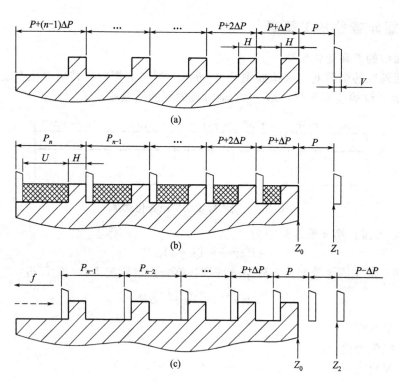

图 2-21 牙等宽槽变距螺纹加工相关尺寸示意图

$U = P_n - V - H$，H 为牙宽。每一次赶刀时切削起点的偏移量 $M = \dfrac{Z_2 - Z_1}{Q}$，每一次赶刀的螺距变化量 $N = \dfrac{\Delta P}{Q}$。

(4) 变距螺纹实际加工注意事项

① 根据不同的加工要求合理选择刀具宽度。

② 根据不同情况正确设定 F 初始值和起刀点的位置。从切削起点开始车削的第一个螺距 $P = F + \Delta P$。车削牙等宽槽变距螺纹时注意选择正确的赶刀量，因为赶刀量是叠加的，若第 1 牙的赶刀量为 0.1mm，则第 10 牙的赶刀量是 1mm，因此要考虑刀具强度是否足够和赶刀量是否超出刀宽。

③ 根据不同要求正确计算螺距偏移量和循环刀数。

④ 由于变距螺纹的螺纹升角随着导程的增大而增大，所以刀具左侧切削刃的刃磨后角应等于工作后角加上最大螺纹升角 ψ，即 $\alpha_0 = (3° \sim 5°) + \psi$。

【例 2-10】 编制宏程序完成图 2-22 所示槽等宽牙变距螺纹的车削加工。

解 如图 2-22 所示，该变距螺纹的基本螺距 $P = 10$mm，螺距增量 $\Delta P = 2$mm，螺纹总长度 $L = 60$mm，代入方程

$$L = nP + \dfrac{n(n-1)}{2}\Delta P$$

解得 $n \approx 4.458$，即该螺杆有 5 圈螺旋线（第 5 圈不完整），再由

$$P_n = P(n-1)\Delta P$$

得第 5 圈螺纹螺距为 18mm。

选择 5mm 宽的方形螺纹车刀，从距离右端面 8mm 处开始切削加工（基于螺纹加工升降速

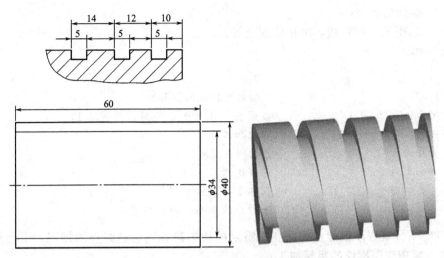

图 2-22 槽等宽牙变距矩形螺纹

影响和安全考虑,选择切削起点距离右端面 1 个螺距的导入空刀量),到距离左端面 6mm 后螺纹加工完毕退刀(考虑了导出空刀量),所以螺距初始值为 8mm(而程序中的 F 值应为 $8-2=6$mm)。设工件坐标系原点在工件右端面和轴线的交点上,编制加工宏程序如下:

O2050;
G54 G00 X100.0 Z50.0;   (选择 G54 工件坐标系,螺纹刀具移动到起刀点)
M03 S150;   (主轴正转)
G00 X34.0 Z8.0;   (快进至螺纹切削起点)
#1=8;   (初始螺距赋值)
#2=2;   (螺距增量赋值)
#3=8;   (切削起点 Z 坐标值赋值)
#4=－66;   (切削终点 Z 坐标值赋值)
WHILE[#3GT#4]DO1;   (当 Z 坐标值大于#4 时执行循环 1)
  G32 W－#1 F[#1－#2];   (螺纹加工)
  #3=#3－#1;   (Z 坐标值递减)
  #1=#1＋#2;   (螺距递增)
  END1;   (循环 1 结束)
G00 X50.0;   (X 向退刀)
X100.0 Z50.0;   (返回起刀点)
M05;   (主轴停)
M30;   (程序结束)

【例 2-11】 编制一个用 G65 调用的能加工任意变距螺纹的宏程序,并调用宏程序完成图 2-21 所示变距螺纹的加工。

解 ① 编制一个相当于 G34 指令的宏程序。
宏程序调用指令:

G65 P2051 Z____ F____ K____ ;

自变量含义:
#26=Z——切削终点 Z 坐标值;

♯9＝F——螺距初始值；
♯6＝K——螺距增（减）量，减量应加负号。
　　宏程序如下：

O2051；
♯30＝♯5042；　　　　　　　　　　（Z 轴初始值赋给♯30）
　WHILE[♯30GT♯26]DO1；　　　　（当 Z 坐标值大于♯26 时执行循环 1）
　G32 W－♯9 F[♯9－♯6]；　　　　（螺纹加工）
　♯30＝♯30－♯9；　　　　　　　　（Z 坐标值递减）
　♯9＝♯9＋♯6；　　　　　　　　　（螺距递增）
　END1；　　　　　　　　　　　　 （循环 1 结束）
M99；　　　　　　　　　　　　　　（子程序结束并返回主程序）

　　② O2051 号宏程序仅能实现从变距螺纹的切削起点到切削终点的加工，下面编制一个采用直进法实现变距螺纹的粗精加工。
　　宏程序调用指令：
G65 P2052 A＿＿＿ B＿＿＿ I＿＿ J＿＿ F＿＿＿ K＿＿＿；
　　自变量含义：
♯1＝A——螺纹大径值；
♯2＝B——螺纹小径值；
♯4＝I——考虑导入空刀量后的切削起点的 Z 坐标值；
♯5＝J——考虑导出空刀量后的切削终点的 Z 坐标值；
♯9＝F——螺距初始值；
♯6＝K——螺距增（减）量，减量应加负号。
　　宏程序如下：

O2052；
♯1＝♯1-2；　　　　　　　　　　　　（X 坐标值赋初值）
N10 G00 X[♯1＋10] Z♯4；　　　　　 （快进到循环起点）
IF[♯1GT♯2]THEN♯20＝0.1；　　　　 （当♯1 大于♯2 时,吃刀深度为"0.1"）
IF[♯1GT[♯2＋0.2]]THEN♯20＝0.5；　（当♯1 大于♯2＋0.2 时,吃刀深度为"0.5"）
IF[♯1GT[♯2＋1]]THEN♯20＝1.5；　　（当♯1 大于♯2＋1 时,吃刀深度为"1.5"）
♯30＝♯4；　　　　　　　　　　　　　（将♯4 赋给♯30）
♯31＝♯9；　　　　　　　　　　　　　（将♯9 赋给♯31）
X♯1；　　　　　　　　　　　　　　　（X 向刀具定位）
　WHILE[♯30GT♯5]DO1；　　　　　　（当 Z 坐标值大于♯5 时执行循环 1）
　G32 W－♯31 F[♯31－♯6]；　　　　（螺纹加工）
　♯30＝♯30－♯31；　　　　　　　　（Z 坐标值递减）
　♯31＝♯31＋♯6；　　　　　　　　　（螺距递增）
　END1；　　　　　　　　　　　　　（循环 1 结束）
G00 X[♯1＋10]；　　　　　　　　　 （X 向退刀）
♯1＝♯1－♯20；　　　　　　　　　　 （X 坐标值递减）
IF[♯1GT♯2]GOTO10；　　　　　　　（条件判断）
♯30＝♯4；　　　　　　　　　　　　　（将♯4 赋给♯30）
♯31＝♯9；　　　　　　　　　　　　　（将♯9 赋给♯31）

```
  Z#4;                          (返回循环起点)
  X#2;                          (X向刀具精加工定位)
    WHILE[#30GT#5]DO1;          (当Z坐标值大于#5时执行循环1)
    G32 W-#31 F[#31-#6];        (螺纹加工)
    #30=#30-#31;                (Z坐标值递减)
    #31=#31+#6;                 (螺距递增)
    END1;                       (循环1结束)
  G00 X[#1+10];                 (X向退刀)
  Z#4;                          (返回起刀点)
  M99;                          (程序结束)
```

③ 设工件坐标系原点在工件右端面和轴线的交点上，调用 2051 号宏程序完成图 2-21 所示变距螺纹精加工的部分程序如下：

```
G00 X34.0 Z8.0;                    (快进至螺纹切削起点)
G65 P2051 Z-66.0 F8.0 K2.0;        (调用 2051 号宏程序精加工变距螺纹)
```

调用 2052 号宏程序加工该变距螺纹的程序段如下：

```
G65 P2052 A40.0 B34.0 I8.0 J-66.0 F8.0 K2.0;   (调用 2052 号宏程序加工变距螺纹)
```

【例 2-12】 完成图 2-23 所示牙等宽槽变距螺纹车削加工宏程序的编制。

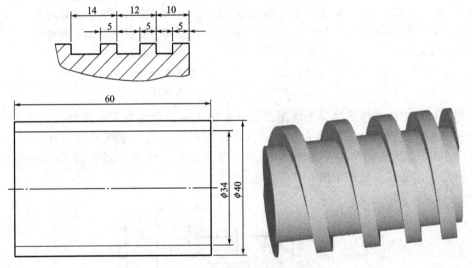

图 2-23 牙等宽槽变距矩形螺纹

解 如图 2-23 所示，螺纹牙宽 $H=5$mm，螺距增量 $\Delta P=2$mm，同上例分析可得其基本（初始）螺距 $P=8$mm，终止螺距 $P_5=18$mm。若选择宽度 $V=2$mm 的方形螺纹刀，则第一刀切削后工件实际轴向剩余最大余量为

$$U=P_5-V-H=18-2-5=11 \text{（mm）}$$

还需切削的次数为

$$Q=\frac{U}{V}=\frac{11}{2}=5.5$$

即至少还需车削 6 刀。设工件坐标原点在右端面与轴线的交点上，第一刀的 Z 坐标值为

$$Z_1=P=8\text{mm}$$

最后一刀切削起点的 Z 坐标值为

$$Z_2 = 2P - \Delta P - V - H = 2 \times 8 - 2 - 2 - 5 = 7 \text{ (mm)}$$

则每一次赶刀时切削起点的偏移量为

$$M = \frac{Z_2 - Z_1}{Q} = \frac{7-8}{6} \approx -0.167 \text{ (mm)}$$

每一次赶刀的螺距变化量为

$$N = \frac{\Delta P}{Q} = \frac{2}{6} \approx 0.333 \text{ (mm)}$$

编制加工宏程序如下（注意程序中切削起点由 $Z_1 = 8$ 递增 6 次 -0.167 到 $Z_2 = 7$，F 由 6 递减 6 次 0.333 到 4）。

O2053;
G54 G00 X100.0 Z50.0;   （选择 G54 工件坐标系，螺纹刀具移动
                                                   到起刀点）
M03 S150;   （主轴正转）
G00 X50.0 Z8.0;   （快进至循环起点）
G65 P2052 A40.0 B30.0 I8.0   J−66.0 F6.0   K2.0; （调用宏程序加工变距螺纹）
G65 P2052 A40.0 B30.0 I7.833 J−66.0 F5.667 K2.0;   （调用宏程序加工变距螺纹）
G65 P2052 A40.0 B30.0 I7.666 J−66.0 F5.334 K2.0;   （调用宏程序加工变距螺纹）
G65 P2052 A40.0 B30.0 I7.499 J−66.0 F5.001 K2.0;   （调用宏程序加工变距螺纹）
G65 P2052 A40.0 B30.0 I7.332 J−66.0 F4.668 K2.0;   （调用宏程序加工变距螺纹）
G65 P2052 A40.0 B30.0 I7.165 J−66.0 F4.335 K2.0;   （调用宏程序加工变距螺纹）
G65 P2052 A40.0 B30.0 I7.0   J−66.0 F4.0   K2.0; （调用宏程序加工变距螺纹）
G00 X100.0 Z50.0;   （返回起刀点）
M05;   （主轴停）
M30;   （程序结束）

上述程序是先以工件的第一个螺距为 10mm 加工一个槽等宽牙变距螺纹（图 2-24），然后逐渐往 Z 轴正方向也就是槽的右面赶刀（该过程中切削起点逐渐靠近工件端面，基本螺距逐渐变小），直到工件第一个螺距为 8mm（图 2-25）最终完成图 2-22 所示螺纹的加工，该方法称为正向偏移直进法车削。

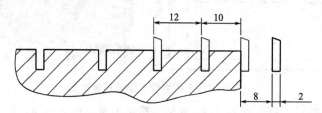

图 2-24 正向偏移直进法车削第一步

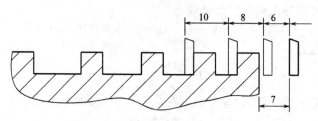

图 2-25 正向偏移直进法车削最后一步

另外一种方法是负向偏移直进法车削，先以工件的第一个螺距为 8mm 加工一个槽等宽牙变距螺纹（图 2-26），然后逐渐往 Z 轴负方向即槽的左面赶刀（该过程中切削起点逐渐远离工件端面，基本螺距逐渐变大），直到工件第一个螺距为 10mm（图 2-27），完成牙等宽槽变距螺纹的加工。除了直进法车削外还可以采用分层法车削。

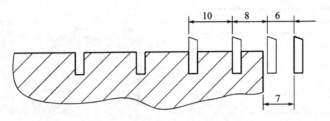

图 2-26　负向偏移直进法车削第一步

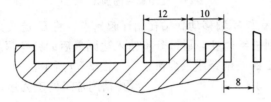

图 2-27　负向偏移直进法车削最后一步

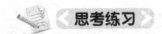

思考练习

1. 试采用分层法编制车削加工图 2-22 所示变距螺纹的宏程序。
2. 编制车削加工图 2-28 所示变距螺纹的宏程序。

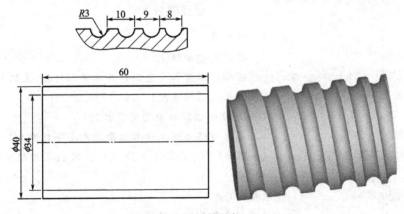

图 2-28　变距螺纹的加工（一）

3. 正向偏移直进法车削加工牙等宽槽变距螺纹时，每次赶刀都是车刀左侧还是右侧进行切削？负向偏移直进法车削时呢？
4. 试调用宏程序编制采用负向偏移直进法车削加工图 2-23 所示变距螺纹的加工程序。
5. 编制车削加工图 2-29 所示变距螺纹的宏程序。

2.3.6　钻孔加工循环

【例 2-13】　编制一个能用于数控车床上钻孔的 G65 调用的宏程序。

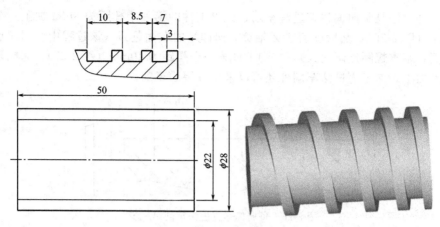

图 2-29 变距螺纹的加工（二）

解 首先将刀具沿 X 和 Z 轴移动到钻孔循环起始点，将 U 定义为孔的深度，K 为钻削深度，F 为钻孔时的切削进给速度，通过分步钻入达到最后的钻孔深度，钻孔深度的最大值事先确定。深孔钻削加工的钻削路线及变量模型如图 2-30 所示。

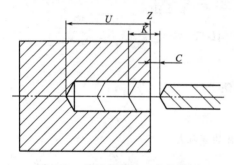

图 2-30 深孔钻削加工变量模型

深孔钻削加工的宏程序调用指令：

G65 P2060 C＿＿ K＿＿ F＿＿ U＿＿ Z＿＿ ；

自变量含义：

＃3＝C——安全距离；

＃6＝K——每次循环的钻削深度；

＃9＝F——刀具进给速度，mm/r；

＃21＝U——孔最终钻削深度，取正值；

＃26＝Z——零件右端面的工件 Z 向坐标值。

宏程序如下：

O2060；	（宏程序号）
N10 ＃1＝1；	（计数器置初始值 1）
N20 ＃28＝FUP[[＃21＋＃3]/＃6]；	［根据钻削深度和安全距离计算循环次数（上取整）］
N30 ＃29＝[＃21＋＃3]/＃28；	（计算每次钻削深度）
N40 ＃30＝＃29；	（将＃29 的值赋给中间变量＃30）
N50 G00 Z[＃26＋＃3]；	（刀具快速移动到工件右端面钻孔安全距离处）
N60 WHILE[＃1LE＃28]DO1；	（如果＃1 小于或等于＃28 执行循环 1，否则程序跳转到 N130 程序段）
N70 G01 W-＃30 F＃9；	（钻孔）
N80 G00 W＃29；	（将刀具移至钻孔起始点）
N90 G04 P100；	（暂停 1s）
N100 G00 W[－＃29＋1]；	（以快速进给速度将刀具移动到上次孔深前 1mm 处）
N110 ＃1＝＃1＋1；	（计数器累加 1）
N120 ＃29＝＃30＊＃1；	（钻削深度叠加）
N130 END1；	（循环 1 结束）
N140 G00 Z[＃26＋＃3]；	（刀具快速退出孔外）
N150 M99；	（子程序结束，返回主程序）

【例 2-14】 调用宏程序编制一个用麻花钻钻削图 2-31 所示 φ12mm 孔的加工程序。

解 设工件坐标系原点在工件右端面和轴线的交点上，则零件右端面的 Z 向坐标值为 0，钻孔深度为 35mm，设安全距离为 2mm，每次循环的钻孔深度为 6mm，进给速度为 0.1mm/r，编制加工程序如下。

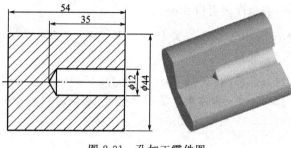

图 2-31 孔加工零件图

O2061；
G54 G00 X100.0 Z50.0；   （刀具快进至起刀点）
G00 X0 Z2.0；   （刀具快进至切削起点）
M03 S600；   （主轴正转）
G65 P2060 C2.0 K6.0 F0.1 U35.0 Z0；（调用宏程序钻孔）
G00 X100.0 Z50.0；   （返回起刀点）
M05；   （主轴停）
M30；   （程序结束）

思考练习

1. 在例 2-14 中，若将工件原点设在工件左端面和轴线的交点上，试调用宏程序编制该孔的加工程序。

2. 调用宏程序编制用麻花钻钻削图 2-32 所示直径 φ16mm 孔的加工程序。

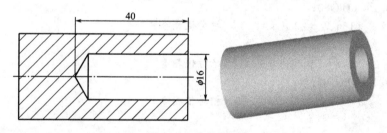

图 2-32 孔的加工

2.3.7 固定循环综合编程

在前面介绍的应用宏程序编制的数控车削加工固定循环，宏程序都是原理性质的，只用了绝对坐标，没有相对坐标，如果缺少自变量赋值也不会报警，可以说缺少实用性。一个完整的宏程序指令应该具有绝对坐标、相对坐标和混合坐标编程，缺少自变量赋值或赋值错误时宏程序将停止运行并有报警提示等。

【例 2-15】 编制一个模仿 G90 固定循环车削外圆柱（锥）面的宏程序，要求运用相对坐标、绝对坐标和混合坐标编程并添加赋值错误报警等内容。

解 如下宏程序模仿 G90 固定循环车削外圆柱（锥）面，运用了绝对坐标、相对坐标和混合坐标编程以及添加了赋值错误报警等内容。

宏程序调用指令：

G65 P2070 X（U）__Z（W）__R__F__；

自变量含义：

#24(#21)/#26(#23)=X(U)/Z(W)——外圆柱（锥）面切削终点坐标值；
#18=R——锥体大小端的半径差（切削起点直径小于切削终点直径时，R 取负值）；
#9=F——进给速度。

宏程序：

```
O2070;
    IF[#24EQ#0]GOTO10;
    #3=1;                        (绝对值赋值)
    #1=#5041;                    (X 轴初始位置)
    GOTO15;
N10 IF[#21EQ#0]GOTO99;           (X 轴未赋值则报警)
N15 IF[#26EQ#0]GOTO20;
    #4=1;                        (绝对值赋值)
    #2=#5042;                    (Z 轴初始位置)
    GOTO25;
N20 IF[#23EQ#0]GOTO99;           (Z 轴未赋值则报警)
N25 IF[#9NE#0]GOTO30;
    #9=0.1;                      (F 未赋值则用 F=0.1)
N30 IF[#3EQ1]GOTO40;
    G00 U[#21+2*#18];            (相对值指令)
    GOTO50;
N40 G00 X[#24+2*#18];            (绝对值指令)
N50 IF[#4EQ1]GOTO60;
    G01 U[-2*#18] W#23 F#9;      (相对值指令)
    GOTO70;
N60 G01 U[-2*#18] Z#26 F#9;      (绝对值指令)
N70 IF[#3EQ1]GOTO80;
    U-#21;                       (相对值指令)
    GOTO90;
N80 X#1;                         (绝对值指令)
N90 IF[#4EQ1]GOTO95;
    G00 W-#23;                   (相对值指令)
    GOTO10;
N95 G00 Z#2;                     (绝对值指令)
    GOTO100;
N99 #3000=1(ERROR);              (赋值错误报警)
N100 M99;
```

【例 2-16】 编制一个类似 G71 指令的宏程序实现外圆柱面粗、精车固定循环加工。

解 外圆柱面车削加工一般不能一次车削完成，必须经过多次进刀和退刀加工，如果使用 G90 指令需要多个程序段。对于这种简单大余量的切除，可以编制一个类似 G71 指令的宏程序实现外圆柱面粗、精加工固定循环。

宏程序调用指令：

G65 P2071 X（U）＿Z（W）＿D＿E＿F＿；

自变量含义：

♯24(♯21)/♯26(♯23)＝X(U)/Z(W)——外圆柱面切削终点坐标值；
♯7＝D——每次切削的深度（半径值）；
♯8＝E——每次切削后的退刀量（如果不指定则自动指定为0.5mm）；
♯9＝F——切削进给速度。

宏程序：

```
O2071;
    ♯31=♯5041;                  (保存X值初值)
    ♯32=♯5042;                  (保存Z值初值)
    IF[♯8NE♯0]GOTO1;
    ♯8=0.5;                     (E参数缺失时每次切削后的退刀量)
N1  IF[♯24EQ♯0]GOTO2;
    ♯1=♯24;                     (X值绝对值指令)
    GOTO3;
N2  IF[♯21EQ♯0]GOTO9;           (X值未赋值则报警)
    ♯1=♯31+♯21;                 (X轴绝对值坐标)
N3  IF[♯26EQ♯0]GOTO4;
    ♯2=♯26;
    GOTO5;
N4  IF[♯23EQ♯0]GOTO9;           (Z轴未赋值则报警)
    ♯2=♯32+♯23;                 (Z轴绝对值坐标)
N5  IF[♯7EQ♯0]GOTO9;            (每次切深不赋值则报警)
    IF[♯9NE♯0]GOTO6;
    ♯9=0.1;                     (F未赋值则F=0.1)
N6  ♯30=♯31;                    (X轴初值)
    WHILE[♯30GT♯1]DO1;
    ♯30=♯30-2*♯7;
    IF[♯30GT♯1]GOTO7;
    ♯30=♯1;
N7  G00 X♯30;                   (切削循环)
    G01 Z♯2 F♯9;
    U[2*♯8];
    G00 Z♯23;                   (切削循环结束)
    END1;
    X♯31;           (退回起始点)
    GOTO10;
N9  ♯3000=1(ERROR);(赋值错误报警)
N10 M99;
```

【例2-17】 数控车削加工图2-33所示外圆柱面，试调用宏程序从毛坯尺

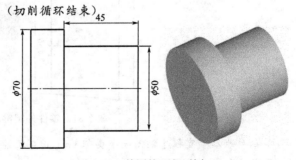

图2-33 外圆柱面粗、精加工

寸"φ70"加工到"φ50"。

解 设 G54 工件坐标系工件原点在右端面和轴线的交点上。

① 调用外圆柱（锥）面车削固定循环宏程序加工。程序如下。

```
O2072；
G54 G00 X100.0 Z50.0；              （选择 G54 工件坐标系）
M03 S800；                          （主轴正转）
G00 X74.0 Z2.0；                    （进刀到循环起点）
G65 P2070 X65.0 Z－45.0 R0 F0.3；   （调用宏程序粗加工）
G65 P2070 X60.0 Z－45.0 R0 F0.3；   （调用宏程序粗加工）
G65 P2070 X55.0 Z－45.0 R0 F0.3；   （调用宏程序粗加工）
G65 P2070 X51.0 Z－45.0 R0 F0.3；   （调用宏程序粗加工）
G65 P2070 X50.0 Z－45.0 R0 F0.1；   （调用宏程序精加工）
G00 X100.0 Z50.0；                  （返回起刀点）
M05；                               （主轴停转）
M30；                               （程序结束）
```

② 调用外圆柱面粗、精车固定循环加工。程序如下。

```
O2073；
G54 G00 X100.0 Z50.0；                      （选择 G54 工件坐标系）
M03 S800；                                  （主轴正转）
G00 X74.0 Z2.0；                            （进刀到循环起点）
G65 P2071 X50.0 Z－45.0 D3.0 E1.0 F0.15；   （调用宏程序粗精加工外圆柱面）
G00 X100.0 Z50.0；                          （返回起刀点）
M05；                                       （主轴停）
M30；                                       （程序结束）
```

思考练习

1. 数控车削加工图 2-34 所示零件外圆锥面，已知毛坯为直径 φ65mm 的圆棒料，试编制调用宏程序加工该圆锥面的程序。

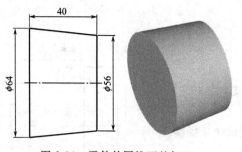

图 2-34 零件外圆锥面的加工

2. 试参照本节宏程序编制一个类似 G71 指令既能循环车削外圆柱面也能车削外圆锥面的粗、精加工宏程序。

2.4 数控车削加工公式曲线类零件

2.4.1 数控车削加工公式曲线类零件编程模板

(1) 函数

设 D 是给定的一个数集,若有两个变量 X 和 Y,当变量 X 在 D 中取某个特定值时,变量 Y 依确定的关系 f 也有一个确定的值,则称 Y 是 X 的函数,f 称为 D 上的一个函数关系,记为 $Y=f(X)$,X 称为自变量,Y 称为因变量。当 X 取遍 D 中各数,对应的 Y 构成一数集 R,D 称为定义域或自变数域,R 称为值域或因变数域。

由于数控车床使用 ZX 坐标系,则用 Z、X 分别代替 X、Y,即数控车削加工公式曲线中曲线方程是变量 X 与 Z 的关系。例如,图 2-36 所示曲线的函数为 $X=f(Z)$,Z 为自变量,X 为因变量,若设起点 A 在 Z 轴上的坐标值为 Z_a(自变量起点),终点 B 在 Z 轴上的坐标值为 Z_b(自变量终点),则 $D[Z_a,Z_b]$ 为定义域,X 是 Z 的函数,当 Z 取遍 D 中各数,对应的 X 构成的数集 R 为值域。当然也可以将 $X=f(Z)$ 进行函数变换得到表达式 $Z=f(X)$,即 X 为自变量,Z 为因变量,Z 是 X 的函数。

(2) 数控编程中公式曲线的数学处理

公式曲线包括除圆以外的各种可以用方程描述的圆锥二次曲线(如抛物线、椭圆、双曲线)、阿基米德螺线、对数螺旋线及各种参数方程、极坐标方程所描述的平面曲线与列表曲线等。数控机床在加工上述各种曲线平面轮廓时,一般都不能直接进行编程,而必须经过数学处理以后,以直线或圆弧逼近的方法来实现。但这一工作一般都比较复杂,有时靠手工处理已经不大可能,必须借助计算机进行辅助处理,最好是采用计算机自动编程高级语言来编制加工程序。

处理用数学方程描述的平面非圆曲线轮廓图形,常采用相互连接的直线逼近和圆弧逼近方法。

① 直线逼近法。一般来说,由于直线法的插补节点均在曲线轮廓上,容易计算,编程也简便一些,所以常用直线法来逼近非圆曲线,其缺点是插补误差较大,但只要处理得当还是可以满足加工需要的,关键在于插补段长度及插补误差控制。由于各种曲线上各点的曲率不同,如果要使各插补段长度均相等,则各段插补的误差大小不同;反之,如要使各段插补误差相同,则各插补段长度不等。

• 等插补段法。等插补段法是使每个插补段长度相等,因而插补误差不等。编程时必须使产生的最大插补误差小于允差的 1/3~1/2,以满足加工精度要求。一般都假设最大误差产生在曲线的曲率半径最小处,并沿曲线的法线方向计算。这一假设虽然不够严格,但数控加工实践表明,对大多数情况是适用的。

• 等插补误差法。等插补误差法是使各插补段的误差相等,并小于或等于允许的插补误差,这种确定插补段长度的方法称为"等插补误差法"。显然,按此法确定的各插补段长度是不等的,因此又称"变步长法"。这种方法的优点是插补段数目比上述的"等插补段法"少。这对于一些大型和形状复杂的非圆曲线零件有较大意义。对于曲率变化较大的曲线,用此法求得的节点数最少,但计算稍繁琐。

② 圆弧逼近法。曲线的圆弧逼近有曲率圆法、三点圆法和相切圆法等方法。三点圆法是通过已知的三个节点求圆,并作为一个圆程序段。相切圆法是通过已知的四个节点分别作

两个相切的圆,编出两个圆弧的程序段。这两种方法都必须先用直线逼近方法求出各节点再求出各圆,计算较繁琐。

(3) 宏程序编制公式曲线加工程序基本步骤

应用宏程序编程对可以用函数公式描述的工件轮廓或曲面进行数控加工,是现代数控系统一个重要的新功能和方法,但是使用宏程序编程用于数控加工公式曲线轮廓时,需要具有一定的数学和高级语言基础,要快速熟练准确地掌握较为困难。

事实上,数控加工公式曲线的宏程序编制具有一定的规律性。表 2-5 为反映宏程序编制公式曲线加工程序基本步骤的变量处理表。

表 2-5 宏程序编制公式曲线加工程序变量处理表

序号	变量选择	变量表示	宏变量
1	选择自变量		
2	确定定义域		
3	用自变量表示因变量的表达式		

① 选择自变量
- 公式曲线中的 X 和 Z 坐标任意一个都可以被定义为自变量。
- 一般选择变化范围大的一个作为自变量。车削加工时通常将 Z 坐标选定为自变量。
- 根据表达式方便情况来确定 X 或 Z 作为自变量。如某公式曲线表达式为

$$z=0.005x^3$$

将 X 坐标定义为自变量比较适当,如果将 Z 坐标定义为自变量,则因变量 X 的表达式为

$$x=\sqrt[3]{z/0.005}$$

其中含有三次开方函数在宏程序中不方便表达。

- 宏变量的定义完全可根据个人习惯设定。例如,为了方便,可将和 X 坐标相关的变量设为♯1、♯11、♯12 等,将和 Z 坐标相关的变量设为♯2、♯21、♯22 等。

② 确定自变量的起止点坐标值(即自变量的定义域)。自变量的起止点坐标值是相对于公式曲线自身坐标系的坐标值(椭圆自身坐标原点为椭圆中心,抛物线自身坐标原点为其顶点)。其中起点坐标为自变量的初始值,终点坐标为自变量的终止值。

③ 确定因变量相对于自变量的宏表达式。进行函数变换,确定因变量相对于自变量的宏表达式。如图 2-35 所示,若选定椭圆线段的 Z 坐标为自变量(♯26),起点 S 的 Z 坐标为"Z8",终点 T 的 Z 坐标为"Z－8",则自变量♯26 的初始值为"8",终止值为"－8",将椭圆方程

$$\frac{x^2}{5^2}+\frac{z^2}{10^2}=1$$

进行函数变换得到用自变量表示因变量的表达式

$$x=5\times\sqrt{1-\frac{z^2}{10^2}}$$

变量处理结果见表 2-6。

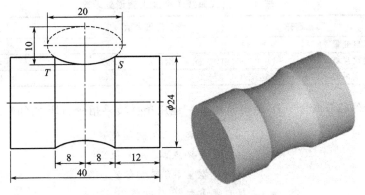

图 2-35 含椭圆曲线的零件图

表 2-6 含椭圆曲线零件加工变量处理表

序号	变量选择	变量表示	宏变量
1	选择自变量	Z	#26
2	确定定义域	$[8,-8]$	$[\#4,\#5]$
3	用自变量表示因变量的表达式	$x = 5 \times \sqrt{1 - \dfrac{z^2}{10^2}}$	#24=5*SQRT[1-[#26*#26]/[10*10]]

【例 2-18】 数控车削加工图 2-36 所示 $X=f(Z)$ 的公式曲线段，A 为曲线段加工起始点，B 为终止点，加工刀具刀位点在起始点，要求完成该曲线段的车削加工编程。

解 首先选择插补方式，即决定是采用直线段逼近非圆弧曲线，还是采用圆弧段逼近非圆曲线。由于等插补段法直线插补逼近法计算简单，坐标增量的选取可大可小，选得越小，则加工精度越高（同时节点会增多），因此采用等插补段法直线插补逼近加工图 2-36 中 $X=f(Z)$ 的公式曲线段时可分别以 Z 或 X 为自变量，如图 2-37 所示，分别计算出 P_1、P_2、P_3 等的坐标值，然后逐点插补完成曲线的加工。

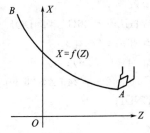

图 2-36 公式曲线段车削加工

若选择以 Z 为自变量，则计算插补节点坐标即计算出在定义域 $D[Z_a,Z_b]$ 中不同的 Z 值对应的曲线上节点的 X 坐标值（它们构成值域 R），为了实现这一目的，需要用到转移和循环语句，运用条件转移指令或者循环指令都可实现。

以 Z 为自变量数控车削加工公式曲线变量变量处理见表 2-7。

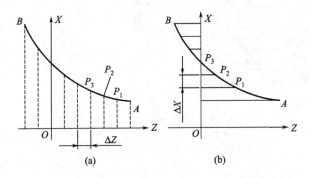

图 2-37 等插补段法加工曲线

表 2-7 公式曲线车削加工变量处理表

序号	变量选择	变量表示	宏变量
1	选择自变量	Z	#26
2	确定定义域	$D[Z_a, Z_b](Z_a > Z_b)$	[#1, #2]
3	用自变量表示因变量的表达式	$X = f(Z)$	#24 = f(#26)

① 运用条件转移指令（IF 语句）编程。运用条件转移指令（IF 语句）编制程序如下：

```
#1=Za;                          (自变量起点#1赋初值)
#2=Zb;                          (自变量终点#2赋初值)
#3=ΔZ;                          (坐标增量#3赋初值)
#26=#1;                         (自变量#26赋初值)
N10 #26=#26-#3;                 (#26减去增量)
#24=f(#26);                     (计算因变量#24的值)
G01 X[2*#24] Z#26 F0.1;         (直线插补逼近曲线,X值为直径值)
IF[#26GT#2]GOTO10;              (如果#26大于#2跳转至N10程序段)
```

② 运用循环指令（WHILE 语句）编程。运用循环指令（WHILE 语句）编制程序如下：

```
#1=Za;                          (自变量起点#1赋初值)
#2=Zb;                          (自变量终点#2赋初值)
#3=ΔZ;                          (坐标增量#3赋初值)
#26=#1;                         (自变量#26赋初值)
WHILE[#26GT#2]DO1;              (当#26大于#2时执行循环1)
#26=#26-#3;                     (#26减增量)
#24=f(#26);                     (计算因变量#24的值)
G01 X[2*#24] Z#26 F0.2;         (直线插补逼近曲线)
END1;                           (循环1结束)
```

思考练习

1. 设某函数为 $x = 5z^2 + 10 (10.5 \leqslant z \leqslant 24)$，请完成填空：

(1) X 是 Z 的 _____。
(2) 自变量为 _____。
(3) 因变量是 _____。
(4) 自变量起点值为 _____。
(5) 自变量终点值是 _____。
(6) 加工该曲线的宏程序如下：

```
#1=_____;
#2=_____;
#3=_____;
#26=#1;
WHILE [#26GT#2] DO1;
#26=#26-#3;
```

#24=＿＿＿＿＿；
G01 X[2*#24] Z#26 F0.2;
END1;

2. 若例题中自变量起点和终点的大小关系为 $Z_a<Z_b$（即加工刀具从左向右进给），上述程序还对吗？如果不对应该在哪些地方进行修改？下面是一个自动判断自变量起点终点大小后选择执行的宏程序，请仔细阅读后掌握程序执行流程。

#1=Za;	（自变量起点#1赋初值）
#2=Zb;	（自变量终点#2赋初值）
#3=ΔZ;	（坐标增量#3赋初值）
#26=#1;	（自变量#26赋初值）
IF[#1LT#2]GOTO10;	（判断自变量起点终点大小后选择执行）
WHILE[#26GT#2]DO1;	（当#26大于#2时执行循环1）
#26=#26-#3;	（#26减增量）
#24=f(#26);	（计算因变量#24的值）
G01 X[2*#24] Z#26 F0.2;	（直线插补逼近曲线）
END1;	（循环1结束）
GOTO20;	（无条件转向N20程序段）
N10 WHILE[#26LT#2]DO2;	（当#26小于#2时执行循环2）
#26=#26+#3;	（#26加增量）
#24=f(#26);	（计算因变量#24的值）
G01 X[2*#24] Z#26 F0.2;	（直线插补逼近曲线）
END2;	（循环2结束）
N20 …	

2.4.2 工件原点在椭圆中心的正椭圆类零件车削加工

(1) 椭圆方程

在车床工件坐标系（XOZ 坐标平面）中，设 a 为椭圆在 Z 轴上的截距（椭圆长半轴长），b 为椭圆在 X 轴上的截距（短半轴长），椭圆轨迹上的点 P 坐标为 (X, Z)，则椭圆方程、图形与中心坐标关系如表 2-8 所示。

表 2-8 椭圆方程、图形与中心坐标

椭圆方程	椭圆图形	椭圆中心坐标
$\dfrac{x^2}{b^2}+\dfrac{z^2}{a^2}=1$（标准方程） 或 $\begin{cases} x=b\sin\theta \\ z=a\cos\theta \end{cases}$ 参数方程，θ 为与 P 点对应的同心圆（半径为 a，b）的半径与 Z 轴正方向的夹角		中心 $G(0,0)$

注意：椭圆标准方程为

$$\frac{x^2}{a^2}+\frac{z^2}{b^2}=1$$

但由于数控车床使用 ZX 坐标系，用 Z、X 分别代替 X、Y 得在数控车削加工坐标系下的标准方程为

$$\frac{x^2}{b^2}+\frac{z^2}{a^2}=1$$

不作特殊说明相关章节类似内容均进行了相应处理。

(2) 编程方法

椭圆的数控车削加工编程方法可根据方程类型分为两种：按标准方程和参数方程编程。采用标准方程编程时，如图 2-38(a)、(b) 所示，可分别以 Z 或 X 为自变量分别计算出 P_0、P_1、P_2 等的坐标值，然后逐点插补完成椭圆曲线的加工。采用参数方程编程时，如图 2-38（c）所示，以 θ 为自变量分别计算 P_0、P_1、P_2 等的坐标值，然后逐点插补完成椭圆曲线的加工。

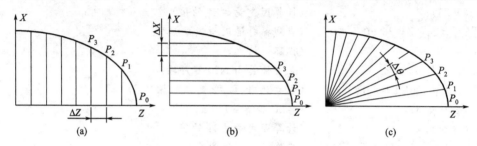

图 2-38　不同加工方法的自变量选择示意图

(3) 粗精加工分层方案

如图 2-39(a) 所示，在圆柱面上将阴影部分切削掉后得到椭圆零件，由于一刀切削余量太大，因此需要多刀切削即分粗精加工完成。粗精加工的核心思想是分层，对于椭圆的粗精加工分层方案主要有相似椭圆法和阶梯法两种，分别如图 2-39 (b)、(c) 所示，图中 1、2、3 表示加工的第 1、2 和第 3 层。

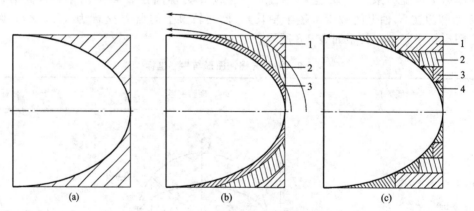

图 2-39　椭圆粗精加工分层方案

【例 2-19】 数控车削加工图 2-40 所示含椭圆曲线零件，试用宏程序编制精加工该曲线的程序。

解　由题可得仅需要加工图 2-41 所示椭圆曲线段，设工件坐标系原点在椭圆中心，刀具刀位点在椭圆曲线加工起点，下面分别采用标准方程和参数方程编程。

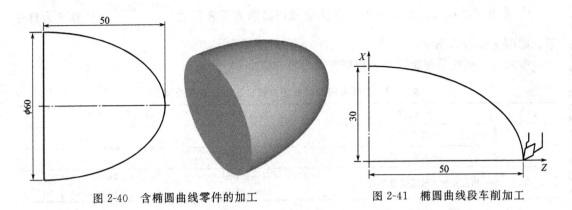

图 2-40 含椭圆曲线零件的加工　　　　图 2-41 椭圆曲线段车削加工

① 标准方程编程。如图 2-41 所示,椭圆曲线用标准方程表示为 $\frac{x^2}{30^2}+\frac{z^2}{50^2}=1$,若选择 Z 作为自变量则函数变换后的表达式为

$$x=30\times\sqrt{1-\frac{z^2}{50^2}}$$

标准方程编制椭圆曲线加工程序变量处理如表 2-9 所示。

表 2-9　标准方程编制椭圆曲线加工程序变量处理表

序号	变量选择	变量表示	宏变量
1	选择自变量	Z	♯26
2	确定定义域	[50,0]	[♯4,♯5]
3	用自变量表示因变量的表达式	$x=30\times\sqrt{1-\frac{z^2}{50^2}}$	♯24=30*SQRT[1-[♯26*♯26]/[50*50]]

运用条件转移指令(IF 语句)编制加工该椭圆曲线的部分宏程序如下:

♯4=50;　　　　　　　　　　　　　　(自变量起点♯4 赋初值)
♯5=0;　　　　　　　　　　　　　　 (自变量终点♯5 赋初值)
♯6=0.2;　　　　　　　　　　　　　 (坐标增量♯6 赋初值)
♯26=♯4;　　　　　　　　　　　　　 (自变量♯26 赋初值)
N10 ♯26=♯26-♯6;　　　　　　　　　(♯26 减增量)
♯24=30*SQRT[1-[♯26*♯26]/[50*50]];(计算因变量♯24 的值)
G01 X[2*♯24] Z♯26 F0.1;　　　　　 (直线插补逼近曲线)
IF[♯26GT♯5]GOTO10;　　　　　　　 (如果♯26 小于♯5 时跳转至 N10 程序段)

若将上述程序稍作简化可得程序如下:

♯26=50;　　　　　　　　　　　　　　(自变量♯26 赋初值)
N10 ♯26=♯26-0.2;　　　　　　　　　 (♯26 减增量 0.2)
♯24=30*SQRT[1-[♯26*♯26]/[50*50]]; (计算因变量♯24 的值)
G01 X[2*♯24] Z♯26 F0.1;　　　　　　 (直线插补逼近曲线)
IF[♯26GT0]GOTO10;　　　　　　　　 (如果♯26 小于 0 时跳转至 N10 程序段)

注意本程序仅是主要部分,完整的程序中的刀具、转速、补偿等内容请读者自行定义,这里就不再赘述了(后同)。

② 参数方程编程。图 2-41 所示椭圆曲线用参数方程表示为 $\begin{cases} x=30\sin\theta \\ z=30\cos\theta \end{cases}$，选择 θ 为自变量，则因变量为 X 和 Z。

参数方程编制椭圆曲线加工程序变量处理如表 2-10 所示。

表 2-10 参数方程编制椭圆曲线加工程序变量处理表

序号	变量选择	变量表示	宏变量
1	选择自变量	θ	#10
2	确定定义域	$[0°,90°]$	$[\#4,\#5]$
3	用自变量表示因变量的表达式	$\begin{cases} x=30\sin\theta \\ z=50\cos\theta \end{cases}$	$\begin{cases} \#24=30\sin[\#10] \\ \#26=50\cos[\#10] \end{cases}$

运用循环指令（WHILE 语句）编制加工该椭圆曲线的部分宏程序如下：

```
#4=0;                    （自变量起点#4赋初值）
#5=90;                   （自变量终点#5赋初值）
#6=0.2;                  （角度增量#6赋初值）
#10=#4;                  （自变量#10赋初值）
WHILE[#10LT#5]DO1;       （条件判断，当#4小于#5时执行循环1）
#10=#10+#6;              （计算角度,每次加角度增量#6）
#24=30*SIN[#10];         （计算X坐标值）
#26=50*COS[#10];         （计算Z坐标值）
G01 X[2*#24] Z#26 F0.1;  （直线插补逐段加工椭圆曲线）
END1;                    （循环1结束）
```

【例 2-20】 数控车削加工图 2-42 所示右半椭圆曲线零件，Z 向长半轴长"35"，X 向短半轴长"18"，试编制粗精加工该椭圆曲线部分的宏程序（该部分已加工到直径尺寸为 $\phi36mm\times35mm$ 的圆柱）。

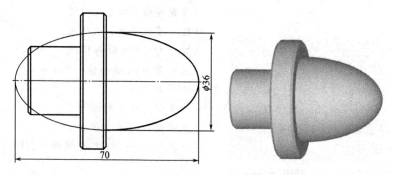

图 2-42 粗精加工椭圆曲线零件

解 设工件坐标系原点在椭圆中心，先采用阶梯法粗加工椭圆表面，然后直线插补逼近椭圆曲线实现精加工，以 X 坐标值为自变量采用标准方程编程。

```
G54 G00 X100.0 Z50.0;    （选择G54工件坐标系,快进到起刀点）
M03 S300;                （主轴正转,转速300r/min）
G00 X40.0 Z37.0;         （刀具快进接近工件）
#1=18;                   （X值赋初值,半径值）
#2=2;                    （粗加工每层背吃刀量2mm）
```

```
N10 IF[#1LT0]GOTO20;                              (若X值小于0时转向N20程序段)
#3=35*SQRT[1-[#1*#1]/[18*18]];                    (计算Z坐标值)
G00 X[2*#1];                                      (定位到粗加工层)
G01 Z[#3+0.1] F0.1;                               (粗加工,Z向留0.1mm的精加工余量)
X[2*#1+5];                                        (X向退刀)
G00 Z37.0;                                        (Z向退刀)
#1=#1-#2;                                         (计算下一层的X坐标值)
GOTO10;                                           (转向N10程序段)
    N20 G00 X0 Z37.0;                             (定位到精加工起始点)
    G01 Z35.0 F0.1;                               (直线插补到椭圆加工起点)
    #1=0;                                         (X值赋初值)
    #2=0.1;                                       (坐标增量赋初值)
    WHILE[#1LT18]DO1;                             (当X值小于18时执行循环1)
    #1=#1+#2;                                     (X坐标值加增量)
    #3=35*SQRT[1-[#1*#1]/[18*18]];                (计算Z坐标值)
    G01 X[2*#1] Z#3 F0.1;                         (直线插补逼近椭圆曲线)
    END1;                                         (循环1结束)
G00 X100.0 Z50.0;                                 (返回起刀点)
M30;                                              (程序结束)
```

思考练习

1. 仔细阅读分别采用标准方程和参数方程编制的椭圆加工宏程序,然后思考其加工过程和结果是否一致?

2. 试运用循环指令(WHILE语句)编制加工图2-40所示椭圆曲线的精加工部分宏程序(标准方程编程)。

3. 阅读调用G73循环指令编制实现粗精加工图2-40所示椭圆曲线的宏程序,试与例2-19精加工部分程序进行比较,它们有什么区别?

```
O2080;
G54 G00 X100.0 Z100.0;
M03 S600;
G00 X70.0 Z52.0;
G73 U6.5 W5.0 R5.0;
G73 P5 Q20 U1.0 W0.5 F0.4;
N5 G01 X0 Z50.0 F0.1;
    #26=50;
    N10 #26=#26-0.2;
    #24=30*SQRT[1-[#26*#26]/[50*50]];
    G01 X[2*#24] Z#26 F0.1;
    IF[#26GT0]GOTO10;
N20
G70 P5 Q20;
```

```
G00 X100.0 Z100.0;
M30;
```

4. 试采用相似椭圆法编制粗精加工图 2-42 所示零件外圆面的加工宏程序,并从编程难易、加工质量和加工效率三个方面大致比较采用相似椭圆法或阶梯法粗精加工含椭圆曲线段零件各自的优缺点。

5. 如图 2-43(a) 所示,参数方程中对应的角度应该是离心角 θ 而不是椭圆曲线上的旋转角 φ。试求图 2-43(b) 所示零件中 P_1、P_2、P_3 和 P_4 各点的离心角 θ 值。

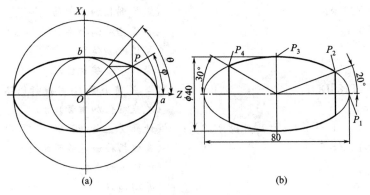

图 2-43 求指定点的离心角

提示:确定离心角 θ 应按照椭圆的参数方程来确定,因为它们并不总是等于旋转角 φ,仅当 $\varphi=\dfrac{K\pi}{2}$ 时,才使 $\varphi=0$。设 P 点坐标值 (x, z),由

$$\tan\varphi=\frac{x}{z}=\frac{b\sin\theta}{a\cos\theta}=\frac{b}{a}\tan\theta$$

可得

$$\theta=\arctan\left(\frac{a}{b}\tan\varphi\right)$$

另外,通过直接计算出来的数值与实际角度有 0°、180°或 360°的差距需要考虑。

6. 数控车削加工图 2-44 所示带椭圆曲线的零件,试编制该零件外圆面精加工程序。

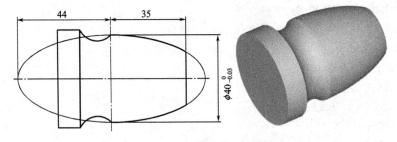

图 2-44 带椭圆曲线零件

7. 数控车削加工图 2-45 所示含椭圆曲线的套类零件,试编制该零件内孔椭圆曲线部分的精加工程序。

8. 编制图 2-46 所示带椭圆曲线段工件的数控车削精加工程序。

9. 编制图 2-47 所示带椭圆曲线段工件的数控车削精加工程序。

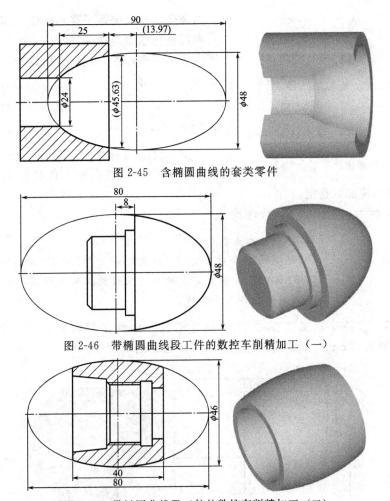

图 2-45 含椭圆曲线的套类零件

图 2-46 带椭圆曲线段工件的数控车削精加工（一）

图 2-47 带椭圆曲线段工件的数控车削精加工（二）

2.4.3 工件原点不在椭圆中心的正椭圆类零件车削加工

(1) 椭圆方程

在车床工件坐标系（XOZ 坐标平面）中，设 a 为椭圆在 Z 轴上的截距（椭圆长半轴长），b 为椭圆在 X 轴上的截距（短半轴长），椭圆轨迹上的点 P 坐标为 (x,z)，则椭圆方程、图形和中心坐标关系见表 2-11。

表 2-11 椭圆方程、图形与中心坐标

椭圆方程	椭圆图形	椭圆中心坐标
$\dfrac{(x-g)^2}{b^2}+\dfrac{(z-h)^2}{a^2}=1$ 或 $\begin{cases} x=g+b\sin\theta \\ z=h+a\cos\theta \end{cases}$	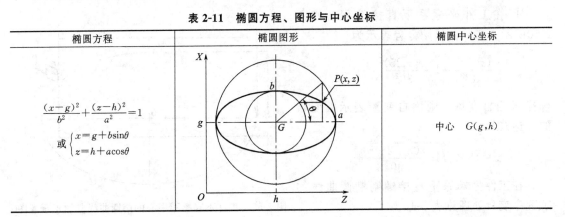	中心 $G(g,h)$

(2) 局部坐标系（坐标平移）**指令**（G52）

局部坐标系设定指令（G52）用于在原坐标系中分离出数个子坐标系，其指令格式为：

G52 X___ Z___;　　　（设定局部坐标系）
…　　　　　　　　　　（局部坐标模式）
G52 X0 Z0;　　　　　 （取消局部坐标系）

其中，设定局部坐标系程序段中的 XZ 后数值为局部坐标系的原点在原工件坐标系中的坐标值，

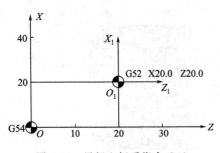

图 2-48 局部坐标系指令 G52

该值用绝对坐标值加以指定。

如图 2-48 所示，执行如下两程序段：

G54;　　　　　　　　（G54 坐标原点在 O 点）
G52 X20.0 Z20.0;　　 [通过 G52 指令建立新的工件坐标系（原点在 O_1 点）后，可通过指令"G52 X0 Z0;"将局部坐标系再次设为工件坐标系的原点，从而达到取消局部坐标系的目的]

【**例 2-21**】 数控车削加工图 2-49 所示含椭圆曲线段的零件外圆面，椭圆长半轴长 30mm，短半轴长 18mm，试编制精加工该零件外圆面的宏程序。

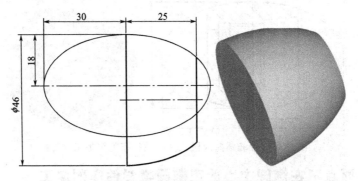

图 2-49 含工件原点不在椭圆中心的椭圆曲线段零件

解 设工件坐标系原点在工件右端面与工件回转轴线的交点上，则椭圆中心 G 在工件坐标系中坐标值为（5，-25），设刀具刀位点在椭圆曲线加工起点，该椭圆曲线的加工示意图如图 2-50 所示。

① 在工件坐标系下直接编程。如图 2-50 所示，椭圆曲线用方程表示为

$$\frac{(x-5)^2}{18^2}+\frac{(z+25)^2}{30^2}=1$$

选择 Z 为自变量，则用自变量表示因变量的表达式为

$$x=18\times\sqrt{1-\frac{(z+25)^2}{30^2}}+5$$

在工件坐标系下直接编制椭圆曲线加工程序变量处理见表 2-12。

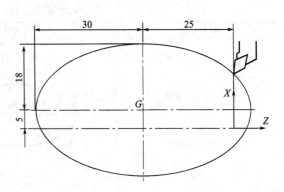

图 2-50 工件不在椭圆中心的椭圆曲线段加工示意图

表 2-12　在工件坐标系下直接编制椭圆曲线加工程序变量处理表

序号	变量选择	变量表示	宏变量
1	选择自变量	Z	#26
2	确定定义域	$[0,-25]$	$[\#4,\#5]$
3	用自变量表示因变量的表达式	$x=18\times\sqrt{1-\dfrac{(z+25)^2}{30^2}}+5$	#24=18*SQRT[1−[[#26+25]*[#26+25]]/[30*30]]+5

运用条件转移指令（IF 语句）编制加工该椭圆曲线段的部分宏程序如下：

```
#4=0;                                            （自变量起点#4赋初值）
#5=-25;                                          （自变量止点#5赋初值）
#6=0.2;                                          （坐标增量#6赋初值）
#26=#4;                                          （自变量#26赋初值）
N10 #26=#26-#6;                                  （#26减增量）
#24=18*SQRT[1-[[#26+25]*[#26+25]]/[30*30]]+5;   （计算因变量#24的值）
G01 X[2*#24] Z#26 F0.1;                         （直线插补逼近曲线）
IF[#26GT#5]GOTO10;                              （如果#26小于#5时跳转至N10程序段）
```

② 设定局部坐标系编程。如图 2-50 所示，若将局部坐标系原点设在椭圆中心，则椭圆方程为

$$\frac{x^2}{18^2}+\frac{z^2}{30^2}=1$$

若选择 Z 为自变量，那么用自变量表示因变量的表达式为

$$x=18\times\sqrt{1-\frac{z^2}{30^2}}$$

设定局部坐标系编制椭圆曲线加工程序变量处理如表 2-13 所示。

表 2-13　设定局部坐标系编制椭圆曲线加工程序变量处理表

序号	变量选择	变量表示	宏变量
1	选择自变量	Z	#26
2	确定定义域	$[25,0]$	$[\#4,\#5]$
3	用自变量表示因变量的表达式	$x=18\times\sqrt{1-\dfrac{z^2}{30^2}}$	#24=18*SQRT[1−[#26*#26]/[30*30]]

运用条件转移指令（IF 语句）编制加工该椭圆曲线的部分宏程序如下：

```
G52 X10.0 Z-25.0;                       （设定局部坐标系，X为直径值）
#4=25;                                  （自变量起点#4赋初值）
#5=0;                                   （自变量止点#5赋初值）
#6=0.2;                                 （坐标增量#6赋初值）
#26=#4;                                 （自变量#26赋初值）
N10 #26=#26-#6;                         （#26减增量）
#24=18*SQRT[1-[#26*#26]/[30*30]];      （计算因变量#24的值）
G01 X[2*#24] Z#26 F0.1;                （直线插补逼近曲线）
IF[#26GT#5]GOTO10;                     （如果#26小于#5时跳转至N10程序段）
G52 X0 Z0;                             （取消局部坐标系）
```

思考练习

1. 仔细阅读在工件坐标系下直接编程和设定局部坐标系编程两种不同方式下编制的加工程序，相比之下哪种方式更简单方便呢？
2. 数控车削加工图 2-51 所示带椭圆曲线零件，试编制该零件外圆面精加工程序。
3. 数控车削加工图 2-52 所示带椭圆曲线零件，试编制该零件外圆面精加工程序。
4. 数控车削加工图 2-53 所示含椭圆曲线零件，试编制其轮廓加工宏程序。

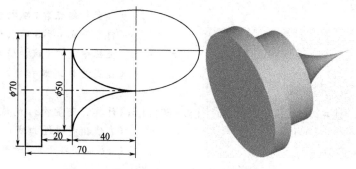

图 2-51　带椭圆曲线零件外圆面精加工（一）

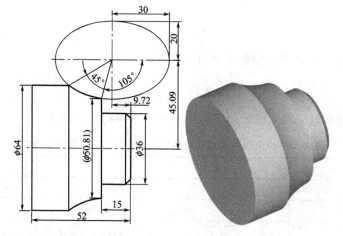

图 2-52　带椭圆曲线零件外圆面精加工（二）

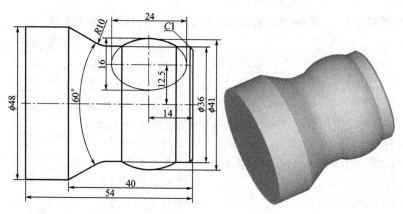

图 2-53　含椭圆曲线零件轮廓加工

2.4.4　G65 调用宏程序加工正椭圆类零件车削加工

G65 调用宏程序知识详见 1.6.2 节。

【例 2-22】 编写能被当成子程序一样方便调用的宏程序，实现运用 G65 指令调用宏程序方式车削加工任意正椭圆曲线段。

解 选用标准方程编程，以 Z 或 X 为自变量进行分段逐步插补加工椭圆曲线均可。若以 Z 坐标为自变量，则 X 坐标为因变量，那么可将标准方程

$$\frac{x^2}{b^2}+\frac{z^2}{a^2}=1$$

转换成用 Z 表示 X 的方程为：

$$x=\pm b\sqrt{1-\frac{z^2}{a^2}}$$

当加工曲线的起始点 P_1 和终止点 P_2 在椭圆自身坐标系中第 Ⅰ、Ⅱ 象限时

$$x=b\sqrt{1-\frac{z^2}{a^2}}$$

而在第 Ⅲ、Ⅳ 象限时

$$x=-b\sqrt{1-\frac{z^2}{a^2}}$$

如图 2-54 所示。

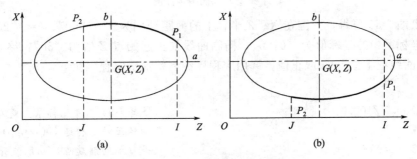

图 2-54　采用椭圆标准方程编程加工椭圆曲线变量模型

采用椭圆标准方程编程加工椭圆曲线的宏程序调用指令：

G65 P2090 A___ B___ X___ Z___ I___ J___ K___ F___；

自变量含义：

♯1=A——椭圆在 Z 轴上的截距；

♯2=B——椭圆在 X 轴上的截距；

♯24=X——椭圆中心 G 在工件坐标系中的 X 坐标值（直径值）；

♯26=Z——椭圆中心 G 在工件坐标系中的 Z 坐标值；

♯4=I——椭圆曲线加工起始点 P_1 在椭圆自身坐标系中的 Z 坐标值；

♯5=J——椭圆曲线加工终止点 P_2 在椭圆自身坐标系中的 Z 坐标值；

♯6=K——象限判断，当加工椭圆曲线在椭圆自身坐标系的第Ⅰ或Ⅱ象限［图 2-54(a)］时，取 $K=1$；当加工椭圆曲线在椭圆自身坐标系的第Ⅲ或Ⅳ象限［图 2-54(b)］时，取 $K=-1$；

♯9=F——进给速度。

宏程序如下：

```
O2090;                                      (宏程序名)
G52 X#24 Z#26;                              (设定局部工件坐标系)
WHILE[#4GT#5]DO1;                           (条件判断，当#4大于#5时执行循环1)
#4=#4-0.2;                                  (计算Z坐标值，每次减0.2mm)
#30=#6*#2*SQRT[1-[#4*#4]/[#1*#1]];          (计算X坐标值，考虑了不同象限时的正负符号)
G01 X[2*#30] Z#4 F#9;                       (直线插补逐段加工椭圆曲线，X值为直径值)
END1;                                       (循环1结束)
G52 X0 Z0;                                  (取消局部工件坐标系)
M99;                                        (子程序结束并返回主程序)
```

【例 2-23】 数控车削加工图 2-55 所示右半椭圆，椭圆 Z 向长半轴长 50mm，X 向短半轴长 20mm，试调用宏程序编制精加工该零件外圆面的程序。

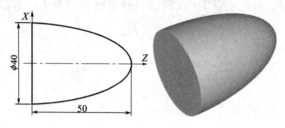

图 2-55　椭圆零件图

解 由图 2-55 可得，椭圆在 X、Z 半轴上的截距分别为 $a=$ "50"、$b=$ "20"，椭圆中心在工件坐标系中的坐标值为 (0, 0)，椭圆曲线加工起始点 Z 值为 "50"，终止点 Z 值为 "0"，加工曲线在 I 象限 K 取正值，调用宏程序编制精加工宏程序如下。

```
O2091;
G54 G00 X100.0 Z100.0;                      (选择 G54 工件坐标系，走刀到起刀点)
M03 S700;                                   (主轴正转，转速 700r/min)
G00 X0 Z52.0 M08;                           (进刀到切削起点，切削液开)
G01 Z50.0 F0.2;                             (切削到右象限点)
G65 P2090 A50.0 B20.0 X0 Z0 I50.0 J0 K1.0 F0.1;  (调用宏程序，自变量赋值)
G00 X50.0 M09;                              (退刀，关闭切削液)
X100.0 Z100.0;                              (回起刀点)
M05;                                        (主轴停转)
M30;                                        (程序结束)
```

思考练习

1. 调用宏程序编制图 2-56 所示带椭圆曲线零件的车削精加工程序。
2. 试选用椭圆参数方程编制一个 G65 调用的宏程序用于加工任意正椭圆曲线段。
3. 调用宏程序编制图 2-57 所示带椭圆曲线零件的车削精加工程序。
4. 试编制一个以 X 坐标为自变量、Z 坐标为因变量加工椭圆曲线段的宏程序，并调用宏程序完成图 2-58 所示带椭圆曲线零件的车削精加工程序编制。

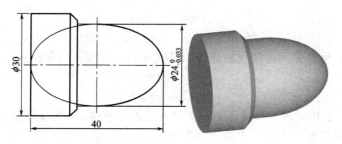

图 2-56 带椭圆曲线零件的车削精加工（一）

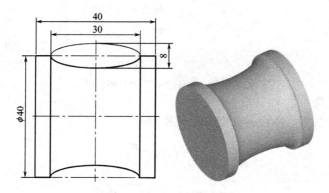

图 2-57 带椭圆曲线零件的车削精加工（二）

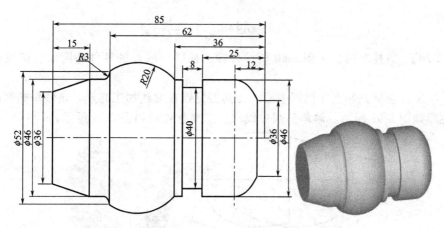

图 2-58 带椭圆曲线零件的车削精加工（三）

2.4.5 倾斜椭圆类零件车削加工

倾斜椭圆类零件的数控车削加工有两种解决思路：一是利用高等数学中的坐标变换公式进行坐标变换，这种方式理解难度大，公式复杂，但编程简单，程序长度比较短；二是把椭圆分段，利用图形中复杂的三角几何关系进行坐标变换，程序理解的难度相对低，但应用的指令比较全面，程序长度会比较长。本书仅简单介绍第一种方式编程。

如图 2-59 所示，细实线为旋转前的正椭圆，粗实线为将正椭圆旋转 β 角度之后的倾斜椭圆。利用旋转转换矩阵

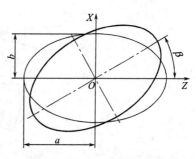

图 2-59 倾斜椭圆数学模型

$$\begin{bmatrix} \cos\beta & -\sin\beta \\ \sin\beta & \cos\beta \end{bmatrix}$$

对曲线方程变换，可得如下方程（旋转后的椭圆在原坐标系下的方程）：

$$\begin{cases} z' = z\cos\beta - x\sin\beta \\ x' = z\sin\beta + x\cos\beta \end{cases}$$

其中，XZ 为旋转前的坐标值，$X'Z'$ 为旋转后的坐标值，β 为旋转角度。

(1) 选择角度为自变量

若选择角度为自变量，则可将参数方程

$$\begin{cases} x = b\sin\theta \\ z = a\cos\theta \end{cases}$$

代入上式，得：

$$\begin{cases} z' = a\cos\theta\cos\beta - b\sin\theta\sin\beta \\ x' = a\cos\theta\sin\beta + b\sin\theta\cos\beta \end{cases}$$

(2) 选择 Z 为自变量

若选择 Z 为自变量，则可将标准方程转换为

$$x = b\sqrt{1 - \frac{z^2}{a^2}}$$

带入前式，可得：

$$\begin{cases} z' = z\cos\beta - b\sqrt{1-\dfrac{z^2}{a^2}}\sin\beta \\ x' = z\sin\beta + b\sqrt{1-\dfrac{z^2}{a^2}}\cos\beta \end{cases}$$

【例 2-24】 数控车削加工图 2-60 所示含倾斜椭圆曲线段的零件外圆面，试编制其精加工宏程序。

解 设工件坐标系原点在椭圆中心，刀具刀位点在曲线加工起点，该倾斜椭圆曲线段的加工示意图如图 2-61 所示。倾斜椭圆曲线段加工变量处理如表 2-14 所示。

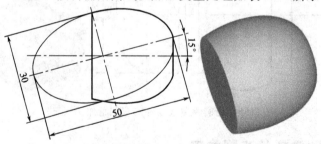

图 2-60 倾斜椭圆曲线的车削加工

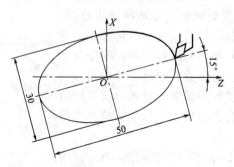

图 2-61 倾斜椭圆曲线段加工示意图

表 2-14 倾斜椭圆曲线加工程序变量处理表

序号	变量选择	变量表示	宏变量
1	选择自变量	Z	$\#26$
2	确定定义域	$[25,0]$	$[\#4,\#5]$
3	用自变量表示因变量的表达式	$x=15\times\sqrt{1-\dfrac{z^2}{25^2}}$ $x'=z\sin\beta+x\cos\beta$ $z'=z\cos\beta-x\sin\beta$	$\#24=15*\text{SQRT}[1-[\#26*\#26]/[25*25]]$ $\#1=\#26*\text{SIN}[15]+\#24*\text{COS}[15]$ $\#2=\#26*\text{COS}[15]-\#24*\text{SIN}[15]$

运用条件转移指令（IF 语句）编制加工该倾斜椭圆曲线的部分宏程序如下：

```
#4=25;                                    （自变量起点#4赋初值，该值为旋转前的值）
#5=0;                                     （自变量止点#5赋初值，该值为旋转前的值）
#6=0.2;                                   （坐标增量#6赋初值）
#26=#4;                                   （自变量#26赋初值）
N10 #26=#26-#6;                           （#26减增量）
#24=15*SQRT[1-[#26*#26]/[25*25]];         （计算旋转前的X值）
#1=#26*SIN[15]+#24*COS[15];               （计算旋转后的X值）
#2=#26*COS[15]-#24*SIN[15];               （计算旋转后的Z值）
G01 X[2*#1] Z#2 F0.1;                     （直线插补逼近曲线）
IF[#26GT#5]GOTO10;                        （如果#26大于#5时跳转至N10程序段）
```

思考练习

1. 图 2-62～图 2-65 所示为带倾斜椭圆曲线的零件，请分别编制各零件的精车宏程序。

2. 请阅读如下两个分别加工图 2-66 所示带椭圆曲线段零件的程序后，完成程序段的注释文字的填写。

提示：

(1) 程序 2100 采用曲率圆法圆弧插补逼近椭圆曲线，采用圆弧插补逼近相对于直线插补逼近椭圆曲线得到的表面加工质量更佳。由于宏程序因计算延迟导致加工过程边算边加工出现停

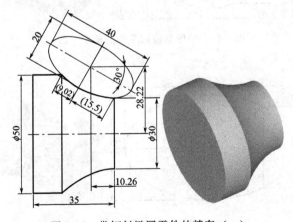

图 2-62 带倾斜椭圆零件的精车（一）

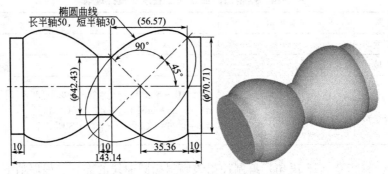

图 2-63 带倾斜椭圆零件的精车（二）

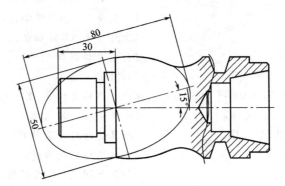

图 2-64 带倾斜椭圆零件的精车（三）

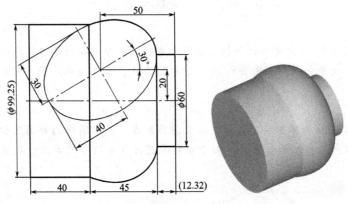

图 2-65 带倾斜椭圆零件的精车（四）

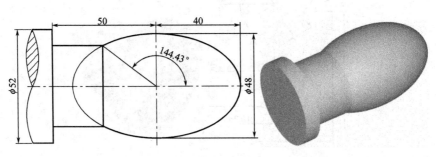

图 2-66 带椭圆曲线段零件

顿现象影响加工质量的问题始终无法得到有效解决,程序 2101 采用将数值计算提前,并"转储"待算完后再加工的加工编程思路。

(2) 设曲线的参数方程为

$$\begin{cases} x = \varphi(t) \\ y = \psi(t) \end{cases}$$

曲线在任意点的曲率公式为:

$$K(t) = \frac{|\varphi'(t)\psi''(t) - \varphi''(t)\psi'(t)|}{[\varphi'^2(t) + \psi'^2(t)]^{\frac{3}{2}}}$$

曲率半径 R 与曲率 K 互为倒数,即 $R = \frac{1}{K}$。

由椭圆参数方程

$$\begin{cases} x = b\sin\theta \\ z = a\cos\theta \end{cases}$$

求得夹角为 θ 的椭圆曲线上点的曲率半径为:

$$R = \frac{[(a\sin\theta)^2 + (b\cos\theta)^2] \times \sqrt{(a\sin\theta)^2 + (b\cos\theta)^2}}{ab}$$

(3) 由椭圆曲线终点对应的旋转角 $\varphi = 144.43°$,则离心角 θ 的值为:

$$\theta = \arctan\left(\frac{a}{b}\tan\varphi\right) = \arctan\left(\frac{40}{24} \times \tan144.43°\right) = \arctan\left(-\frac{40}{24} \times \tan35.57°\right)$$

$$= 180° - \arctan\left(\frac{40}{24} \times \tan35.57°\right) \approx 130°$$

圆弧插补逼近椭圆曲线宏程序:

```
O2100;
M03 S1000;
G00 X60.0 Z2.0;
G73 U6.5 W5.0 R5.0;
G73 P1 Q2 U1.0 W0.5 F0.4;
N1 G00 X0 Z2.0;                               (        )
G01 Z0 F0.1;                                  (        )
#10=10;                                       (        )
WHILE[#10LE130]DO1;                           (        )
#1=24*SIN[#10];                               (        )
#2=40*COS[#10];                               (        )
#3=24*COS[#10-5];                             (        )
#4=40*SIN[#10-5];                             (        )
#5=[#3*#3+#4*#4]*SQRT[#3*#3+#4*#4]/960;       (        )
#10=#10+10;
G03 X[#1*2] Z[#2-40] R#5 F0.1;                (        )
END1;
G01 Z-90.0 F0.1;                              (        )
```

N2 X52.0；
G70 P1 Q2；
G00 X100.0 Z50.0；
M30；

先计算并转储存后加工宏程序：

O2101；
#10=10；
#17=0；
WHILE[#10LE130]DO1；   (   )
#1=24*SIN[#10]；   (   )
#2=40*COS[#10]；   (   )
#3=24*COS[#10-5]；   (   )
#4=40*SIN[#10-5]；   (   )
#[103+#17*3]=[#3*#3+#4*#4]*SQRT[#3*#3+#4*#4]/960；   (   )
#[#17*3+101]=2*#1；   (   )
#[#17*3+102]=#2-40；   (   )
#10=#10+10；   (   )
#17=#17+1；   (   )
END1；
M03 S700；
G00 X52.0 Z2.0；
G73 U6.5 W5.0 R5.0；
G73 P1 Q2 U1.0 W0.5 F0.4；
　N1 G00 X0 Z2.0；
　G01 Z0 F0.1；
　#19=0；
　WHILE[#19LE[#17-1]]DO2；
　G03 X#[101+#19*3] Z#[102+#19*3] R#[103+#19*3]；
　#19=#19+1；
　END2；
　G01 Z-90.0 F0.1；
　N2 G01 X52.0 F0.1；
G70 P1 Q2；
G00 X100.0 Z50.0；
M30；

　　3. 旋转转换矩阵是否同样适用于其他倾斜曲线的加工编程？

2.4.6　抛物线类零件车削加工

　　主轴与 Z 坐标轴平行的抛物线的方程、图形和顶点坐标如表 2-15 所示，方程中 p 为抛物线焦点参数。

表 2-15 主轴与 Z 坐标轴平行的抛物线的方程、图形和顶点坐标

方程	$x^2=2pz$(标准方程)	$x^2=-2pz$	$(x-g)^2=2p(z-h)$	$(x-g)^2=-2p(z-h)$
图形				
顶点	$A(0,0)$	$A(0,0)$	$A(g,h)$	$A(g,h)$

为了方便在宏程序中表示,可将方程 $x^2=\pm 2pz$ 转换为以 X 为自变量,以 Z 为因变量的方程式:

$$z=\pm\frac{x^2}{2p}$$

当抛物线开口朝向 Z 轴正半轴时 $z=\frac{x^2}{2p}$,反之 $z=-\frac{x^2}{2p}$。

主轴与 X 坐标轴平行抛物线的方程、图形和顶点坐标如表 2-16 所示。

表 2-16 主轴与 X 坐标轴平行抛物线的方程、图形和顶点坐标

方程	$z^2=2px$(标准方程)	$z^2=-2px$	$(z-h)^2=2p(x-g)$	$(z-h)^2=-2p(x-g)$
图形				
顶点	$A(0,0)$	$A(0,0)$	$A(g,h)$	$A(g,h)$

【例 2-25】 用宏程序编制图 2-67 所示抛物线 $z=-x^2/8$ 在区间 [0,16] 内的车削精加工程序(加工刀具刀位点在曲线加工起点 O 上)。

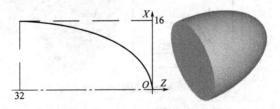

图 2-67 车削加工抛物线段图

解 抛物线车削加工编程变量处理如表 2-17 所示。

表 2-17 抛物线车削加工编程变量处理表

序号	变量选择	变量表示	宏变量
1	选择自变量	X	#10
2	确定定义域	[0,16]	
3	用自变量表示因变量的表达式	$z=-x^2/8$	#11=-#10*#10/8

编制加工程序如下。

```
#10=0;                    (起始点 X 坐标)
WHILE[#10LT16]DO1;        (当 #10 小于 16 时，执行循环 1)
#10=#10+0.08;             (#10 加上增量 0.08)
#11=-#10*#10/8;           [计算 #11（Z 坐标）的值]
G01 X[2*#10] Z#11 F0.1;   (直线插补逼近抛物线段)
END1;                     (结束循环 1)
```

1. 如图 2-67 所示，若抛物线顶点 O 在工件坐标系中的坐标值为（10，20），试编制该抛物线段车削加工宏程序。

2. 加工图 2-68 所示带抛物线段零件，曲线方程为 $z=-x^2/20$，试编制该外圆面加工程序。

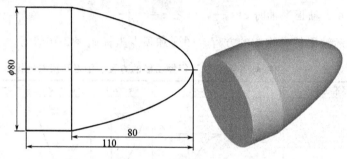

图 2-68 带抛物线段零件的加工（一）

3. 在数控车床上加工图 2-69 所示带抛物线段的零件，抛物线的开口距离为 40mm，抛物线的方程为 $x^2=-10z$，试编写此零件的数控加工程序。

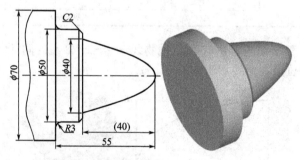

图 2-69 带抛物线段零件的加工（二）

4. 数控车削加工图 2-70 所示带抛物线段零件，曲线方程为 $z=-x^2/16$，试编制该零件外圆面加工程序。

5. 试编制数控车削精加工图 2-71 所示带抛物线段零件的宏程序，抛物线方程为 $z=-x^2/2$。

6. 试编制数控车削精加工图 2-72 所示含抛物线和椭圆曲线段零件的宏程序。

7. 数控车削加工图 2-73 所示带抛物线段的轴类零件，抛物线方程为 $z=-x^2/8$，试完成该零件加工程序的编制。

8. 若车削加工零件中包含主轴与 X 坐标轴平行抛物线段，试思考其加工程序与例题有何不同。

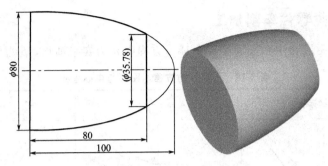

图 2-70 带抛物线段零件的加工（三）

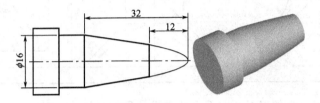

图 2-71 带抛物线段零件的加工（四）

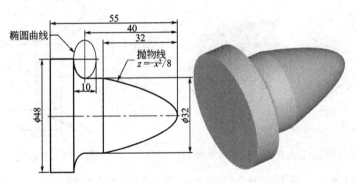

图 2-72 含抛物线和椭圆曲线段零件的加工

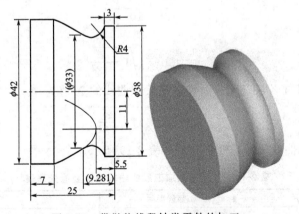

图 2-73 带抛物线段轴类零件的加工

提示：本题编程思路有两种，一是运用主轴与 X 坐标轴平行抛物线的方程编程，二是运用主轴与 Z 坐标轴平行抛物线的方程结合旋转转换矩阵编程。

2.4.7 双曲线类零件车削加工

双曲线方程、图形和中心坐标见表 2-18，方程中 a 为实半轴长，b 为虚半轴长。

表 2-18 双曲线的方程、图形与中心坐标

方程	$\frac{z^2}{a^2} - \frac{x^2}{b^2} = 1$（标准方程）	$-\frac{z^2}{a^2} + \frac{x^2}{b^2} = 1$	$\frac{(z-h)^2}{a^2} - \frac{(x-g)^2}{b^2} = 1$
图形	（图）	（图）	（图）
中心	$G(0,0)$	$G(0,0)$	$G(g,h)$

【例 2-26】 数控车削加工图 2-74 所示含双曲线段的零件外圆面，试编制其精加工宏程序。

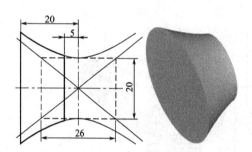

图 2-74 数控车削加工含双曲线段零件外圆面

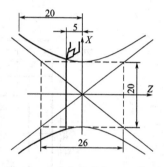

图 2-75 双曲线段加工示意图

解 双曲线段加工示意图如图 2-75 所示，双曲线段的实半轴长"13"，虚半轴长"10"，选择 Z 作为自变量，X 作为 Z 的函数，将双曲线方程

$$-\frac{z^2}{13^2} + \frac{x^2}{10^2} = 1$$

改写为

$$x = \pm 10 \times \sqrt{1 + \frac{z^2}{13^2}}$$

由于加工线段开口朝向 X 轴正半轴，所以该段双曲线的 X 值为

$$x = 10 \times \sqrt{1 + \frac{z^2}{13^2}}$$

数控车削加工双曲线段编程变量处理如表 2-19 所示。

表 2-19 数控车削加工双曲线段编程变量处理表

序号	变量选择	变量表示	宏变量
1	选择自变量	Z	#26
2	确定定义域	$[-5, -20]$	
3	用自变量表示因变量的表达式	$x = 10 \times \sqrt{1 + \frac{z^2}{13^2}}$	#24=10*SQRT[1+[#26*#26]/[13*13]]

编制加工部分程序如下。

```
#26=-5;                              (自变量#26赋初值)
WHILE[#26GT-20]DO1;                  (条件判断,#26大于-20时执行循环1)
#26=#26-0.2;                         (#26减去增量0.2)
#24=10*SQRT[1+[#26*#26]/[13*13]];    (计算X坐标值)
G01 X[2*#24] Z#26 F0.1;              (直线插补逐段加工双曲线段)
END1;                                (循环1结束)
```

1. 编制车削加工图 2-76 所示玩具喇叭凸模双曲线段的精加工宏程序,该曲线为双曲线,曲线方程为

$$x=36/z+3$$

曲线方程原点在如图 O 点位置。注意曲线方程中 X 值为半径值。

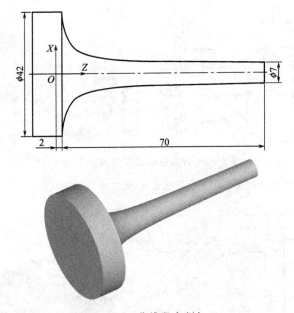

图 2-76 双曲线段车削加工

选择 Z 值为自变量,每次变化 0.1mm,X 值为因变量,通过变量运算计算出相应的 X 值。编程时使用以下变量进行运算:

#101——方程中的 Z 坐标(起点 $Z=72$);
#102——方程中的 X 坐标(起点半径值 $X=3.5$);
#103——工件坐标系中的 Z 坐标,"#103=#101-72"(设工件坐标系原点在右端面与轴线的交点上);
#104——工件坐标系中的 X 坐标,"#104=#102*2"(换算为直径值)。

设工件坐标系原点在右端面与轴线的交点上,编制精加工该双曲线段部分宏程序如下:

```
G00 X7.0 Z2.0;           (快进至切削起点)
#101=72;                 (方程中的 Z 坐标赋初值)
```

```
#102=3.5;                    （方程中的 X 坐标赋初值）
N10 #103=#101-72;            （计算工件坐标系中的 Z 坐标）
#104=#102*2;                 （计算工件坐标系中的 X 坐标）
G01 X#104 Z#103 F0.1;        （直线插补逼近双曲线段）
#101=#101-0.1;               （方程中的 Z 坐标值每次增量为-0.1mm）
#102=36/#101+3;              （计算方程中的 X 坐标值）
IF[[#101GE2]GOTO10;          （判断条件）
```

仔细阅读上述加工程序后试参照例题填空完成变量处理表：

序号	变量选择	变量表示	宏变量
1	选择自变量		
2	确定定义域		
3	用自变量表示因变量的表达式		

2. 编制数控车削精加工图 2-77 所示含双曲线段零件的宏程序。

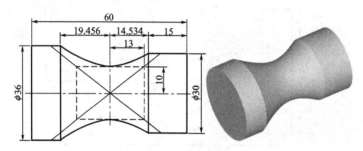

图 2-77 含双曲线段零件的加工（一）

3. 试编制数控车削加工图 2-78 所示含双曲线段零件的宏程序。

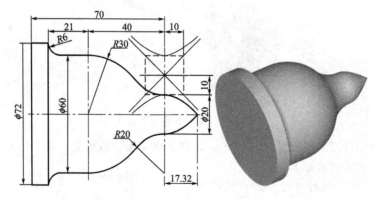

图 2-78 含双曲线段零件的加工（二）

2.4.8 正弦曲线类零件车削加工

如图 2-79 所示，正弦曲线的峰值（极值）为 A，则该曲线方程为

$$X = A\sin\theta$$

其中 X 为半径值。设曲线上任一点 P 的 Z 坐标值为 Z_P，对应的角度为 θ_P，由于曲线一个周期（360°）对应在 Z 轴上的长度为 L，则有

$$\frac{Z_P}{L} = \frac{\theta_P}{360}$$

那么 P 点在曲线方程中对应的角度

$$\theta_P = \frac{Z_P \times 360}{L}$$

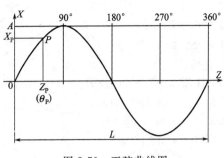

如图 2-79 所示,正弦曲线上任一点 P 以 Z 坐标值为自变量表示其 X 坐标值(半径值)的方程为:

$$\begin{cases} \theta_P = \dfrac{Z_P \times 360}{L} \\ X_P = A\sin\theta_P \end{cases}$$

图 2-79 正弦曲线图

若以角度 θ 为自变量,则正弦曲线上任一点 P 的 X 和 Z 坐标值(X 坐标值为半径值)方程为:

$$\begin{cases} X_P = A\sin\theta \\ Z_P = \dfrac{L\theta}{360} \end{cases}$$

【例 2-27】 图 2-80 所示为带正弦曲线段的零件,试编制数控车削精加工该曲线段的宏程序。

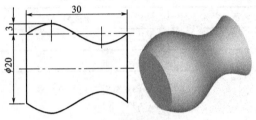

图 2-80 带正弦曲线的零件

解 如图 2-80 所示,正弦曲线极值为 3mm,一个周期对应的 Z 轴长度为 30mm,设工件坐标系原点在工件右端面与轴线的交点上。

① 以 Z 为自变量编制精加工正弦曲线段的宏程序。变量处理见表 2-20,编制精加工该正弦曲线段的部分加工宏程序如下。

表 2-20 以 Z 为自变量编制数控车削加工含正弦曲线段程序的变量处理表

序号	变量选择	变量表示	宏变量
1	自变量	Z	#1
2	确定定义域	[0, −30]	
3	用自变量表示因变量的表达式	$\begin{cases} \theta = \dfrac{z \times 360}{L} \\ x = A\sin\theta \end{cases}$	#2=[#1−30]*360/30 #3=3*SIN[#2]+10

```
#1=0;                        (自变量赋初值)
WHILE[#1GE−30]DO1;           (当#1大于或等于−30时执行循环1)
#2=[#1−30]*360/30;           (计算角度θ的值)
#3=3*SIN[#2]+10;             (计算X坐标值)
G01 X[2*#3] Z#1 F0.1;        (直线插补逼近正弦曲线)
#1=#1−0.2;                   (#1递减)
END1;                        (循环1结束)
```

将上述程序改为完整可用于精加工程序如下。

```
O2110;
G54 G00 X100.0 Z50.0;
```

```
M03 S800;
G00 X20.0 Z2.0;
G01 Z0 F0.2;
  #1=0;
  WHILE[#1GE-30]DO1;
  #2=[#1-30]*360/30;
  #3=3*SIN[#2]+10;
  G01 X[2*#3] Z#1 F0.1;
  #1=#1-0.2;
  END1;
G00 X100.0;
Z50.0 M05;
M30;
```

② 以角度 θ 为自变量编制精加工正弦曲线段的宏程序变量处理见表 2-21，编制精加工该正弦曲线段的部分加工宏程序如下。

表 2-21　以角度 θ 为自变量编制数控车削加工含正弦曲线段程序的变量处理表

序号	变量选择	变量表示	宏变量
1	自变量	θ	#1
2	确定定义域	$[0°, 360°]$	
3	用自变量表示因变量的表达式	$\begin{cases} X_P = A\sin\theta \\ Z_P = \dfrac{L\theta}{360} \end{cases}$	#2＝3*SIN[#1]+10 #3＝30*#1/360-30

```
#1=360;                   （自变量赋初值）
WHILE[#1GE0]DO1;          （当 #1 大于或等于 0°时执行循环 1）
#2=3*SIN[#1]+10;          （计算 X 坐标值）
#3=30*#1/360-30;          （计算 Z 坐标值）
G01 X[2*#2] Z#3 F0.1;     （直线插补逼近正弦曲线）
#1=#1-0.5;                （#1 递减）
END1;                     （循环 1 结束）
```

思考练习

1. 仔细阅读例题程序，计算 X、Z 和 θ 的宏程序语句与基础知识中的计算公式有区别吗？为什么？

提示：注意正弦曲线起点在工件坐标系中的坐标值。

2. 如图 2-81 所示，外圆面为一段 $\dfrac{1}{2}$ 周期的正弦曲线，试编制其精加工宏程序。

3. 编制宏程序完成图 2-82 所示带余弦曲线零件的车削加工。

提示：余弦曲线可看成是正弦曲线在 Z 向适当平移后得到的，即起点位置不同的正弦曲线。该零件曲线部分由两个周期的余弦曲线组成，一个周期对应的 Z 向长度为 20mm，曲线极值为 3mm。

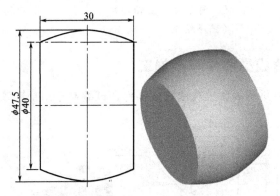

图 2-81 正弦曲线段外圆面的加工

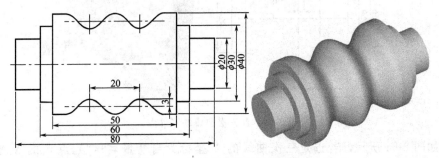

图 2-82 带余弦曲线零件的加工

4. 试编制一个用 G65 调用的适合加工任意正弦曲线的宏程序。

5. 图 2-83 所示为一正弦螺纹式轧辊,螺纹的牙型轮廓为正弦曲线,曲线方程为

$$x = 3.5\sin\theta$$

螺距为 12mm（即一个周期的正弦曲线对应 Z 轴上的长度为 12mm）。工件坐标原点设在右端面和轴线的交点上,O2111 号程序为沿正弦曲线轮廓逐刀切削该正弦螺纹的精加工宏程序,试参照精加工程序编制该螺纹的粗加工程序,留 0.5mm 的精加工余量。

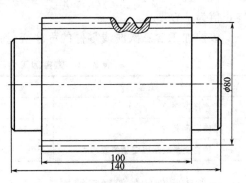

图 2-83 正弦螺纹式轧辊

```
O2111;
G97 M03 S300;                （主轴正转）
G00 X90.0 Z0 M08;            （快速点定位至循环起点）
#1=0;                        （刀具切削螺纹起刀点的Z值设为自变量,赋初始值为0）
WHILE[#1GE-12] DO1;          （如果没有切削完一个周期的正弦曲线牙型,继续循环1）
#2=[#1-12]/12*360;           （Z坐标转换成角度）
#3=3.5*SIN[#2]+40;           （正弦螺纹轮廓上的X坐标值,半径值）
G00 Z#1;                     （该点为螺纹切削循环起点）
G92 X[2*#3] Z-126.0 F12;     （螺纹切削循环,螺距为12mm）
#1=#1-0.1;                   （自变量#1每次递减0.1mm）
END1;                        （循环1结束,此时已切削完一个周期的正弦曲线螺纹牙型）
G00 X200.0 M09;              （X向退刀,切削液关）
```

Z50.0 M05;　　　　　　　　　（Z向退刀，主轴停）
M30;　　　　　　　　　　　（程序结束）

2.4.9　其他公式曲线类零件车削加工

【例 2-28】　图 2-84 所示为含三次曲线段零件，试编制车削加工该零件外圆面的程序。

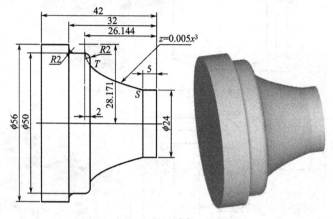

图 2-84　含三次曲线的零件图

解　如图 2-84 所示，若选定三次曲线的 X 坐标为自变量 #1，起点 S 的 X 坐标值为 28.171－12＝16.171，终点 T 的 X 坐标值为 $\sqrt[3]{2/0.005}=7.368$，即 #1 的初始值为 16.118，终止值为 7.368。

数控加工含三次曲线零件的程序变量处理如表 2-22 所示。

表 2-22　数控加工含三次曲线零件的程序变量处理表

序号	变量选择	变量表示	宏变量
1	选择自变量	X	#1
2	确定定义域	[16.118, 7.368]	
3	用自变量表示因变量的表达式	$z=0.005x^3$	#2=0.005 * #1 * #1 * #1

编制该零件的外轮廓粗精加工参考程序如下。

O2120;　　　　　　　　　　（程序号）
T0101;　　　　　　　　　　（调用 01 号外圆刀及 01 号刀具偏置补偿）
G90 M03 S700;　　　　　　（绝对值编程，主轴以 700r/min 正转）
G00 X57.0 Z2.0;　　　　　（快速定位到粗加工循环起点）
G73 U7.0 W5.0 R5.0;　　　（外径粗车循环参数设置）
G73 P10 Q20 U0.6 W0.2 F0.3;（外径粗车循环参数设置）
N10 G01 X20.0 F0.1 S1000;（精加工起始程序段）
Z－13.0;
X24.0;
Z－18.0;　　　　　　　　　（公式曲线起点）
#1=16.171;　　　　　　　　（设 X 为自变量 #1，给自变量 #1 赋值 16.171）
WHILE[#1GE7.368]DO1;　　 （自变量 #1 的终止值 7.368）
#2=0.005 * #1 * #1 * #1;　（计算因变量 #2 值）

```
    #11=-#1+28.171;        （工件坐标系下的 X 坐标值#11）
    #22=#2-39.144;         （工件坐标系下的 Z 坐标值#22）
    G01 X[2*#11] Z#22 F0.1; （直线插补，X 为直径编程）
    #1=#1-0.5;             （自变量以步长"0.5"变化）
    END1;                  （循环1结束）
G01 X46.0 F0.1;
G03 X50.0 Z-39.144 R2.0;
G01 Z-43.0;
G02 X54.0 R2.0;
G01 X56.0;
N20 Z-55.0;                （精加工终止程序段）
G70 P10 Q20;               （精加工参数设置）
G00 X100.0 Z80.0;          （快速定位到退刀点）
M30;                       （程序结束）
```

思考练习

1. 如图 2-85 所示，零件外圆面为一正切曲线段，曲线方程为

$$\begin{cases} x=-3t \\ z=2\tan(57.2957t) \end{cases}$$

试为下面已编制好的精加工部分宏程序的每一个程序段填写注释。

提示：设工件坐标系原点在工件右端面与轴线的交点上，则正切曲线的原点在工件坐标系中的坐标值为（30，-10）。曲线右端起点在正切曲线本身坐标系中的 Z 坐标值为 10，则由

$$Z=2\tan(57.2957t)=10$$

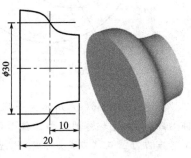

图 2-85 含正切曲线段的零件

解得该起点的参数为 $t=1.3734$，相应的终点的参数为 $t=-1.3734$。精加工部分宏程序如下：

```
    #1=1.3734;              (                    )
N1  #2=-3*#1;               (                    )
    #3=2*TAN[57.2957*#1];   (                    )
    G01 X[2*#2+30] Z[#3-10] F0.1; (              )
    #1=#1-0.01;             (                    )
    IF[#1GE-1.3734]GOTO1;   (                    )
```

2. 完成填空：在工件（编程）原点建立的坐标系称为工件（编程）坐标系，在曲线方程原点建立的坐标系可称为方程坐标系。由于数控车削加工程序中 X 应为直径值，但对应曲线方程中 X 值是半径值，所以数控车削加工某曲线方程

$$z=f(x)$$

若工件原点与方程原点在同一位置时，则该曲线在工件坐标系下的方程表示为

$$Z=f(X/2)=f(x)$$

若方程原点在工件坐标系下坐标值为（G，H），则该曲线在工件坐标系下的方程表示为

$$(Z-H)=f(X/2-G)=f(x-G/2)$$

即

$$Z=f(X/2-G)+H=f(x-G/2)+H$$

换言之，若曲线上一点 P 在方程坐标系下坐标值为（10，15），则在工件原点与方程原点在同一点的工件坐标系下该点的坐标值应为（10×2，15）即（＿＿，＿＿），若方程原点在工件坐标系下坐标值为（3，14），则该点在该工件坐标系下的坐标值为（10×2+3，15+14）即（＿＿，＿＿）。

3. 是否能在数控车床上用三爪卡盘装夹且不加垫片加工出偏心轴？若能，试用宏程序编制其加工宏程序。

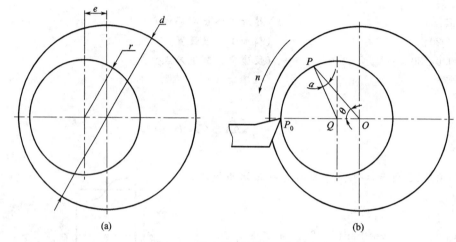

图 2-86 偏心轴车削加工示意图

提示：图 2-86(a) 所示为一用三爪卡盘不加垫片装夹的偏心轴零件，偏心外圆的半径为 r，偏心距为 e，毛坯外圆（加工偏心外圆时的定位基准）直径为 d。如图 2-86(b) 所示，设初始加工时车刀刀位点（刀尖）位于 P_0 点，在加工过程中某一时刻，刀位点进给至 P 点，工件转过的角度为 θ，$\rho=OP$ 为车刀在切削工件至 P 点时 X 方向的绝对坐标值，则在 $\triangle OPQ$ 中，根据正弦定理可得：

$$\frac{PQ}{\sin\theta}=\frac{OQ}{\sin\alpha}=\frac{OP}{\sin[180°-(\alpha+\theta)]}$$

即

$$\frac{r}{\sin\theta}=\frac{e}{\sin\alpha}=\frac{\rho}{\sin[180°-(\alpha+\theta)]}$$

所以有：

$$\alpha=\arcsin\left(\frac{e\sin\theta}{r}\right)$$

$$\rho=\frac{r\sin[180°-(\alpha+\theta)]}{\sin\theta} \tag{2-1}$$

式（2-1）为车削偏心轴时，刀具在 X 方向进给的目标点坐标值 ρ 随工件旋转进给角度 θ 的变化规律。再设在车削偏心外圆时，刀具沿 Z 轴方向进给的速度为 f(mm/r)，则当工件转过 $\Delta\theta$ 角度时，刀具沿 Z 轴方向应进给的距离为

$$\Delta Z=f\Delta\theta/360°$$

工件转过 $\Delta\theta$ 角度所需要的时间为：

$$\Delta T=\Delta\theta/(360°n)$$

则工件在转过 $\Delta\theta$ 角度内的径向进给速度
$$f_x = \Delta\rho/\Delta T$$

当工件的转速为 n，工件转过的角度为 θ，而相邻两进给插入点间角度差为 $\Delta\theta$ 时，只要刀具在 X 方向进给至绝对坐标为
$$\rho = \frac{r\sin[180° - (\alpha+\theta)]}{\sin\theta}$$

Z 方向进给
$$\Delta Z = f\Delta\theta/360°$$

且进给速度
$$f_x = \Delta\rho/\Delta T$$

则可保证车出偏心距为 e 的偏心圆。

第3章 数控铣削加工宏程序编程

3.1 概述

(1) 数控铣削加工刀具

常用数控铣削加工刀具主要有立铣刀、球头铣刀、牛鼻刀（R 刀）、端铣刀和键槽铣刀等几种。通常情况下，选择立铣刀或球头刀已能完成绝大部分加工需求，立铣刀主要用于平面零件内外轮廓、凸台、凹槽、小平面的加工，曲面、型腔、型芯的加工主要选择球头刀。

(2) 刀具半径补偿

数控系统提供了刀具半径补偿功能，采用刀具半径补偿指令后，编程时只需按零件轮廓编制，数控系统能自动计算刀具中心轨迹，并使刀具按此轨迹运动，使编程简化。采用半径补偿指令编制的加工程序在加工时候应在系统中设定刀具直径值（即在程序中不须体现刀具直径值）。

为了能在程序中清楚体现刀具直径，多数情况下编制宏程序时可不采用刀具半径补偿指令编程。若不采用刀具半径补偿，则需要按刀具的中心轨迹编程，此时宏程序编制时应注意刀具半径的变化对程序的影响。

(3) 铣削加工刀具形式

铣削加工刀具轨迹形式很多，按切削加工特点不同，可分为等高铣削、曲面铣削、曲线铣削和插式铣削等几类。

等高铣削通常称为层铣，它按等高线一层一层地加工来移除加工区域内的加工材料。等高铣削在零件加工中主要用于需要刀具受力均匀的加工条件下以及直壁或者斜度不大的侧壁的加工。应用等高铣削通常可以完成数控加工中约 80% 的工作量，而且，采用等高铣削刀轨编程加工简单易懂，加工质量较高，因此等高铣削广泛用于非曲面零件轮廓的粗、精加工和曲面零件轮廓的粗加工。

曲面铣削简称面铣，指各种按曲面进行铣削的刀轨形式，主要用于曲面精加工。曲线铣削简称线铣，可用于三维曲线的铣削，也可以将曲线投影到曲面上进行沿投影线的加工，通常应用于生成型腔的沿口和刻字等。插式铣削也称为钻铣，是一种加工效率很高的粗加工方法。

(4) 走刀方式

针对相同的刀具轨迹形式可以选择不同的走刀方式，通常走刀方式有平行切削和环绕切削等。选择合理的走刀方式，可以在付出同样加工时间的情况下，获得更好的表面加工质量。

平行切削也称为行切法加工，是指刀具以平行走刀的方式切削工件，有单向和往复两种方式。平行切削在粗加工时有很高的效率，一般其切削的步距可以达到刀具直径的 70%~90%，在精加工时可获得刀痕一致、整齐美观的加工表面，具有广泛的适应性。

环绕切削也称为环切法加工，是指以绕着轮廓的方式切削，并逐渐加大或减小轮廓，直到加工完毕。环绕切削可以减少提刀，提高铣削效率。

行切法加工在手工编程时多用于规则矩形平面、台阶面和矩形下陷加工。环切法加工主要用于轮廓的半精、精加工及粗加工，用于粗加工时其效率比行切法加工低，但可方便编程实现。

1. 数控铣削加工常用的刀具有哪些？
2. 常用的铣削加工刀具轨迹形式有哪些？
3. 行切法加工和环切法加工各有什么优缺点？

3.2 数控铣削加工系列零件

3.2.1 不同尺寸规格系列零件的铣削加工

加工生产中经常遇到形状相同，但尺寸数值不尽相同的系列零件加工的情况，加工程序基本相似又有区别，通常需要重新编程或通过修改原程序中的相应数值来满足加工要求，效率不高且容易出错。针对这种系列零件的加工，可以事先编制出加工宏程序，加工时根据具体情况给变化的数值赋值即可，这样，就不需修改程序或重新编程。

【例 3-1】 数控铣削加工图 3-1 所示不同 A、B 尺寸的系列零件的外轮廓，编制一个用于 G65 指令调用的加工宏程序。

解 宏程序调用指令：

G65 P3010 A___ B___ F___；

自变量含义：

#1＝A——半径 A 尺寸；
#2＝B——半径 B 尺寸；
#9＝F——进给速度。

宏程序：

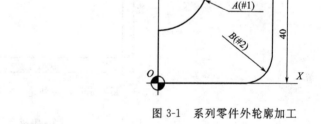

图 3-1 系列零件外轮廓加工

O3010；	
G54 G00 X－50.0 Y－50.0；	（选择 G54 工件坐标系）
M03 S800；	（主轴正转）
G00 G42 X－5.0 Y0 D01 M08；	（刀具进给至切削起点，刀具半径右补偿）
G01 X[45－#2] F#9；	（直线插补加工直线）
G03 X45.0 Y#2 R#2；	（圆弧段加工）
G01 Y40.0；	（直线段加工）
X#1；	（直线段加工）
G02 X0 Y[40－#1] R#1；	（圆弧段加工）
G01 Y0；	（直线段加工）
G00 G40 X－50.0 Y－50.0 M09；	（返回起刀点，取消刀具半径补偿）
M05；	（主轴停转）
M99；	（程序结束）

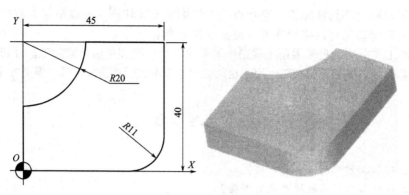

图 3-2 加工零件图

【例 3-2】 加工图 3-2 所示零件外轮廓，试调用宏程序完成该零件的加工。

解 如图 3-2 所示，$A=20$，$B=11$，则在 MDI 方式下执行"G65 P3010 A20.0 B11.0 F200;"即可完成该零件的加工。

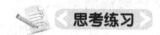

1. 编制数控铣削加工图 3-3 所示系列矩形零件外轮廓的宏程序。
2. 编制一个 G65 指令调用的用于铣削加工图 3-4 所示型孔的宏程序。
3. 编制图 3-5 所示离合器系列零件齿侧面的加工宏程序。

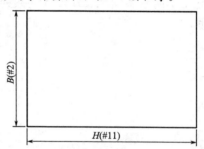

图 3-3 系列矩形零件外轮廓的数控铣削加工

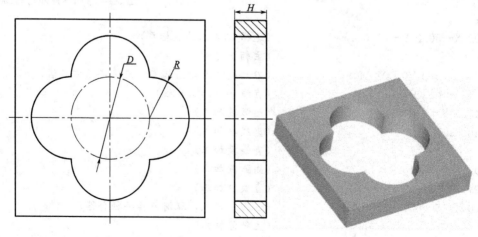

图 3-4 型孔的铣削加工

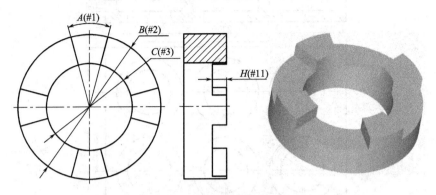

图 3-5 离合器系列零件齿侧面的加工

3.2.2 相同轮廓的重复铣削加工

在实际加工中,还有一类属于刀具轨迹相同但是位置参数不同的系列零件,即相同轮廓的重复加工。相同轮廓的重复加工主要有同一零件上相同轮廓在不同位置多次出现或在不同坯料上加工多个相同轮廓零件两种情况。图 3-6 所示为同一零件上相同轮廓在深度 [图 (a)]、矩形阵列 [图 (b)] 和环形阵列 [图 (c)] 三种不同位置的重复铣削加工示意图。

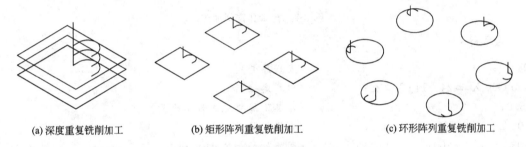

(a) 深度重复铣削加工　　(b) 矩形阵列重复铣削加工　　(c) 环形阵列重复铣削加工

图 3-6 相同轮廓在不同位置的重复铣削加工示意图

实现相同轮廓重复加工的方法主要有三种:
① 用增量方式定制轮廓加工子程序,在主程序中用绝对方式对轮廓进行定位,再调用子程序完成加工;
② 用绝对方式定制轮廓加工子程序,并解决坐标系平移的问题来完成加工;
③ 用宏程序来完成加工。

【例 3-3】 数控铣削加工图 3-7 所示工件中按矩形阵列排列的 6 个台阶孔,试编制单个孔的加工宏程序,然后供其他位置孔加工时调用。

解 设 G54 工件坐标系原点在工件上平面的左前角,选用 ϕ12mm 的键槽铣刀加工。
单个孔加工调用指令:

G65 P3020 X＿Y＿;

自变量含义:
#24＝X——加工孔中心在工件坐标系中的 X 坐标值;
#25＝Y——加工孔中心在工件坐标系中的 Y 坐标值。

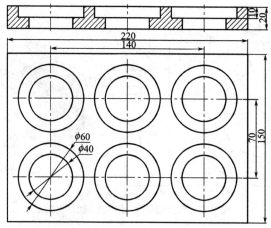

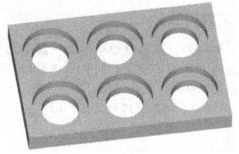

图 3-7　台阶孔铣削加工

宏程序：

O3020;   （宏程序号）
G90 G00 X[#24+14] Y#25;   （刀具定位）
Z5.0;   （刀具下降接近工件上表面）
G01 Z-20.0 F60;   （直线插补至孔底）
G03 I-14.0 F200;   （圆弧插补加工φ40mm孔）
G00 Z-10.0;   （抬刀至φ60mm孔加工平面）
G01 X[#24+24] F200;   （直线插补加工至φ60mm孔圆弧切削起点）
G03 I-24.0;   （圆弧插补加工φ60mm孔）
G00 Z5.0;   （抬刀，退出工件）
M99;   （程序结束）

调用宏程序完成该零件中6个矩形阵列排列的台阶孔，编制加工程序如下。

G54 G90 G00 G17 G40;   （加工程序初始状态设定）
M03 S2000;   （主轴正转）
Z5.0;   （刀具下降接近工件上表面）
G65 P3020 X40.0 Y40.0;   （调用宏程序加工第一列前排孔）
G65 P3020 X110.0 Y40.0;   （调用宏程序加工第二列前排孔）
G65 P3020 X180.0 Y40.0;   （调用宏程序加工第三列前排孔）
G65 P3020 X180.0 Y110.0;   （调用宏程序加工第三列后排孔）
G65 P3020 X110.0 Y110.0;   （调用宏程序加工第二列后排孔）
G65 P3020 X40.0 Y110.0;   （调用宏程序加工第一列后排孔）

```
G00 Z100.0;                    （抬刀）
M30;                           （程序结束）
```

若用子程序编制相同轮廓的重复铣削加工动作程序有什么不同？试通过本例比较宏程序调用与子程序的调用各自的优缺点。

3.3 数控铣削加工固定循环

数控机床进行插补控制的主要是直线和圆弧，系统能提供的直接用于加工的程序指令非常有限。针对典型的动作循环、频繁使用的加工操作或其他特殊的加工需求，采用合理的算法，运用宏程序编程技术，利用基本指令开发定制出个性化的宏程序，然后类似于系统提供的固定循环指令一样使用，这样将大大扩展系统的编程指令功能，同时使得用户仅用一个指令行即可实现相对复杂的加工功能，从而极大地提高编程效率和精简程序。

【例 3-4】 编制一个螺旋插补下刀加工的固定循环，以实现多圈螺旋插补功能（系统提供的螺旋插补功能只能指令加工一圈）。

解 在圆弧插补指令后带参数 Q 表示圈数，以实现螺旋下刀的动作。

多圈螺旋下刀加工调用指令：

G65 P3030 I＿ J＿ Z＿ Q＿ F＿ ;

自变量含义：

♯4＝I——圆心相对圆弧起点的 X 轴相对坐标值；

♯5＝J——圆心相对圆弧起点的 Y 轴相对坐标值；

♯26＝Z——加工终点的 Z 坐标值；

♯17＝Q——螺旋下刀圈数；

♯9＝F——进给速度。

宏程序：

```
O3030;
IF[#17EQ#0]THEN#17=1;          （若#17为空，则令#17=1）
#1=[[#26－#5003]/#17];          （计算每圈下刀 Z 向相对坐标值）
G91 G03 G17;                   （圆弧插补设定）
#2=1;                          （圈数赋初值）
WHILE[#2LE#17]DO1;             （当#2小于或等于#17时执行循环1）
I#4 J#5 Z#1 F#9;               （螺旋插补）
#2=#2+1;                       （圈数递增）
END1;                          （循环1结束）
G90 I#4 J#5;                   （圆弧插补）
M99;                           （程序结束）
```

例如，从 X10 Y0 Z0 处绕工件原点转 10 圈下到 "Z－15"（即每圈下 1.5mm），则螺旋下刀程序段为

G65 P3030 I－10.0 Z－15.0 Q10.0 F100

【例3-5】 用宏程序编制一个钻浅孔固定循环（类似G81）的宏程序。

解：钻浅孔固定循环动作如图3-8所示，固定循环是由以下基本动作组成的：

第1步——沿X轴和Y轴定位；
第2步——快速移动到R点；
第3步——切削进给到Z点；
第4步——快速退回到R点或I点。

使用模态宏程序调用指令（G66）编制钻浅孔固定循环操作加工程序，为了简化程序，采用绝对值指定全部的钻孔数据。

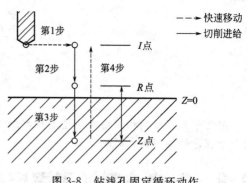

图3-8 钻浅孔固定循环动作

模态宏程序调用指令（G66）编制钻浅孔固定循环操作加工的宏程序调用指令：

G66 P3031 X___ Y___ Z___ R___ F___ ；

自变量含义：

♯24＝X——孔的X坐标值（绝对值）；
♯25＝Y——孔的Y坐标值（绝对值）；
♯26＝Z——Z点的Z坐标值（绝对值）；
♯18＝R——R点的Z坐标值（绝对值）；
♯9＝F——进给速度。

宏程序：

```
O3031；
♯1＝♯4001；              （储存G00/G01）
♯2＝♯4003；              （储存G90/G91）
♯3＝♯4109；              （储存切削进给速度）
♯5＝♯5003；              （储存钻孔开始的Z坐标）
G00 G90 Z♯18；           （快速点定位到R点）
G01 Z♯26 F♯9；           （切削进给到Z点）
IF[♯4010EQ98]GOTO1；     （返回I点）
G00 Z♯18；               （快速点定位到R点）
GOTO2；                  （转向N2程序段）
N1 G00 Z♯5；             （快速点定位到I点）
N2 G♯1 G♯2 F♯3；         （恢复模态信息）
M99；                    （子程序调用结束，返回主程序）
```

【例3-6】 调用宏程序加工图3-9所示零件上的4个直径φ20mm的孔。

解 编制加工程序如下。

```
O3032；
G28 G91 X0 Y0 Z0；              （原点复归）
G92 X0 Y0 Z50.0；               （设定工件坐标系）
G00 G90 X100.0 Y50.0；          （刀具定位）
G66 P3031 Z－20.0 R5.0 F500；   （调用孔加工程序）
G90 X20.0 Y20.0；               （加工第一孔）
```

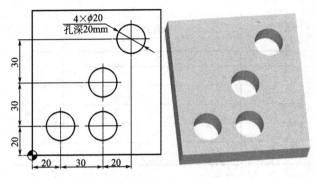

图 3-9 孔加工零件图

```
X50.0;                    (加工第二孔)
Y50.0;                    (加工第三孔)
X70.0 Y80.0;              (加工第四孔)
G67;                      (取消模态调用)
M30;                      (程序结束)
```

1. 试将多圈螺旋下刀加工调用指令改写为利用 G13 指令进行宏调用的宏程序。
2. 试编制用简单宏程序调用指令（G65）调用的钻浅孔固定循环操作加工的宏程序。

3.4 零件平面铣削加工

3.4.1 长方形零件平面铣削加工

长方形零件平面铣削加工策略如图 3-10 所示，大体分为单向平行铣削 [图 3-10(a)]、双向平行铣削 [图 3-10(b)] 和环绕铣削 [图 3-10(c)] 三种，从编程难易程度及加工效率等方面综合考虑以双向平行铣削加工为佳。

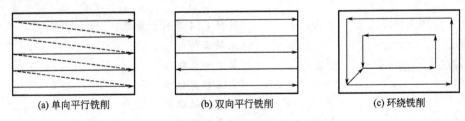

(a) 单向平行铣削　　(b) 双向平行铣削　　(c) 环绕铣削

图 3-10 长方形零件平面铣削加工策略

图 3-11 所示为长方形零件平面双向平行铣削变量模型，长方形尺寸为 $U \times V$，刀具直径 D，步距为 $0.7D$（可根据具体情况适当调整）。

【例 3-7】 数控铣削加工图 3-12 所示长方形零件平面，试编制其加工宏程序。

解 设 G54 工件坐标系原点在工件左前角，选择 $\phi 20mm$ 的端铣刀铣削加工该零件平面，表 3-1 为变量处理表。编制加工程序如下，不同尺寸的长方形平面铣削加工时仅需对工件长（#21）、宽（#22）和刀具直径（#7）重新赋值即可加工。

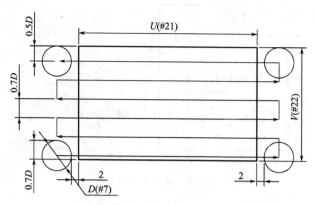

图 3-11　长方形零件平面双向平行铣削变量模型

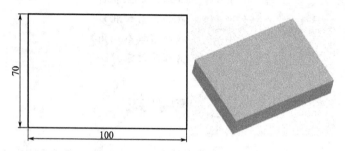

图 3-12　长方形零件平面铣削

表 3-1　长方形零件平面铣削加工变量处理表

序号	变量内容	变量表示	宏变量
1	长方形平面长度	U	#21
2	长方形平面宽度	V	#22
3	刀具直径	D	#7
4	加工步距(取 0.7D,可根据需要调整)	$0.7D$	$0.7*\#7$
5	刀具在 X 向移动距离	$U+D+4$	#21+#7+4

```
O3040;
G54 G00 X-50.0 Y150.0;              (选择 G54 工件坐标系)
M03 S600;                           (主轴正转)
#21=100;                            (长方形长赋值)
#22=70;                             (长方形宽赋值)
#7=20;                              (刀具直径赋值)
#30=0.7*#7;                         (计算步距值为 0.7 倍刀具直径)
#31=#21+#7+4;                       (刀具在 X 向移动距离)
#40=0;                              (加工宽度自变量赋初值)
X-[#7/2+2] Y-[0.5*#7];              (进刀)
    WHILE[#40LT#22]DO1;             (当#40小于#22时执行循环1)
    G91 G00 Y#30;                   (移动1个步距,快进到切削起点)
    G01 X#31 F100;                  (从左至右加工)
    G00 Y#30;                       (移动一个步距)
```

```
G01 X-#31 F100;              (从右至左加工)
#40=#40+2*#30;               (加工宽度递增了2个步距值)
END1;                        (循环1结束)
G90 G00 X-50.0 Y150.0;       (返回起刀点)
M05;                         (主轴停)
M30;                         (程序结束)
```

【例 3-8】 如图 3-13 所示，数控铣削加工该台阶面（轴测图中双点画线区域），试编制加工宏程序。

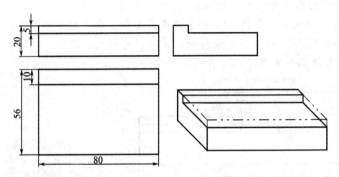

图 3-13 台阶类零件长方形平面铣削

解 由于加工该平面时有台阶侧面，即最后一刀的刀具中心轨迹必须保证距离台阶侧面正好为 0.5 倍刀具直径（图 3-11），平面加工程序 O3040 无法保证这一点，所以不能直接修改程序中的长、宽等值用于该平面的加工，而应重新编程。

设 G54 工件坐标系原点在工件上表面的左前角，选择 ϕ20mm 的端铣刀铣削加工该台阶平面，编制加工程序如下。

```
O3041;
G54 G00 X100.0 Y100.0 Z50.0;      (选择G54工件坐标系)
M03 S600;                          (主轴正转)
#21=80;                            (长方形长赋值)
#22=46;                            (长方形宽赋值)
#7=20;                             (刀具直径赋值)
#30=0.7*#7;                        (计算步距值为0.7倍刀具直径)
#31=#21+#7+4;                      (刀具在X向移动距离)
#40=0;                             (加工宽度变量赋初值)
X-[#7/2+2] Y-[0.5*#7];             (进刀)
Z-5.0;                             (刀具下降到加工平面)
N10 G91 G00 Y#30;                  (移动1个步距)
G01 X#31 F100;                     (直线插补)
#31=-1*#31;                        (切削方向反向)
#40=#40+#30;                       (加工宽度递增1个步距)
IF[#40LT[#22-#30]]GOTO10;          (如果#40小于宽度减步距时转向N10程序段)
G90 G00 Y[#22-0.5*#7];             (快进到最后一刀加工起点)
G91 G01 X#31 F100;                 (直线插补最后一刀)
G90 G00 Z50.0;                     (抬刀)
```

X100.0 Y100.0; （返回起刀点）
M05; （主轴停转）
M30; （程序结束）

思考练习

1. 利用程序 O3041 仅对工件长（#21）、宽（#22）和刀具直径（#7）重新赋值能否用于加工图 3-12 所示长方形零件平面？为什么？
2. 将程序 O3041 修改为一个用 G65 指令调用用于加工长方形零件平面的宏程序。
3. 数控铣削加工图 3-14 所示三个台阶面，试编制其加工宏程序。

提示：为方便直接调用宏程序加工可将工件调向。

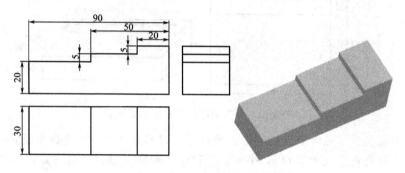

图 3-14 三个台阶面的数控铣削加工

3.4.2 圆形零件平面铣削加工

数控铣削加工圆形零件平面的策略（方法）主要有图 3-15(a) 所示双向平行铣削和图 3-15(b) 所示环绕铣削两种，从编程难易程度考虑环绕铣削加工方法更好。图 3-16 所示为采用环绕铣削加工圆形平面的变量模型，A 为圆形平面直径，刀具直径为 D，加工步距选为 $0.7D$（可根据实际需要适当调整）。

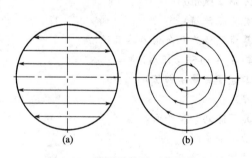

图 3-15 圆形零件平面铣削策略

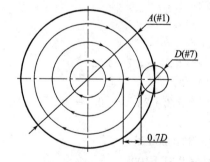

图 3-16 圆形零件平面环绕铣削变量模型

【例 3-9】 数控铣削加工图 3-17 所示圆形零件平面（即将轴测图中双点画线部分铣掉），试编制其加工宏程序。

解 设 G54 工件坐标系原点在工件上表面的圆心处，选择 φ20mm 的端铣刀加工，编制加工程序如下。若需加工其他尺寸的同类型圆形零件平面，仅需对圆形直径变量 #1 和刀具直径变量 #7 重新赋值即可。

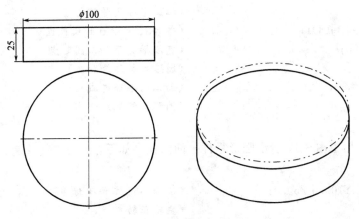

图 3-17 圆形零件平面铣削

```
O3050;
G54 G00 X100.0 Y100.0 Z50.0;      (选择 G54 工件坐标系)
M03 S600;                          (主轴正转)
#1=100;                            (圆形零件平面直径赋值)
#7=20;                             (刀具直径赋值)
#30=0.7*#7;                        (加工步距计算,取 0.7 倍刀具直径)
X[#1/2+#7+2] Y0;                   (刀具定位)
Z0;                                (刀具下降到加工平面)
#31=#1/2;                          (加工半径变量赋初值)
  WHILE[#31GT0]DO1;                (当#31 大于 0 时执行循环 1)
  G01 X#31 F100;                   (直线插补至加工圆起点)
  G02 I-#31;                       (圆弧插补环绕加工)
  #31=#31-#30;                     (加工圆半径递减)
  END1;                            (循环 1 结束)
G00 Z50.0;                         (抬刀)
X100.0 Y100.0;                     (返回起刀点)
M05;                               (主轴停)
M30;                               (程序结束)
```

【例 3-10】 试将程序 O3050 改写为一个 G65 指令调用的宏程序,并调用该程序完成图 3-17 所示圆形零件平面的加工。

解 圆形零件平面铣削加工调用指令:

G65 P3051 A__ D__;

自变量含义:

#1=A——圆形平面直径;

#7=D——刀具直径。

宏程序:

```
O3051;
#30=0.7*#7;                        (加工步距计算,取 0.7 倍刀具直径)
X[#1/2+#7+2] Y0;                   (刀具定位)
Z0;                                (刀具下降到加工平面)
```

```
    #31=#1/2;                    (加工半径变量赋初值)
    WHILE[#31GT0]DO1;            (当#31大于0时执行循环1)
    G01 X#31 F100;               (直线插补至加工圆起点)
    G02 I-#31;                   (圆弧插补环绕加工)
    #31=#31-#30;                 (加工圆半径递减)
    END1;                        (循环1结束)
M99;
```

调用宏程序加工图 3-17 所示圆形零件平面的程序如下。

```
O2003;
G54 G00 X100.0 Y100.0 Z50.0;     (选择G54工件坐标系)
M03 S600;                        (主轴正转)
G65 P3051 A100.0 D20.0;          (调用宏程序加工圆形零件平面)
G00 Z50.0;                       (抬刀)
X100.0 Y100.0;                   (返回起刀点)
M05;                             (主轴停)
M30;                             (程序结束)
```

提示：本宏程序仅将圆形平面直径和刀具直径作为变量在调用指令中赋值，为了便于各种条件的调用，读者可自行将圆心在工件坐标系的坐标值、加工平面的 Z 坐标值甚至确定步距的刀具直径百分比和进给速度等均可设置为变量后赋值使用。下面给出一个示例供读者参考。

圆形零件平面铣削加工调用指令：

G65 P3052 X＿Y＿Z＿A＿D＿C＿F＿；

自变量含义：

#24＝X——圆心在工件坐标系中的 X 坐标值；
#25＝Y——圆心在工件坐标系中的 Y 坐标值；
#26＝Z——加工平面的 Z 坐标值；
#1＝A——圆形平面直径；
#7＝D——加工刀具直径；
#3＝C——确定步距的刀具直径百分比（不能大于1）；
#9＝F——进给速度。

宏程序：

```
O3052;
G00 X[#24+#1/2+#7/2+2] Y#25;     (刀具定位)
Z#26;                            (下刀到加工平面)
#30=#1/2;                        (加工半径赋初值)
    WHILE [#30GT0] DO1;          (当#30大于0时执行循环1)
    G01 X[#30+#24] F#9;          (直线插补到加工圆的起点)
    G02 I-#30;                   (圆弧插补环绕加工)
    #30=#30-#3*#7;               (#30递减)
    END1;                        (循环1结束)
G00 Z[#26+20];                   (抬刀)
M99;                             (子程序结束)
```

若仍然设工件坐标系原点在圆心，加工平面的 Z 坐标值为"0"，加工刀具选择 φ20mm 的端铣刀，步距取 0.7D，进给速度取 100mm/min，则调用 O3052 号宏程序加工图 3-17 所示圆形零件平面程序如下：

O2005；
G54 G00 X100.0 Y100.0 Z50.0；   （选择 G54 工件坐标系）
M03 S800；   （主轴正转）
G65 P3052 X0 Y0 Z0 A100.0 D20.0 C0.7 F100；   （调用宏程序加工）
G00 Z50.0；   （抬刀）
X100.0 Y100.0；   （返回起刀点）
M30；   （程序结束）

思考练习

1. 数控铣削加工图 3-18 所示圆形零件平面，试编制其加工宏程序。

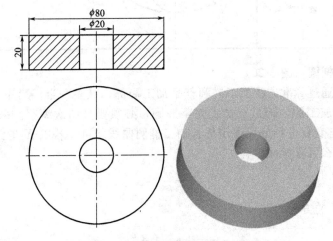

图 3-18 圆形零件平面的加工

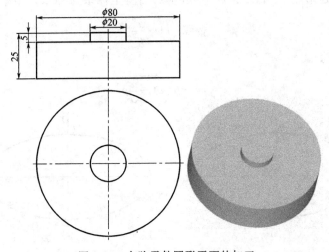

图 3-19 台阶零件圆形平面的加工

2. 数控铣削加工图 3-19 所示台阶零件的 $\phi80mm$ 圆形平面（$\phi20mm$ 的凸台表面及侧面均不要求加工），试编制其加工宏程序。

3.5 公式曲线类零件铣削加工

3.5.1 工件原点在椭圆中心的正椭圆类零件铣削加工

在铣削加工工件坐标系（XOY 坐标平面）上，椭圆的方程、图形和中心坐标见表 3-2。

表 3-2 椭圆方程、图形和中心坐标

方程	图形	中心坐标
$\dfrac{x^2}{a^2}+\dfrac{y^2}{b^2}=1$（标准方程） 或 $\begin{cases} x=a\cos\theta \\ y=b\sin\theta \end{cases}$ 参数方程，θ 为与 P 点对应的同心圆（半径为 a,b）的半径与 x 轴正方向的夹角	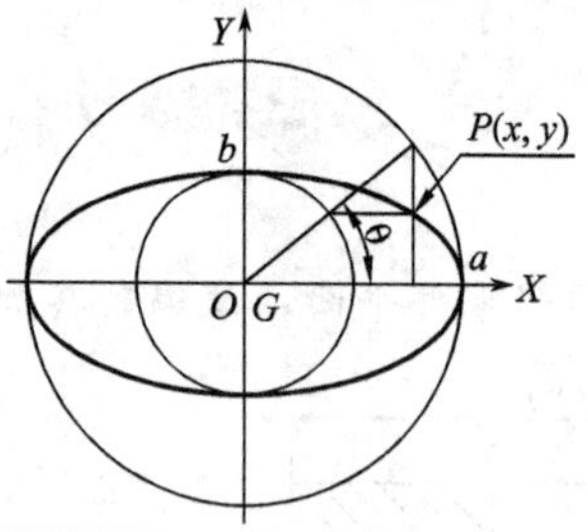	$G(0,0)$

(1) 标准方程加工椭圆（图 3-20）

在数控铣床上通过标准方程加工椭圆都是加工局部，最多一半，第 Ⅰ、Ⅱ 象限或第 Ⅲ、Ⅳ 象限内可以一次加工的，若是要加工完整椭圆，必须要分两次编程。采用标准方程编程时，以 X 或 Y 为自变量进行分段逐步插补加工椭圆曲线均可。若以 X 坐标为自变量，则 Y 坐标为因变量，那么可将标准方程

$$\frac{x^2}{a^2}+\frac{y^2}{b^2}=1$$

转换成用 X 表示 Y 的方程，即

$$y=\pm b\sqrt{1-\frac{x^2}{a^2}}$$

当加工椭圆线段的起始点 P_1 和终止点 P_2 在椭圆自身坐标系（XOY）中第 Ⅰ、Ⅱ 象限时

$$y=b\sqrt{1-\frac{x^2}{a^2}}$$

而在第 Ⅲ、Ⅳ 象限时

$$y=-b\sqrt{1-\frac{x^2}{a^2}}$$

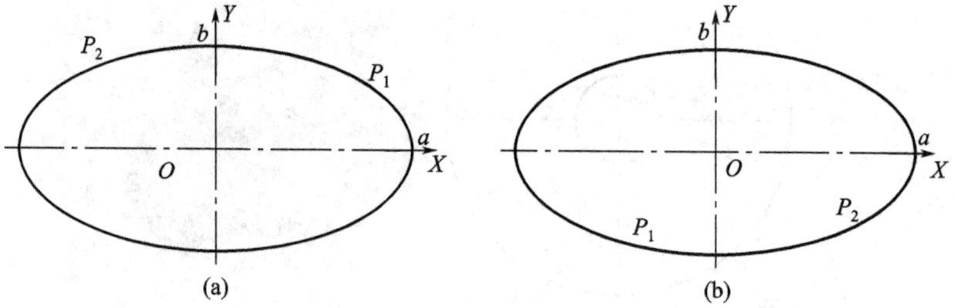

图 3-20 采用椭圆标准方程编程加工椭圆曲线示意图

(2) 参数方程加工椭圆

在数控铣床上通过参数方程编制宏程序加工椭圆可以加工任意角度,即使是完整椭圆也不需要分两次编程,直接通过参数方程编制宏程序加工即可。

【例 3-11】 数控铣削加工图 3-21(a) 所示椭圆零件外轮廓,试编制其加工宏程序。

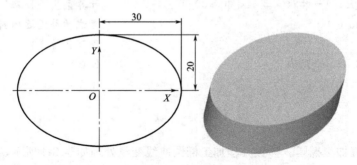

图 3-21 椭圆零件

解 分别选择标准方程和参数方程编制该椭圆外轮廓的精加工宏程序,选用图 3-22 所示加工走刀路线:$A→B→C→D→C→E→A$。

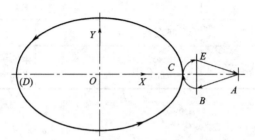

图 3-22 椭圆外轮廓加工走刀路线

① 标准方程加工椭圆。标准方程加工椭圆曲线变量处理如表 3-3 所示,加工程序如下。

表 3-3 标准方程加工椭圆曲线变量处理表

序号	变量选择	变量表示	宏变量
1	选择自变量	X	#24
2	确定定义域	[30,−30]	
3	用自变量表示因变量的表达式	$y=\pm b\sqrt{1-\dfrac{x^2}{a^2}}$	#25=±20*SQRT[1−#24*#24/[30*30]]

O3060;
G54 G00 X50.0 Y0;   (A 点)
M03 S1000;
G00 G42 X35.0 Y−5.0 D01 M08;   (B 点)
G02 X30.0 Y0 R5.0 F200;   (C 点)
#24=30;   (X 值赋初值)
WHILE[#24GT−30]DO1;   (当 X 值大于−30 时执行循环 1)
#24=#24−0.2;   (X 值递减 0.2mm)
#25=20*SQRT[1−#24*#24/[30*30]];   (计算第Ⅰ、Ⅱ象限的 Y 坐标值)

第 3 章 数控铣削加工宏程序编程

```
G01 X#24 Y#25 F100;              (直线插补逼近椭圆曲线)
END1;                            (循环1结束)
WHILE[#24LT30]DO2;               (当X值小于30时执行循环1)
#24=#24+0.2;                     (X值递增0.2mm)
#25=-20*SQRT[1-#24*#24/[30*30]]; (计算第Ⅲ、Ⅳ象限的Y坐标值)
G01 X#24 Y#25 F100;              (直线插补逼近椭圆曲线)
END2;                            (循环2结束)
G02 X35.0 Y5.0 R5.0 F100;        (E点)
G00 G40 X50.0 Y0 M09;            (A点)
M05;
M30;
```

② 参数方程加工椭圆。参数方程加工椭圆曲线变量处理如表3-4所示，加工程序如下。

表3-4 参数方程加工椭圆曲线变量处理表

序号	变量选择	变量表示	宏变量
1	选择自变量	θ	#1
2	确定定义域	$[0°, 360°]$	
3	用自变量表示因变量的表达式	$\begin{cases} x=a\cos\theta \\ y=b\sin\theta \end{cases}$	#24=30*COS[θ] #25=20*SIN[θ]

```
O3061;
G54 G00 X50.0 Y0;                (A点)
M03 S1000;
G00 G42 X35.0 Y-5.0 D01 M08;     (B点)
G02 X30.0 Y0 R5.0 F100;          (C点)
#1=0;                            (#1赋初值)
WHILE[#1LT360]DO1;               (当#1小于360°时执行循环1)
#1=#1+0.5;                       (#1递增0.5°)
#24=30*COS[#1];                  (计算X坐标值)
#25=20*SIN[#1];                  (计算Y坐标值)
G01 X#24 Y#25 F100;              (直线插补逼近椭圆曲线)
END1;                            (循环1结束)
G02 X35.0 Y5.0 R5.0 F100;        (E点)
G00 G40 X50.0 Y0 M09;            (A点)
M05;
M30;
```

思考练习

编制宏程序精加工图3-23所示椭圆外轮廓，设工件坐标系原点在工件上表面的椭圆中心。

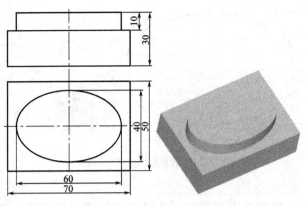

图 3-23 椭圆外轮廓的精加工

3.5.2 工件原点不在椭圆中心的正椭圆类零件铣削加工

对于工件原点不在椭圆中心的正椭圆类零件铣削加工，可以采用坐标平移后的椭圆方程或运用局部坐标指令编制加工程序。

(1) 坐标平移后的椭圆方程

在铣床工件坐标系（XOY 坐标平面）中，设 a 为椭圆在 X 轴上的截距（椭圆长半轴长），b 为椭圆在 Y 轴上的截距（短半轴长），椭圆轨迹上的点 P 坐标为 (x, y)，则椭圆方程、图形和中心坐标关系如表 3-5 所示。

表 3-5 椭圆方程、图形和中心坐标

椭圆方程	椭圆图形	中心坐标
$\dfrac{(x-g)^2}{a^2}+\dfrac{(y-h)^2}{b^2}=1$ 或 $\begin{cases} x=g+a\cos\theta \\ y=h+b\sin\theta \end{cases}$		$G(g,h)$

(2) 局部坐标系（坐标平移）指令（G52）

局部坐标系设定指令（G52）用于在原坐标系中分离出数个子坐标系，其指令格式为：

G52　X____ Y____；　　　　　　　　　　　　　　　　（设定局部坐标系）
…　　　　　　　　　　　　　　　　　　　　　　　　　（局部坐标模式）
G52　X0 Y0；　　　　　　　　　　　　　　　　　　　（取消局部坐标系）

其中，设定局部坐标系程序段中的"X"、"Y"后数值为局部坐标系的原点在原工件坐标系中的坐标值，该值用绝对坐标值加以指定。

【例 3-12】 精铣图 3-24 所示含两段椭圆曲线的零件外轮廓，椭圆曲线长半轴为 30mm，短半轴为 15mm，试编制加工宏程序。

解 设工件坐标系在下半椭圆中心，分别采用坐标平移后的椭圆方程和 G52 局部坐标

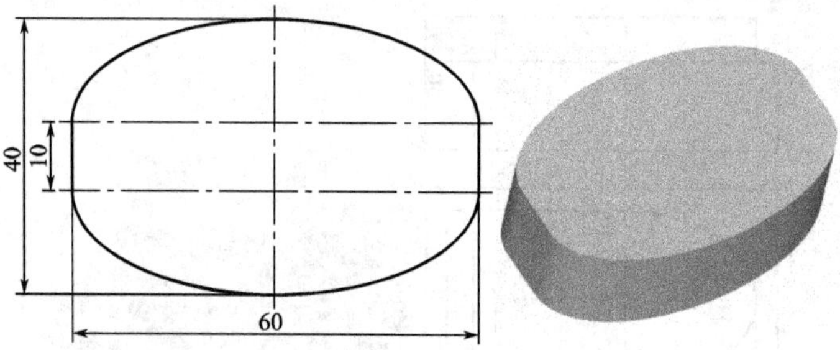

图 3-24 椭圆曲线外轮廓精铣

设定指令编程。

① 采用坐标平移后的椭圆方程编程。选择 X 坐标值为自变量，则下半段椭圆曲线方程为

$$y=-15\times\sqrt{1-\frac{x^2}{30^2}}$$

上半段椭圆中心在工件坐标系中的坐标值为（0，10），所以上半段椭圆曲线方程为

$$y=15\times\sqrt{1-\frac{x^2}{30^2}}+10$$

程序如下。

```
O3070;
G54 G00 X100.0 Y100.0;                           (选择G54工件坐标系，快进至起刀点)
M03 S800;                                        (主轴正转，转速800r/min)
G00 G41 X30.0 Y35.0 D01;                         (快进至切削起点，建立刀具半径左补偿)
G01 Y0 F100;                                     (直线插补加工直线段)
  #24=30;                                        (X坐标值赋初值)
  WHILE[#24GT-30]DO1;                            (当X值小于-30时执行循环1)
  #24=#24-0.2;                                   (X值递减)
  #25=-15*SQRT[1-#24*#24/[30*30]];               (计算Y坐标值)
  G01 X#24 Y#25 F100;                            (直线插补逼近加工下半段椭圆曲线)
  END1;                                          (循环1结束)
Y10.0;                                           (加工直线段)
  WHILE[#24LT30]DO2;                             (当X值大于30时执行循环2)
  #24=#24+0.2;                                   (X值递增)
  #25=15*SQRT[1-#24*#24/[30*30]]+10;             (计算Y坐标值)
  G01 X#24 Y#25 F100;                            (直线插补逼近加工上半段椭圆曲线)
  END2;                                          (循环2结束)
G00 G40 X100.0 Y100.0;                           (返回起刀点，取消刀具半径补偿)
M05;                                             (主轴停转)
M30;                                             (程序结束)
```

② 采用 G52 局部坐标设定指令编程。程序如下。

```
O3071;
G54 G00 X100.0 Y100.0;                           (选择G54工件坐标系，快进至起刀点)
```

```
M03 S800;                                          (主轴正转，转速 800r/min)
G00 G41 X30.0 Y35.0 D01;                           (快进至切削起点，建立刀具半径左补偿)
G01 Y0 F100;                                       (直线插补加工直线段)
   #24=30;                                         (X 坐标值赋初值)
   WHILE[#24GT-30]DO1;                             (当 X 值小于-30 时执行循环 1)
   #24=#24-0.2;                                    (X 值递减)
   #25=-15*SQRT[1-#24*#24/[30*30]];                (计算 Y 坐标值)
   G01 X#24 Y#25 F100;                             (直线插补逼近加工下半段椭圆曲线)
   END1;                                           (循环 1 结束)
Y10.0;                                             (加工直线段)
G52 X0 Y10.0;                                      (设定局部工件坐标系)
   WHILE[#24LT30]DO2;                              (当 X 值大于 30 时执行循环 2)
   #24=#24+0.2;                                    (X 值递增)
   #25=15*SQRT[1-#24*#24/[30*30]];                 (计算 Y 坐标值)
   G01 X#24 Y#25 F100;                             (直线插补逼近加工上半段椭圆曲线)
   END2;                                           (循环 2 结束)
G52 X0 Y0;                                         (取消局部工件坐标系)
G00 G40 X100.0 Y100.0;                             (返回起刀点，取消刀具半径补偿)
M05;                                               (主轴停转)
M30;                                               (程序结束)
```

思考练习

1. 试编制一个 G65 指令调用来铣削加工椭圆曲线段的宏程序。
2. 在"80×50×30"的方坯上数控铣削加工出图 3-25 所示含椭圆曲线的外轮廓，试编制其加工宏程序。
3. 数控铣削加工图 3-26 所示三个椭圆台，试编制其外轮廓的精加工宏程序。

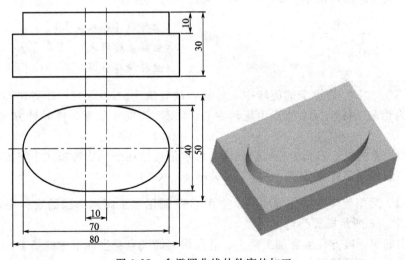

图 3-25 含椭圆曲线外轮廓的加工

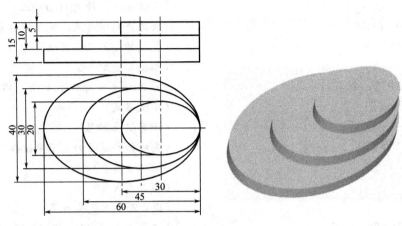

图 3-26 三个椭圆台的数控铣削加工

3.5.3 倾斜椭圆类零件铣削加工

倾斜椭圆类零件铣削加工编程可利用高等数学中的坐标变换公式进行坐标变换或者利用坐标旋转指令来实现。

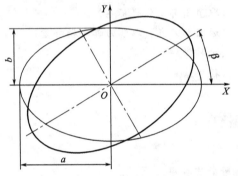

图 3-27 坐标变换数学模型

(1) 坐标变换

如图 3-27 所示,利用旋转转换矩阵

$$\begin{bmatrix} \cos\beta & -\sin\beta \\ \sin\beta & \cos\beta \end{bmatrix}$$

对曲线方程变换可得如下方程(旋转后的椭圆在原坐标系下的方程):

$$\begin{cases} x' = x\cos\beta - y\sin\beta \\ y' = x\sin\beta + y\cos\beta \end{cases}$$

其中,x、y 为旋转前的坐标值,x'、y' 为旋转后的坐标值,β 为旋转角度。

(2) 坐标旋转指令(G68/G69)

本节将用到坐标旋转指令(G68/G69),其指令格式为:

G68 X___ Y___ R___;   (坐标旋转模式建立)
…   (坐标旋转模式)
G69;   (坐标旋转取消)

其中,"X"、"Y"为指定的旋转中心坐标,缺省值为"X0 Y0",即省略不写"X"和"Y"值时认为当前工件坐标系原点为旋转中心。"R"为旋转角度,逆时针方向角度为正,反之为负。

需要特别注意的是:刀具半径补偿的建立和取消应该在坐标旋转模式中完成,即有刀具半径补偿时的编程顺序应为 G68→G41(G42)→G40→G69。

【例 3-13】 运用旋转变换方程编制一个用 G65 调用加工倾斜椭圆的宏程序,并调用该程序精加工图 3-28 所示椭圆凸台。

解 采用椭圆标准方程编程加工第Ⅰ、Ⅱ象限(椭圆自身坐标系中的第Ⅰ、Ⅱ象限)内倾斜椭圆曲线段的变量模型如图 3-29 所示。

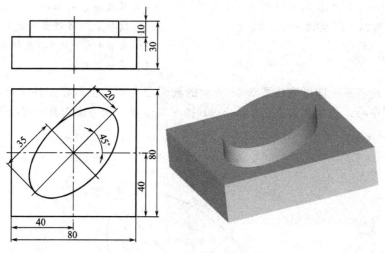

图 3-28 椭圆凸台零件

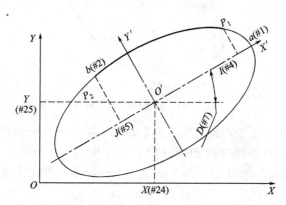

图 3-29 椭圆曲线段铣削加工编程变量模型

宏程序调用指令：

G65 P3080 A___ B___ I___ J___ D___ X___ Y___ F___;

自变量含义：

#1=A——椭圆在自身坐标系中 X' 轴上的截距（长半轴长）；

#2=B——椭圆在自身坐标系中 Y' 轴上的截距（短半轴长）；

#4=I——椭圆曲线段加工起始点 P_1 在自身坐标系中的 X 坐标值；

#5=J——椭圆曲线段加工终止点 P_2 在自身坐标系中的 X 坐标值；

#7=D——椭圆长轴与 X 轴的夹角；

#24=X——椭圆中心 O' 在工件坐标系中的 X 坐标值；

#25=Y——椭圆中心 O' 在工件坐标系中的 Y 坐标值；

#9=F——进给速度。

宏程序：

O3080;   （宏程序号）
N10 #4=#4−0.2;   （X值递减）
#30=#2*SQRT[1−[#4*#4]/[#1*#1]];   （计算旋转前的Y值）
#31=#4*COS[#7]−#30*SIN[#7];   （计算旋转后的X值）

```
#32=#4*SIN[#7]+#30*COS[#7];           (计算旋转后的Y值)
G01 X[#31+#24] Y[#32+#25] F#9;        (直线插补逼近椭圆曲线)
IF[#4GT#5]GOTO10;                     (如果#4大于#5,跳转至N10程序段)
M99;                                  (程序结束)
```

执行如下两程序段即可完成图 3-28 所示的椭圆凸台精加工（设工件坐标系原点在工件上表面的椭圆中心，刀具起刀点在如图 3-30 中 A 点位置，未考虑刀具半径补偿）：

```
G65 P3080 A35.0 B20.0 I35.0 J-35.0 D45.0 X0 Y0 F100;    (A→B→C)
G65 P3080 A35.0 B20.0 I35.0 J-35.0 D225.0 X0 Y0 F100;   (C→D→A)
```

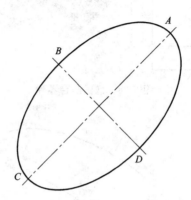

图 3-30 椭圆曲线加工路线

【例 3-14】 试运用 G68 坐标旋转指令编制精加工图 3-28 所示椭圆凸台的宏程序。

解 下面按坐标原点不同采用椭圆参数方程分别编程。O3081 号和 O3082 号程序中 N10~N20 程序段分别按图 3-31 所示加工路线 "A→B→B（逆时针加工椭圆）→C" 编程。

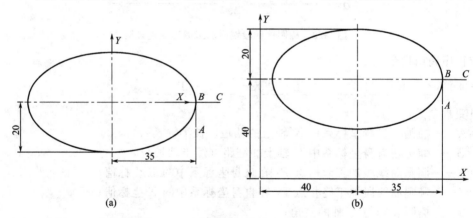

图 3-31 未旋转前的椭圆编程加工路线

① 工件坐标系原点设在工件上表面的椭圆中心。程序如下。

```
O3081;
G54 G00 X100.0 Y100.0 Z50.0;   (选择G54工件坐标系,刀具快进至起刀点)
M03 S1000;                      (主轴正转)
G00 Z-10.0;                     (刀具下降到加工平面)
#1=35;                          (椭圆长半轴赋值)
#2=20;                          (椭圆短半轴赋值)
```

```
#4=0;                              (角度变量赋初值)
#5=360;                            (角度终止值)
#7=45;                             (旋转角度赋值)
G68 X0 Y0 R#7;                     (坐标旋转设定,注意旋转中心坐标值)
  N10 G00 G42 X35.0 Y-10.0 D01;    (快进到A点,刀具半径右补偿)
  G01 Y0 F100;                     (直线插补到B点)
  WHILE[#4LT#5]DO1;                (当角度小于终止值时执行循环1)
  #4=#4+0.5;                       (角度变量递增)
  #30=#1*COS[#4];                  (计算X坐标值)
  #31=#2*SIN[#4];                  (计算Y坐标值)
  G01 X#30 Y#31 F#9;               (直线插补逼近椭圆曲线)
  END1;                            (循环1结束)
  N20 G00 G40 X45.0;               (退刀至C点,取消刀具半径补偿)
G69;                               (取消坐标旋转)
G00 Z50.0;                         (抬刀)
X100.0 Y100.0;                     (返回起刀点)
M05;                               (主轴停)
M30;                               (程序结束)
```

② 工件坐标系原点设在工件上表面的左前角,则椭圆中心的坐标值为(40,40,0)。程序如下。

```
O3082;
G54 G00 X100.0 Y100.0 Z50.0;       (选择G54工件坐标系,刀具快进至起刀点)
M03 S1000;                         (主轴正转)
G00 Z-10.0;                        (刀具下降到加工平面)
#1=35;                             (椭圆长半轴赋值)
#2=20;                             (椭圆短半轴赋值)
#4=0;                              (角度变量赋初值)
#5=360;                            (角度终止值)
#7=45;                             (旋转角度赋值)
G68 X20.0 Y20.0 R#7;               (坐标旋转设定,注意旋转中心坐标值)
  N10 G00 G42 X75.0 Y30.0 D01;     (快进到A点,刀具半径右补偿)
  G01 Y40.0 F100;                  (直线插补到B点)
  WHILE[#4LT#5]DO1;                (当角度小于终止值时执行循环1)
  #4=#4+0.5;                       (角度变量递增)
  #30=#1*COS[#4];                  (计算X坐标值)
  #31=#2*SIN[#4];                  (计算Y坐标值)
  G01 X[#30+40] Y[#31+40] F#9;     (直线插补逼近椭圆曲线)
  END1;                            (循环1结束)
  N20 G00 G40 X85.0;               (退刀至C点,取消刀具半径补偿)
G69;                               (取消坐标旋转)
G00 Z50.0;                         (抬刀)
X100.0 Y100.0;                     (返回起刀点)
```

M05;   （主轴停）
M30;   （程序结束）

一、选择题

1. 图 3-32(b) 中椭圆曲线段可看成由图 (a) 中 AB 椭圆曲线段旋转（　　）所得。
   A) 30°   B) 150°   C) 210°   D) −30°
2. 如图 3-32(c) 中椭圆曲线段可看作由图 (a) 中 AB 椭圆曲线段旋转（　　）所得。
   A) 30°   B) 150°   C) 210°   D) −30°

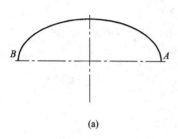 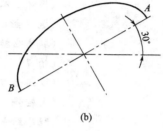 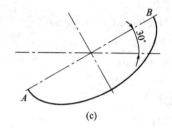

(a)　　　　　　　　　(b)　　　　　　　　　(c)

图 3-32　椭圆曲线段

3. 若椭圆参数中长半轴和短半轴长度相等时，则演变为如下描述最准确的曲线形式是（　　）。
   A) 椭圆   B) 正圆   C) 双曲线   D) 抛物线

二、编程题

1. 如下 O3083 号宏程序是采用标准方程结合 G68 坐标旋转指令编写加工图 3-28 所示椭圆凸台精加工的宏程序（未考虑刀具半径补偿）。试将该程序改写为一个 G65 调用加工椭圆中心不一定在工件坐标系原点的倾斜椭圆曲线段的宏程序。

O3083;
G54 G00 X100.0 Y100.0 Z50.0;   （选择 G54 工件坐标系，刀具快进至起刀点）
M03 S1000;   （主轴正转）
G00 Z−10.0;   （刀具下降到加工平面）
#100=35*SIN[45];   （计算切削起点的 X、Y 坐标值）
G00 X[#100+5] Y#100;   （快进至切削起点）
G01 X#100 F100;   （直线插补至椭圆曲线加工起点）
#7=45;   （坐标旋转角度赋初值）
N10 G68 X0 Y0 R#7;   （坐标旋转设定）
#1=35;   （椭圆长半轴）
#2=20;   （椭圆短半轴）
#4=35;   （椭圆曲线段加工起始点在自身坐标系中的 X 坐标值）
#5=−35;   （椭圆曲线段加工终止点在自身坐标系中的 X 坐标值）
#24=0;   （椭圆中心在工件坐标系中的 X 坐标值）
#25=0;   （椭圆中心在工件坐标系中的 Y 坐标值）
#9=100;   （进给速度）

```
WHILE[#4GT#5]DO1;                           (当#4大于#5时执行循环1)
#4=#4-0.2;                                  [#4(X坐标值)减去0.2mm的步距]
#30=#2*SQRT[1-#4*#4/[#1*#1]];               (计算Y坐标值)
G01 X[#4+#24] Y[#30+#25] F#9;               (直线插补拟合加工椭圆线段)
END1;                                       (循环1结束)
G69;                                        (取消坐标旋转)
#7=#7+180;                                  (旋转角度增加180°)
IF[#7EQ225]GOTO10;                          (当旋转角度等于225°时转向N10程序段)
G00 X100.0 Y100.0;                          (退刀)
Z50.0;                                      (抬刀)
M05;                                        (主轴停)
M30;                                        (程序结束)
```

2. 数控铣削加工图 3-33(a) 所示零件外轮廓，该零件由图 3-33(b) 所示三个长半轴为 30mm、短半轴为 20mm 的椭圆截得，图 3-33(c) 为立体图，试编制精加工该零件的外轮廓的宏程序。

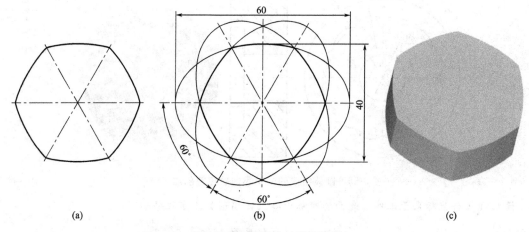

图 3-33 带椭圆曲线段零件的数控铣削加工（一）

3. 数控铣削加工图 3-34(a) 所示零件内轮廓，该零件由图 3-34(b) 所示三个长半轴为 30mm、短半轴为 20mm 的椭圆截得，图 3-34(c) 为立体图，试编制精加工该零件的内轮廓的宏程序。

4. 若将椭圆曲线段宏程序进行适当修改，然后利用其宏程序调用指令能否实现正多边形零

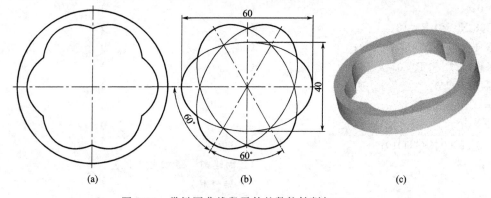

图 3-34 带椭圆曲线段零件的数控铣削加工（二）

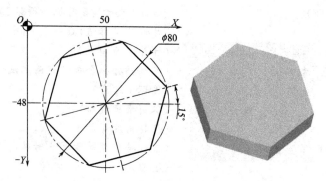

图 3-35 正六边形外轮廓的精加工

件的加工？若能，试修改宏程序后用调用指令实现图 3-35 所示正六边形外轮廓的精加工。

5. 程序 O3084 是以坐标旋转指令 G68 中旋转角度为参数，数控铣削加工图 3-36 中所示 12 个 "R7" 圆弧段组成的内轮廓的宏程序，仔细阅读程序后为程序段填写注释内容。

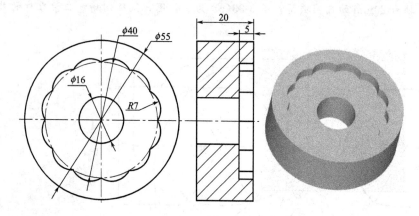

图 3-36 圆弧组成的内轮廓的数控铣削加工

设 G54 工件坐标系于工件上表面的对称中心上，编制加工宏程序如下：

O3084；   （程序号）
G54 G00 X0 Y0 Z50.0；   （选择 G54 工件坐标系）
M03 S1000；   （主轴转）
Z－5.0；   （刀具下降至加工平面）
#1＝COS[30]；   （计算圆弧终点的 X 坐标值）
#18＝0；   （   ）
N10 G68 X0 Y0 R#18；   （   ）
G01 G41 X20.0 Y0 D01 F100；   （   ）
G03 X#1 Y10.0 R7.0；   （   ）
G00 G40 X0 Y0；   （   ）
#18＝#18＋30；   （   ）
G69；   （   ）
IF[#18LT360]GOTO10；   （   ）
Z50.0；   （Z 向退刀，返回起刀点）
M05；   （主轴停转）
M30；   （程序结束）

3.5.4 抛物线类零件铣削加工

抛物线方程、图形和顶点坐标如表 3-6 所示。由于右边三个图可看成是将左图分别逆时针方向旋转 180°、90°、270°而得到，因此可以只用标准方程 $y^2=2px$ 和其图形编制加工宏程序即可。

表 3-6 抛物线方程、图形和顶点坐标

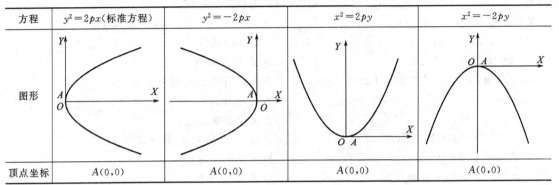

方程	$y^2=2px$（标准方程）	$y^2=-2px$	$x^2=2py$	$x^2=-2py$
图形				
顶点坐标	A(0,0)	A(0,0)	A(0,0)	A(0,0)

【例 3-15】 铣削加工图 3-37 所示抛物线凸台，试编制该抛物线凸台外轮廓的精加工宏程序。

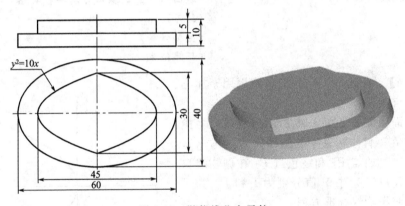

图 3-37 抛物线凸台零件

解 如图 3-37 可得抛物线焦点参数 p 的 2 倍等于 10。由曲线方程可得抛物线段铣削加工变量处理如表 3-7 所示。设 G54 工件坐标系原点在工件上表面的对称中心，编制加工程序如下。

表 3-7 抛物线段铣削加工变量处理表

曲线段	序号	变量选择	变量表示	宏变量
左部抛物线段	1	选择自变量	Y	#25
	2	确定定义域	[15,-15]	
	3	用自变量表示的因变量方程	$x=\dfrac{y^2}{2p}$	#24 = #25 * #25/10
右部抛物线段	1	选择自变量	Y	#25
	2	确定定义域	[-15,15]	
	3	用自变量表示的因变量方程	$x=-\dfrac{y^2}{2p}$	#24 = -#25 * #25/10

```
O3090;
G54 G00 X100.0 Y100.0 Z50.0;        (选择G54工件坐标系)
M03 S1000;                           (主轴正转)
Z-5.0;                               (下刀至加工平面)
G42 X5.0 Y15.0 D01;                  (建立刀具半径右补偿)
G01 X0 F200;                         (直线插补值左部曲线切削起点)
    #25=15;                          (Y坐标值赋初值)
    WHILE[#25GT-15]DO1;              (当#25大于-15时执行循环1)
    #25=#25-0.2;                     (Y坐标值递减)
    #24=#25*#25/10;                  (计算X坐标值)
    G01 X[#24-22.5] Y#25 F200;       (直线插补逼近左部抛物线段)
    END1;                            (循环1结束)
    #25=-15;                         (Y坐标值赋初值)
    WHILE[#25LT15]DO2;               (当#25小于15时执行循环2)
    #25=#25+0.2;                     (Y坐标值递增)
    #24=-#25*#25/10;                 (计算X坐标值)
    G01 X[#24+22.5] Y#25 F200;       (直线插补逼近右部抛物线段)
    END2;                            (循环2结束)
G00 G40 X100.0 Y100.0;               (返回起刀点,取消刀具半径补偿)
Z50.0;                               (抬刀)
M05;                                 (主轴停转)
M30;                                 (程序结束)
```

【例3-16】 编制一个G65指令调用用于加工抛物线段的宏程序。

解 平面铣削加工图3-38所示抛物线段,抛物线顶点G在工件坐标系中的坐标值为(x, y),抛物线段加工起始点P_1和终止点P_2在抛物线自身坐标系$(X'O'Y')$中Y值分别为I和J。为了编程方便,将抛物线标准方程

$$y^2 = 2px$$

转换为以y为自变量、x为因变量的方程:

$$x = \frac{y^2}{2p}$$

抛物线段铣削加工宏程序调用指令:

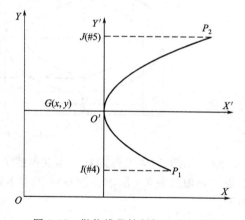

图3-38 抛物线段铣削加工变量模型

G65 P3091 A___ X___ Y___ I___ J___ F___;

自变量含义:

#1=A——抛物线焦点参数p的2倍;

#24=X——抛物线顶点G在工件坐标系中的X坐标值;

#25=Y——抛物线顶点G在工件坐标系中的Y坐标值;

#4=I——抛物线段加工起始点P_1在抛物线自身坐标系中Y值;

#5=J——抛物线段加工终止点P_2在抛物线自身坐标系中Y值;

#9=F——进给速度。

宏程序如下：

```
O3091;                              （宏程序号）
WHILE[#4LT#5]DO1;                   （条件判断，当#4小于#5时执行循环1）
#4=#4+0.2;                          （#4加上增量0.2mm）
#30=#4*#4/#1;                       （计算X坐标值）
G01 X[#30+#24] Y[#4+#25] F#9;       （直线插补逐段加工抛物线段）
END1;                               （循环1结束）
M99;                                （程序结束）
```

【例3-17】 调用宏程序编制铣削精加工图3-37所示抛物线凸台的加工程序。

解 如图3-37可得抛物线焦点参数 p 的2倍等于10，即 $A=10$。设G54工件坐标系原点在工件上表面的对称中心，左部抛物线段顶点坐标（-22.5，0），抛物线主轴与工件坐标系 X 轴的夹角为0°，加工起始点在抛物线自身坐标系中的 Y 值为"-15"，终止点 Y 为"15"；右部抛物线段顶点坐标（22.5，0），抛物线主轴与工件坐标系 X 轴的夹角为180°，加工起始点在抛物线自身坐标系中的 Y 值为"-15"（注意是抛物线未旋转前的值），终止点 Y 为"15"。先加工右部抛物线段，然后加工左部抛物线段，编制加工程序如下。

```
O3092;                                           
G54 G00 X100.0 Y-100.0 Z50.0;                    （选择G54工件坐标系）
M03 S1000;                                       （主轴正转）
G68 X22.5 Y0 R180.0;                             （坐标旋转设定）
G00 G41 X45.0 Y-15.0 D01;                        （刀具快进，建立刀具半径左补偿）
Z2.0;                                            （Z向下刀）
G01 Z-5.0 F200;                                  （Z向加工到加工平面）
G65 P3091 A10.0 X22.5 Y0 I-15.0 J15.0 F200;      （调用宏程序加工右部抛物线段）
G00 Z50.0;                                       （抬刀）
G40 X100.0 Y-100.0;                              （取消刀具半径补偿）
G69;                                             （取消坐标旋转）
G00 X100.0 Y-100.0;                              （返回起刀点）
Z-5.0;                                           （下刀到加工平面）
G41 X10.0 Y-15.0 D01;                            （建立刀具半径左补偿）
G01 X0 F200;                                     （直线插补至左部抛物线切削起点）
G65 P3091 A10.0 X-22.5 Y0 I-15.0 J15.0 F200;     （调用宏程序加工左部抛物线段）
G00 Z50.0;                                       （抬刀）
G40 X100.0 Y-100.0;                              （返回起刀点，取消刀具半径补偿）
M05;                                             （主轴停转）
M30;                                             （程序结束）
```

思考练习

一、简答题

1. 在例3-17中调用宏程序加工右部抛物线段的程序段"G65 P3091 A10.0 X22.5 Y0 I-15.0 J15.0 F200"改为"G65 P3091 A10.0 X22.5 Y0 I15.0 J-15.0 F200"，即设加工起始点在抛物

自身坐标系中的Y值为"15",终止点Y值为"-15"可以吗?为什么?

2. 为什么建立和取消刀具半径补偿不在加工平面进行而在工件表面之上完成?

二、编程题

铣削精加工图3-39所示4个抛物线凸台,请调用宏程序编制该加工程序。

提示:注意调用宏程序中程序的起始点和终止点位置。

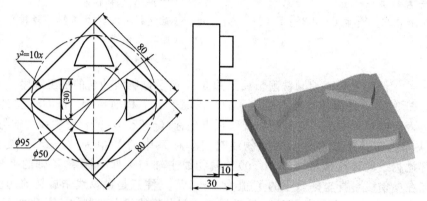

图3-39 带4个抛物线凸台零件的铣削精加工

3.5.5 双曲线类零件铣削加工

双曲线方程、图形和中心坐标如表3-8所示。

表3-8 双曲线方程、图形和中心坐标

方程	$\dfrac{x^2}{a^2}-\dfrac{y^2}{b^2}=1$(标准方程)	$-\dfrac{x^2}{a^2}+\dfrac{y^2}{b^2}=1$
图形		
中心坐标	$G(0,0)$	$G(0,0)$
半轴	实半轴a、虚半轴b	实半轴b、虚半轴a

【例3-18】 编制G65指令调用用于铣削加工双曲线段的宏程序。

解 表3-8中左图第Ⅰ、Ⅳ象限(右部)内的双曲线段可表示为

$$x=a\sqrt{1+\dfrac{y^2}{b^2}}$$

第Ⅱ、Ⅲ象限(左部)内的双曲线可以看成由该双曲线段绕中心旋转180°所得;右图中第Ⅰ、Ⅱ象限(上部)内的双曲线段可以看成是由该双曲线段旋转90°所得,第Ⅲ、Ⅳ象限(下部)内的双曲线段可以看成是由该双曲线段旋转270°所得。也就是说任何一

段双曲线段均可看成由 $x=a\sqrt{1+\dfrac{y^2}{b^2}}$ 双曲线段经过旋转所得。

图 3-40 所示为双曲线段铣削加工变量模型，以 y 为自变量、x 为因变量表示的曲线方程为

$$x=a\sqrt{1+\dfrac{y^2}{b^2}}$$

其中，a 为双曲线实半轴长，b 为虚半轴长。双曲线中心 G 在工件坐标系中的坐标值为 (x,y)，双曲线实轴与工件坐标系 X 轴的夹角为 C，加工起始点 P_1 在双曲线自身坐标系 $(X'O'Y')$ 中 Y 坐标值为 I，终止点 P_2 的 Y 坐标值为 J。

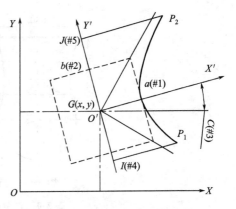

图 3-40 双曲线段铣削加工变量模型

双曲线段铣削加工宏程序调用指令：

G65 P3100 A___B___C___X___Y___I___J___F___;

自变量含义：

♯1＝A——双曲线实半轴长；
♯2＝B——双曲线虚半轴长；
♯3＝C——双曲线实轴与工件坐标系 X 轴的夹角；
♯24＝X——双曲线中心 G 在工件坐标系中的 X 坐标值；
♯25＝Y——双曲线中心 G 在工件坐标系中的 Y 坐标值；
♯4＝I——加工起始点 P_1 在双曲线自身坐标系中 Y 坐标值；
♯5＝J——加工终止点 P_2 在双曲线自身坐标系中 Y 坐标值；
♯9＝F——进给速度。

宏程序如下：

O3100;   （宏程序号）
G68 X♯24 Y♯25 R♯3;   （以双曲线中心为旋转中心旋转 C）
WHILE[♯4LT♯5]DO1;   （条件判断，当♯4小于♯5时执行循环1）
♯4=♯4+0.2;   （自变量 Y 值加上 0.2mm 增量）
♯30=♯1*SQRT[1+♯4*♯4/[♯2*♯2]];   （计算 X 坐标值）
G01 X[♯30+♯24] Y[♯4+♯25] F♯9;   （直线插补逐段加工双曲线段）
END1;   （循环1结束）
G69;   （取消坐标旋转）
M99;   （程序结束）

【例 3-19】 数控铣削加工图 3-41 所示双曲线段零件外轮廓，双曲线方程为

$$\dfrac{x^2}{12^2}-\dfrac{y^2}{20^2}=1$$

请编制精加工该外轮廓的宏程序。

解 由曲线方程可得双曲线的实半轴 $a=12$，虚半轴 $b=20$。双曲线段铣削加工变量处理如表 3-9 所示，设 G54 工件坐标系于双曲线中心，编制精加工宏程序如下（未考虑刀具半径补偿）。

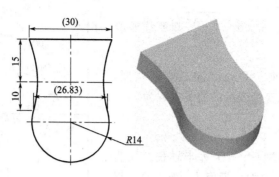

图 3-41　铣削加工双曲线段零件图

表 3-9　双曲线段铣削加工变量处理表

曲线段	序号	变量选择	变量表示	宏变量
左部双曲线段	1	选择自变量	Y	#25
	2	确定定义域	[15, −10]	
	3	用自变量表示的因变量的表达式	$x=-a\sqrt{1+\dfrac{y^2}{b^2}}$	#24=−#1*SQRT[1+#4*#4/[#2*#2]]
右部双曲线段	1	选择自变量	Y	#25
	2	确定定义域	[−10, 15]	
	3	用自变量表示的因变量的表达式	$x=a\sqrt{1+\dfrac{y^2}{b^2}}$	#24=#1*SQRT[1+#4*#4/[#2*#2]]

```
O3101；
G54 G00 X100.0 Y100.0；                          （选择 G54 工件坐标系）
M03 S1000；                                      （主轴正转）
G00 X20.0 Y15.0；                                （快进到起刀点）
G01 X−15.0 F300；                                （直线段加工）
  #1=12；                                        （实半轴赋值）
  #2=20；                                        （虚半轴赋值）
  #25=15；                                       （Y 坐标值赋初值）
  WHILE[#25GT−10]DO1；                           （当#25 大于−10 时执行循环 1）
  #25=#25−0.2；                                  （Y 坐标值递减）
  #24=−#1*SQRT[1+#25*#25/[#2*#2]]；              （计算 X 坐标值）
  G01 X#24 Y#25 F300；                           （直线插补逼近左部双曲线段）
  END1；                                         （循环 1 结束）
G03 X13.415 Y−10.0 R-14.0；                      （圆弧插补加工圆弧段）
  #25=−10；                                      （Y 坐标值赋初值）
  WHILE[#25LT15]DO2；                            （当#25 小于 15 时执行循环 2）
  #25=#25+0.2；                                  （Y 坐标值递增）
  #24=#1*SQRT[1+#25*#25/[#2*#2]]；               （计算 X 坐标值）
  G01 X#24 Y#25 F300；                           （直线插补逼近右部双曲线段）
  END2；                                         （循环 2 结束）
G00 X100.0 Y100.0；                              （返回起刀点）
M05；                                            （主轴停）
M30；                                            （程序结束）
```

思考练习

1. 试调用加工双曲线段的 G65 宏程序编制精加工图 3-41 所示零件外轮廓的程序。
2. 图 3-42 所示为含双曲线段的凸台零件，双曲线方程为

$$\frac{x^2}{4^2} - \frac{y^2}{3^2} = 1$$

试编制该双曲线凸台的精加工程序。

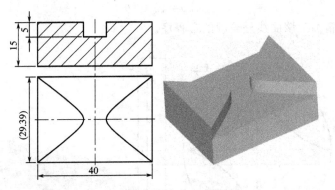

图 3-42 含双曲线段凸台零件的加工

3. 数控铣削加工图 3-43 所示带双曲线段的凸台零件，该双曲线方程为

$$-\frac{x^2}{16^2} + \frac{y^2}{8^2} = 1$$

试编制该凸台的精加工程序。

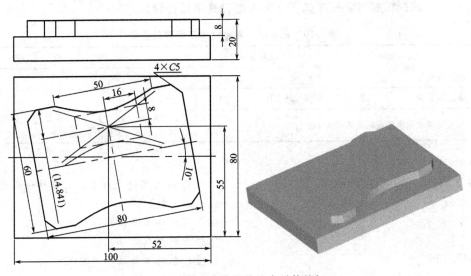

图 3-43 带双曲线段的凸台零件的加工

3.5.6 其他公式曲线类零件铣削加工

利用变量编制零件的加工宏程序，一方面针对具有相似要素的零件，另一方面是针对具有某些规律需要进行插补运算的零件（如由非圆曲线构成的轮廓）。对这些要素编程就如同

解方程，首先要寻找模型的参数，确定变量及其限定条件，设计逻辑关系，然后编写加工程序。

【例 3-20】 星形线方程为

$$\begin{cases} x = a\cos^3\theta \\ y = a\sin^3\theta \end{cases}$$

其中 a 为定圆半径。图 3-44 所示为定圆直径 $\phi 80$mm 的星形线凸台零件，所以该曲线的方程为

$$\begin{cases} x = 40\cos^3\theta \\ y = 40\sin^3\theta \end{cases}$$

试编制数控铣削精加工该曲线外轮廓的宏程序。

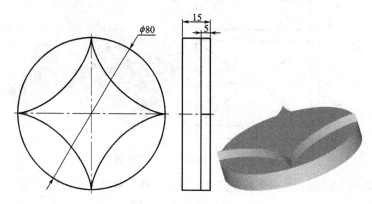

图 3-44 星形线凸台零件

解 星形线凸台零件加工变量处理如表 3-10 所示，设 G54 工件坐标系原点在工件上表面对称中心，编制精加工宏程序如下（未考虑刀具半径补偿）。

表 3-10 星形线凸台零件加工变量处理表

序号	变量选择	变量表示	宏变量
1	选择自变量	θ	#1
2	确定定义域	[0°, 360°]	
3	用自变量表示因变量的表达式	$\begin{cases} x = 40\cos^3\theta \\ y = 40\sin^3\theta \end{cases}$	#24 = 40 * COS[#1] * COS[#1] * COS[#1] #25 = 40 * SIN[#1] * SIN[#1] * SIN[#1]

```
O3110;
G54 G00 X100.0 Y100.0 Z50.0;        (选择 G54 工件坐标系，刀具快进到起刀点)
M03 S800;                            (主轴正转)
Z-5.0;                               (下刀到加工平面)
X42.0 Y0;                            (快进到切削起点)
G01 X40.0 F200;                      (直线插补至曲线加工起点)
#1=0;                                (θ 赋初值)
N100 #1=#1+1.0;                      (θ 递增)
#24=40*COS[#1]*COS[#1]*COS[#1];      (计算 X 坐标值)
#25=40*SIN[#1]*SIN[#1]*SIN[#1];      (计算 Y 坐标值)
G01 X#24 Y#25 F200;                  (直线插补逼近星形线)
IF[#1LT360]GOTO100;                  (当 θ 小于 360°时继续执行)
```

```
G00 X100.0 Y100.0;                    (退刀)
Z50.0;                                (抬刀)
M05;                                  (主轴停)
M30;                                  (程序结束)
```

思考练习

1. 完成填空：在工件（编程）原点建立的坐标系称为工件（编程）坐标系，在曲线方程原点建立的坐标系可称为方程坐标系。数控铣削加工某曲线方程 $y=f(x)$，若工件原点与方程原点在同一位置时，则该曲线在工件坐标系下的方程表示为 $Y=f(X)=f(x)$，若方程原点在工件坐标系下坐标值为 (G, H)，则该曲线在工件坐标系下的方程表示为 $(Y-H)=f(X-G)=f(x-G)$，即_____。换言之，若曲线上一点 P 在方程坐标系下坐标值为 $(10, 15)$，则在工件原点与方程原点在同一点的工件坐标系下该点的坐标值应为 $(10, 15)$，若方程原点在工件坐标系下坐标值为 $(3, 14)$，则该点在该工件坐标系下的坐标值为（____，____）。

2. 图 3-45 所示心形曲线（心脏线）方程为
$$R=B\cos(\alpha/2)$$
试编制精铣加工 $B=50\text{mm}$ 和深度为 10mm 的心形曲线内轮廓的宏程序。

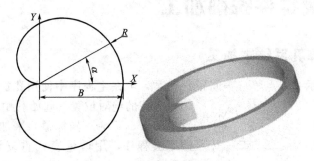

图 3-45 心形曲线内轮廓的加工

3. 如图 3-46 所示，在 60mm×20mm 的矩形坯料上刻标尺，分别有长 10mm 和 6mm 的两种刻线槽，间隔距离均为 3mm，各刻线槽宽 0.5mm，深 0.5mm，试编制其加工宏程序。

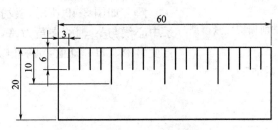

图 3-46 矩形坯料上刻线槽的加工

4. 数控铣削加工图 3-47 所示由上下对称的两段渐开线组成的曲面，试编制其加工宏程序。（不考虑刀具半径）。

提示：如图 3-48 所示，当直线 AB 沿半径为 r 的圆做纯滚动，直线上任一点 P 的轨迹 DPE 称为该圆的渐开线，这个圆称为渐开线的基圆，直线 AB 称为发生线。渐开线方程为：
$$\begin{cases} x=r(\cos\theta+\theta\sin\theta) \\ y=r(\sin\theta-\theta\cos\theta) \end{cases}$$

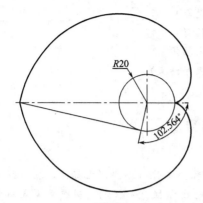
图 3-47 由上下对称的两段渐开线曲面的加工

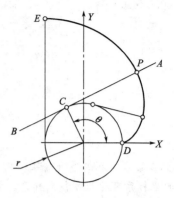
图 3-48 渐开线的形成

式中，x、y 为渐开线上任一点 P 的坐标值；r 为渐开线基圆半径；θ 为 OC 与 X 轴的夹角，实际计算时将 θ 转换为弧度制，则方程变换为：

$$\begin{cases} x = r(\cos\theta + \theta \dfrac{\pi}{180}\sin\theta) \\ y = r(\sin\theta - \theta \dfrac{\pi}{180}\cos\theta) \end{cases}$$

3.6 孔系类零件铣削加工

3.6.1 直线点阵孔系铣削加工

加工图 3-49 所示直线点阵（等间距）孔系，可在主程序中使用孔加工固定循环并根据第一个孔的绝对位置（起始孔中心 G 点在工件坐标系中的 X、Y 绝对坐标值）来加工第一个孔，然后调用宏程序，用增量模式重复该循环来加工其余的孔。

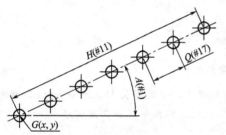
图 3-49 直线点阵孔系铣削加工变量模型

【例 3-21】 编制一个 G65 调用用于加工直线点阵孔系的宏程序。

解 如图 3-49 所示，设孔数 H，孔间距 Q，孔系中心线与 X 轴的夹角为 A，只要修改主程序中的自变量 A、H、Q 值，就可以实现不同特定条件的直线点阵（等间距）孔系加工。

宏程序调用指令：

G65 P3120 H___ Q___ A___ ;

自变量含义：

♯11＝H——等间距孔的个数；

♯1＝A——孔系中心线与 X 轴的夹角；

♯17＝Q——孔间距。

编制加工宏程序如下：

O3120;　　　　　　　　　　　　（宏程序号）

#11=#11-1;　　　　　　　　　　　　（把孔数改为间距数）
#24=#17*COS[#1];　　　　　　　　（计算X轴增量）
#25=#17*SIN[#1];　　　　　　　　（计算Y轴增量）
G91 X#24 Y#25 L#11;　　　　　　（增量方式孔定位，增量L次）
M99;　　　　　　　　　　　　　　　（宏程序结束）

【例3-22】 在图3-50所示100mm×75mm×12mm的铝板上加工9个φ4mm的等间距通孔，工件坐标系原点设在零件上表面的左下角，试调用宏程序编制该孔系加工程序。

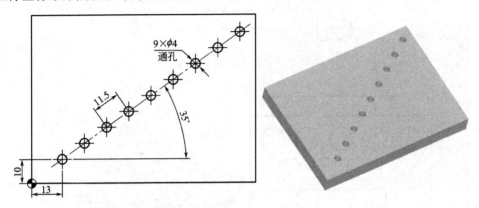

图3-50　直线点阵孔系铣削加工

解　由图可知该孔系的9个φ4mm等间距孔与X轴夹角为35°，孔间距为"11.5"，即$H=9$，$Q=11.5$，$A=35$。编制加工程序如下。

O3121;　　　　　　　　　　　　　　（主程序号）
G21 G90;　　　　　　　　　　　　　（公制、绝对编程模式）
G00 G54 X13.0 Y10.0 Z100.0;　　　（建立工件坐标系，刀具移动到孔1上方起刀点位置）
M03 S800;　　　　　　　　　　　　（启动主轴）
G43 Z50.0 H01 M08;　　　　　　　（下刀，建立刀具长度补偿，冷却液开）
G99 G81 R2.5 Z-14.0 F150;　　　（在当前位置加工孔1，然后返回R平面）
G65 P3120 A35.0 H9.0 Q11.5;　　[带变量赋值的宏程序调用（加工其余孔）]
G90 G00 G49 Z50.0 M09;　　　　　（增量模式，退回工件上方，取消刀具长度补偿）
G28 Z50.0 M05;　　　　　　　　　（返回到机床零点）
M30;　　　　　　　　　　　　　　　（主程序结束）

思考练习

1. 试将起始孔中心G点在工件坐标系中的X、Y绝对坐标值也定义为变量，然后编制直线点阵孔系铣削加工宏程序，并编制调用该宏程序加工图3-50中孔系的加工程序。
2. 试用坐标旋转指令（G68/G69）编制直线点阵孔系铣削加工宏程序，并编制调用该宏程序加工图3-50中孔系的加工程序。
3. 调用宏程序编制加工如图3-51所示孔系的加工程序。
4. 数控铣削加工图3-52所示15个φ10mm孔（按正三角形排列），试编制其加工宏程序。

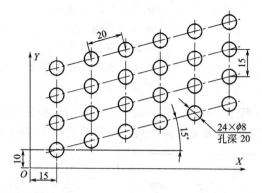

图 3-51 孔系的加工（一）

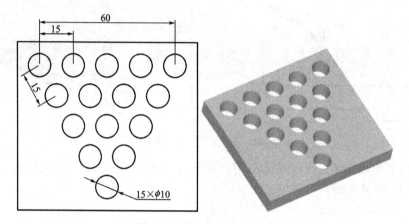

图 3-52 孔系的加工（二）

3.6.2 圆周均分孔系铣削加工

编制在一圆周上均匀分布孔系（简称圆周均分孔系）铣削加工的宏程序，基本思路有两个：一个是固定圆周分布孔（特解程序），另一个是任意参数的圆周均匀分布孔加工程序（通解程序）。编制圆周均布孔加工的宏程序，需要根据以下的基本条件、限制和目标进行设计。

① 必须已知孔的直径（节圆的直径）与中心的绝对坐标；
② 所有的孔必须均匀分布在孔圆周上（按角度测量）；
③ 可以加工任何数量的孔（只要在机床的能力范围之内，最少为 2 个孔）；
④ 第一个孔的初始角度位置；
⑤ 加工方向是从第一个孔开始沿逆时针方向加工（方向可以任意确定）；
⑥ 宏程序必须能用于任何固定循环的加工。

宏程序设计的另一个重要特征是第一个待加工孔的角坐标。大多数该类孔型的第一个待加工孔排列在"3 点钟"位置，通常把这个位置定义为 0°位置。这种设计使宏程序的编写简单，但是其应用也相对受到一些限制。若第一个孔不在"3 点钟"位置，则定义其与 X 轴正向的逆时针夹角为起始角，这样大大提高了宏程序的灵活性和实用性。

（1）圆周均分孔系铣削加工宏程序编程常用方法

圆周均分孔系铣削加工宏程序编程常用方法的关键是计算每个孔的坐标值，常用坐标方程、坐标旋转和极坐标三种编程方法计算孔的坐标值。

(2) 极坐标指令（G16/G15）

数控编程中的坐标值除了可以用直角坐标表示外，也还可以用极坐标（半径和角度）输入。极坐标指令用于正多边形和圆周等分孔等类型零件加工时的编程很方便。

极坐标指令格式：

G17/G18/G19　G90/G91　G16；　　　　（设定极坐标模式）
…　　　　　　　　　　　　　　　　（极坐标模式）
G15；　　　　　　　　　　　　　　　（取消极坐标模式）

其中，G17/G18/G19为极坐标指令的平面选择；G90/G91为绝对或相对坐标指定，半径和角度两者可以用绝对值或增量值指令（G90/G91），G90指定工件坐标系的零点作为极坐标系的原点，G91指定当前位置作为极坐标系的原点。表3-11为半径和角度绝对值或增量值指定示例（从 A 点到 B 点）。在极坐标模式下的指令的第1轴为极坐标半径，第2轴为极角，表3-12为不同平面下极坐标半径和极角的选择；角度的正向是所选平面的第1轴正向的逆时针方向，而负向是顺时针方向。

表3-11　半径和角度绝对值或增量值指定示例（从 A 点到 B 点）

	极角用绝对值指定(G90)时，D 为极角	极角用相对值指定(G91)时，D 为极角
极坐标半径值用绝对值指定(G90)时，OB 为极坐标半径	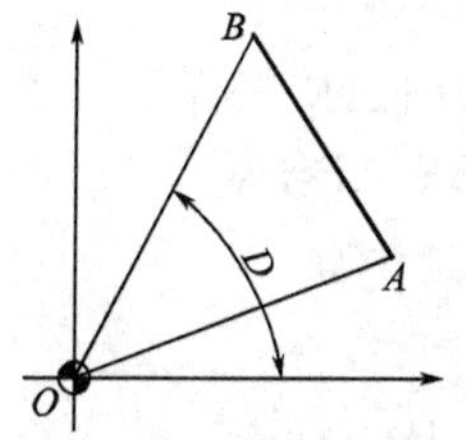	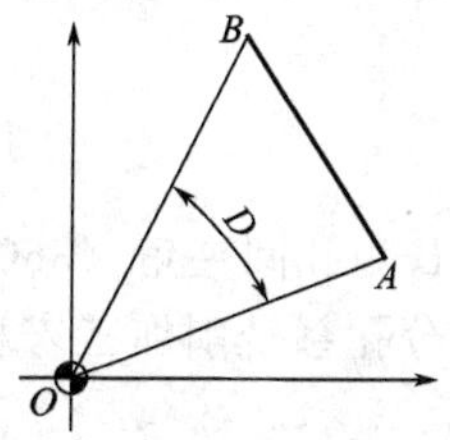
极坐标半径值用相对值指定(G91)时，AB 为极坐标半径	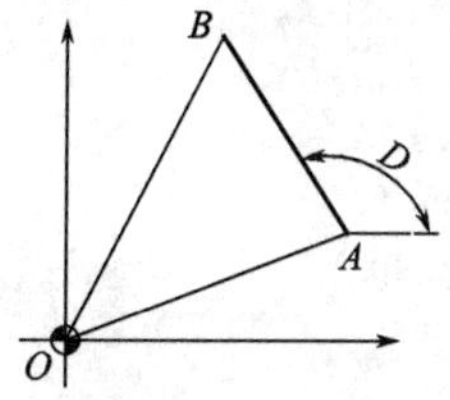	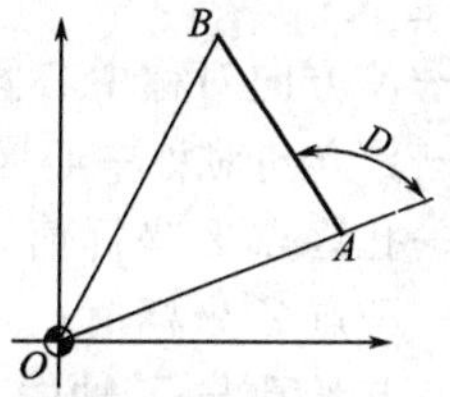

表3-12　不同平面下极坐标半径和极角的选择

G 指令	选择平面	第1根轴	第2根轴
G17	XY	X=半径	Y=角度
G18	ZX	Z=半径	X=角度
G19	YZ	Y=半径	Z=角度

如图3-53所示，如下各程序段的含义见注释。

G00 X17.32 Y10.0；　　　（快进至 A 点）
G17 G90 G16；　　　　　（极坐标模式设定）
G01 X20.0 Y65.0 F200；　（直线插补至 B 点，其中"X20"表示极半径为"20"，"Y65"表示极角为65°）
G91 Y-35.0；　　　　　　（直线插补至 A 点，"Y-35.0"为相对坐标值，表示 A 点相对 B 点顺时针旋转35°）
G15；　　　　　　　　　（取消极坐标模式）

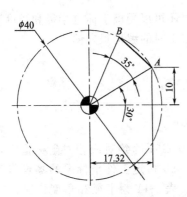

图 3-53 极坐标例图

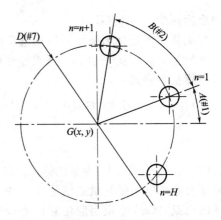

图 3-54 圆周均分孔系铣削加工的变量模型

【例 3-23】 采用坐标方程计算圆周均分孔系各孔坐标值。

解 图 3-54 所示为圆周均分孔系铣削加工示意图,设节圆直径 D,圆心在工件坐标系中的坐标值为 (x, y),H 为等间距孔的个数,n 为圆孔计数器($n=1$ 代表孔 1,$n=2$ 代表孔 2,依次类推),第 1 个孔(起始孔)的与 X 轴的夹角为 A。任意孔的 X、Y 坐标值方程如下:

$$\begin{cases} X = \cos[(n-1)B + AR + x] \\ Y = \sin[(n-1)B + AR + y] \end{cases}$$

其中,B 为孔间夹角($360/H$)。

圆周均分孔系铣削加工宏程序调用指令:

G65 P3130 X___Y___Z___R___A___D___H___;

自变量含义:

♯24=X——X 方向对称中心圆心坐标;

♯25=Y——Y 方向对称中心圆心坐标;

♯26=Z——孔终点 Z 坐标值;

♯18=R——R 点 Z 坐标值;

♯1=A——起始孔与 X 轴的夹角;

♯7=D——均分孔所在节圆直径值;

♯11=H——等间距孔的个数。

宏程序:

O3130;	(宏程序号)
♯7=♯7/2;	(把螺栓孔的直径变成半径)
♯19=1;	(孔数赋初值)
WHILE[♯19LE♯11]DO1;	(开始孔加工循环)
♯30=[♯19-1]*360/♯11+♯1;	(计算当前孔的角度)
♯31=COS[♯30]*♯7+♯24;	(计算 X 坐标值)
♯32=SIN[♯30]*♯7+♯25;	(计算 Y 坐标值)
G99 G81 X♯31 Y♯32 Z♯26 R♯18 F250;	(钻孔循环)
♯19=♯19+1;	(循环计数器)
END1;	(结束循环)
M99;	(宏程序结束返回主程序)

宏程序本身也可以非常灵活地使用。创造性地使用变量 H 和 A，可以把任何一个孔作为第一个孔，也可以指定任何数目的孔，只要它们位于孔圆周上。具有偶数等距孔的圆比具有奇数等距孔的圆拥有更大的灵活性。

【例 3-24】 采用坐标旋转指令计算圆周均分孔系各孔的坐标值。

解 如图 3-54 所示，设节圆直径 D，圆心在工件坐标系中的坐标值为 (x, y)，H 为等间距孔的个数，n 为圆孔计数器（$n=1$ 代表孔 1，$n=2$ 代表孔 2，依次类推），第 1 个孔（起始孔）的与 X 轴的夹角为 A。

采用坐标旋转指令编制圆周均分孔系铣削加工宏程序调用指令：

G65 P3131 X___ Y___ Z___ R___ A___ D___ H___;

自变量含义：

♯24＝X——均分孔所在节圆圆心在工件坐标系中的 X 坐标值；
♯25＝Y——均分孔所在节圆圆心在工件坐标系中的 Y 坐标值；
♯26＝Z——孔终点 Z 坐标值；
♯18＝R——R 点 Z 坐标值；
♯1＝A——起始孔与 X 轴的夹角；
♯7＝D——均分孔所在节圆直径值；
♯11＝H——孔数。

宏程序如下：

O3131;	（宏程序号）
♯30＝1;	（孔数计数器赋初值 1）
N10 G68 X♯24 Y♯25 R♯1;	（坐标旋转设定）
G99 G81 X[♯7/2＋♯24] Y♯25 Z♯26 R♯18 F250;	（加工孔位置）
G69;	（取消坐标旋转设定）
♯1＝♯1＋360/♯11;	（角度增加相邻两孔的夹角值）
♯30＝♯30＋1;	（孔数计数器加 1）
IF[♯30LE♯11]GOTO10;	（如果♯30 小于或等于♯11，则跳转到 N10 程序段）
M99;	（程序结束）

【例 3-25】 采用极坐标指令计算圆周均分孔系各孔的坐标值。

解 如图 3-54 所示，设节圆直径 D，圆心在工件坐标系中的坐标值为 (x, y)，H 为等间距孔的个数，n 为圆孔计数器（$n=1$ 代表孔 1，$n=2$ 代表孔 2，依次类推），第 1 个孔（起始孔）的与 X 轴的夹角为 A。

采用极坐标指令编制圆周均分孔系铣削加工宏程序调用指令：

G65 P3132 X___ Y___ Z___ R___ A___ D___ H___;

自变量含义：

♯24＝X——均分孔所在节圆圆心在工件坐标系中的 X 坐标值；
♯25＝Y——均分孔所在节圆圆心在工件坐标系中的 Y 坐标值；
♯26＝Z——孔终点 Z 坐标值；
♯18＝R——R 点 Z 坐标值；
♯1＝A——起始孔与 X 轴的夹角；

#7＝D——均分孔所在节圆直径值；
#11＝H——孔数。
宏程序如下：

```
O3132;                              (宏程序号)
#30=2;                              (加工孔数计数器赋初值2)
G52 X#24 Y#25;                      (局部坐标设定)
G17 G90 G16;                        (极坐标模式设定)
G99 G81 X[#7/2] Y#1 Z#26 R#18 F250; (钻第1个孔)
N10 G91 Y[360/#11];                 (钻第n个孔)
#30=#30+1;                          (加工孔数计数器加1)
IF[#30LE#11]GOTO10;                 (如果#30小于或等于#11,程序跳转到N10程序段)
G15;                                (取消极坐标模式)
G52 X0 Y0;                          (取消局部坐标)
M99;                                (程序结束)
```

【例 3-26】 图 3-55 给出了一种典型的圆周分布的孔型，工件材料为 100mm×75mm×12mm 铝板，在 360°圆周上均匀分布有 6 个等间距孔，以给定的角度定位第一个孔，试调用宏程序编制该孔系加工程序。

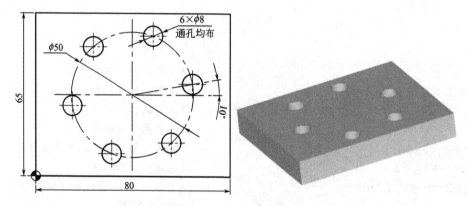

图 3-55 圆周均分孔系的加工

解 由图 3-55 可得：圆周均分孔分布的节圆中心在工件坐标系中坐标值为（40，32.5），节圆的直径为 50mm，等距孔的个数为 6 个。分别执行如下三个程序段均可完成调用宏程序加工该圆周均分孔。

```
G65 P3130 X40.0 Y32.5 Z-14.5 R2.0 A10.0 D50.0 H6.0;   (调用O3130宏程序加工)
G65 P3131 X40.0 Y32.5 Z-14.5 R2.0 A10.0 D50.0 H6.0;   (调用O3131宏程序加工)
G65 P3132 X40.0 Y32.5 Z-14.5 R2.0 A10.0 D50.0 H6.0;   (调用O3132宏程序加工)
```

思考练习

1. 能否在宏程序中将钻孔循环加工方式作为变量，然后通过 G65 指令在外部赋值（如令 #10=81，则 G#10 即为 G81）？若能，试编制宏程序。

2. 图 3-56 是在圆弧上均匀分布孔变量模型，设孔数为 H，圆弧的半径为 R，第一个孔的起

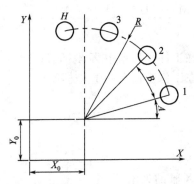

图 3-56 在圆弧上均匀分布孔变量模型

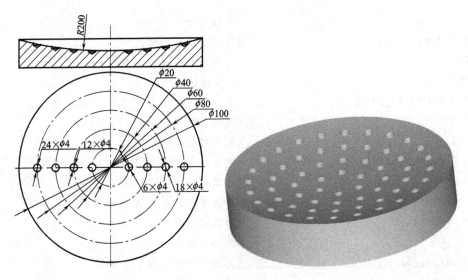

图 3-57 孔系的铣削加工

始角（即与 X 坐标的夹角）为 A，均分孔间隔角度 B，圆心在工件坐标系中坐标值为 X_0 和 Y_0。试编制该类圆弧均分孔系铣削加工宏程序。

3. 铣削加工图 3-57 所示 60 个 $\phi4mm$ 孔，从内向外每圈递增 6 个孔，各圈孔均布，孔深均为 2mm，轮廓已加工完毕，试编制其孔加工宏程序。

3.6.3 矩形网式点阵孔系铣削加工

【例 3-27】 图 3-58 是在一零件上进行矩形网式点阵孔系铣（钻）削加工，假设共有 M 行、H 列，孔总数为 $M \times H$，横向孔距为 U，纵向孔距为 V，A 为横向孔中心线与 X 轴的夹角。其中 X_0 和 Y_0 分别为左下边第一个孔在工件坐标系中 X 和 Y 坐标的绝对坐标值。编制一个 G65 调用的宏程序，在宏程序中仅依次计算各孔的 X、Y 坐标值，供主程序孔加工循环调用。

解 矩形网式点阵孔系铣削加工宏程序调用指令：

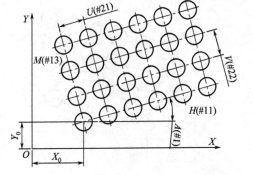

图 3-58 矩形网式点阵孔系铣削加工变量模型

G65 P3140 X___Y___H___M___U___V___A___；

自变量含义：

♯24＝X——左下边第一个孔在工件坐标系中 X 坐标值；

♯25＝Y——左下边第一个孔在工件坐标系中 Y 坐标值；

♯11＝H——孔列数；

♯13＝M——孔行数；

♯21＝U——横向孔距；

♯22＝V——纵向孔距；

♯1＝A——横向孔中心线与 X 轴的夹角。

宏程序如下：

O3140；	（宏程序号）
G68 X♯24 Y♯25 R♯1；	（设定坐标旋转模式）
♯30＝1；	（行数计数器赋初值1）
♯31＝♯25；	（Y 坐标值赋值）
WHILE[♯30LE♯13]DO1；	（当♯30 小于或等于♯13 时执行循环1）
♯32＝1；	（列数计数器赋初值1）
♯33＝♯24；	（X 坐标值赋值）
WHILE[♯32LE♯11]DO2；	（当♯32 小于或等于♯11 时执行循环2）
G90 X♯33 Y♯31；	（当前孔的 X、Y 值）
♯33＝♯33＋♯21；	（计算下一列孔的 X 坐标值）
♯32＝♯32＋1；	（列数计数器加1）
END2；	（循环2 结束）
♯31＝♯31＋♯22；	（计算下一行孔的 Y 坐标值）
♯30＝♯30＋1；	（行数计数器加1）
END1；	（循环1 结束）
G69；	（取消坐标旋转模式）
G52 X0 Y0；	（取消局部工件坐标设定）
M99；	（程序结束）

【例 3-28】 调用宏程序加工图 3-59 所示 24 个 φ6.8mm 的矩形网式点阵孔，孔深 7mm。

解 如图 3-59 所示左下边第一个孔在工件坐标系中的坐标值为（20，10），4 行 6 列，行间距和列间距均为"10"，孔系与 X 轴的夹角为 15°。调用宏程序加工该孔系程序如下：

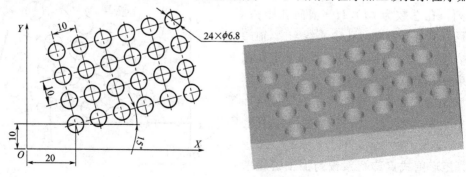

图 3-59 矩形网式点阵孔系加工

```
O3141;                                              （程序号）
G54 G00 X20.0 Y10.0 Z50.0;                          （选择G54工件坐标系）
M03 S600;                                           （主轴正转）
M08;                                                （切削液开）
G81 X20.0 Y10.0 Z-0.5 R5.0 F200 L0;                 [钻孔固定循环调用，没有加工（L₀）]
G65 P3140 X20.0 Y10.0 H6.0 M4.0 U10.0 V10.0 A15.0;  （调用宏程序钻中心孔）
G28 Z50.0 M09 M05;                                  （退刀）
M06 T02;                                            （换φ6.8mm钻头）
M03 S600;                                           （主轴正转）
G00 X20.0 Y10.0;                                    （快进到孔上方）
G43 Z50.0 H02 M08;                                  （建立刀具长度补偿）
G81 X20.0 Y10.0 Z-7.0 R5.0 F200 L0;                 （钻孔固定循环调用，没有加工）
G65 P3140 X20.0 Y10.0 H6.0 M4.0 U10.0 V10.0 A15.0;  （调用宏程序钻24个φ6.8mm孔）
G00 G49 Z50.0 M09;                                  （取消刀具长度补偿）
G28 X20.0 Y10.0;                                    （返回机床零点）
M05;                                                （主轴停）
M30;                                                （程序结束）
```

思考练习

1. 图3-60所示为矩形框式点阵孔系，孔深5mm，试编制其铣削加工宏程序。

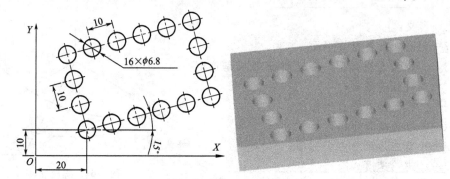

图3-60 矩形框式点阵孔系

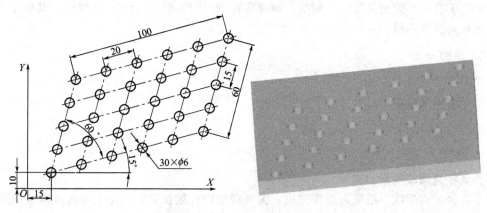

图3-61 平行四边形网式点阵孔系的加工（一）

2. 铣削加工图 3-61 所示为平行四边形网式点阵孔系，孔深 20mm，试编制其加工程序。
3. 铣削加工图 3-62 所示平行四边形框式点阵孔系，孔深 20mm，试编制其加工程序。

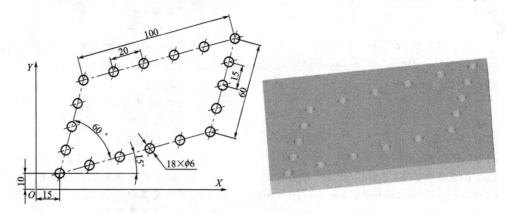

图 3-62　平行四边形网式点阵孔系的加工（二）

3.6.4　大直径内螺纹铣削加工

（1）螺旋插补

虽然螺旋插补不是最常用的编程方法，但它可能是大量非常复杂的加工应用中使用的唯一方法，如螺纹铣削加工、螺旋铣削加工轮廓或螺旋铣削加工斜面等。

XOY 平面的螺旋插补指令格式：

G17 G02/G03 X___ Y___ R___ Z___ F___；

各地址含义：

　　G17——圆弧插补有效平面；

　　G02/G03——圆弧插补类型，顺时针圆弧或是逆时
　　　　　　　针圆弧插补；

　　X，Y——圆弧插补终点坐标值；

　　R——圆弧插补半径；

　　Z——直线运动终点坐标值；

　　F——进给速度。

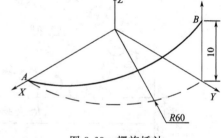

图 3-63　螺旋插补

XOZ、YOZ 平面螺旋插补指令格式与 XOY 平面类似，请自行查阅相关资料。例如，螺旋插补加工图 3-63 所示 A→B 线段，其程序如下。

绝对坐标值编程：

G90 G00 X60.0 Y0 Z0；
G17 G03 X0 Y60.0 R60.0 Z10.0 F200；

相对坐标值编程：

G90 G00 X60.0 Y0 Z0；
G91 G17 G03 X−60.0 Y60.0 R60.0 Z10.0 F200；

（2）大直径内螺纹铣削加工

小直径的内螺纹一般采用丝锥完成，大直径的内螺纹在数控机床上可通过螺纹铣刀铣削完成。螺纹铣刀的寿命是丝锥的十多倍，不仅寿命长，而且对螺纹直径尺寸的控制十分方

便，螺纹铣削加工已逐渐成为螺纹加工的主流方式。

大直径的内螺纹铣刀一般为机夹式，以单刃结构居多，与车床上使用的内螺纹车刀相似。内螺纹铣刀在加工内螺纹时，编程一般不采用半径补偿指令，而是直接对螺纹铣刀刀心进行编程，如果没有特殊需求，应尽量采用顺铣方式。

内螺纹铣刀铣削内螺纹的工艺分析如表 3-13 所示。需要注意的是，单向切削螺纹铣刀只允许单方向切削（主轴 M03），另外机夹式螺纹铣刀适用于较大直径（$D>25$mm）的螺纹加工。

表 3-13 内螺纹铣刀铣削螺纹的工艺分析表

主轴转向	Z 轴移动方向	螺纹种类			
		右旋螺纹		左旋螺纹	
		插补指令	铣削方式	插补指令	铣削方式
主轴正转（M03）	自上而下	G02	逆铣	G03	顺铣
	自下而上	G03	顺铣	G02	逆铣

编程过程中涉及的切削参数及其参数的计算公式如表 3-14 所示。其中，d 为工件外圆的直径，单位 mm，f_z 称为每齿进给量。

表 3-14 切削参数符号及计算公式

切削参数	计算公式	单 位
切削速度 v_c	$v_c = \dfrac{\pi d n}{1000}$	m/min
主轴转速 n	$n = \dfrac{1000 \times v_c}{\pi d}$	r/min
每刃进给 f_z	$f_z = \dfrac{F}{zn}$	mm/z
每分钟进给 v_f	$v_f = F = f_z z n$	mm/min

图 3-64 所示为大直径内螺纹铣削加工的变量模型，其中 D 为螺纹公称直径，D_1 为螺纹

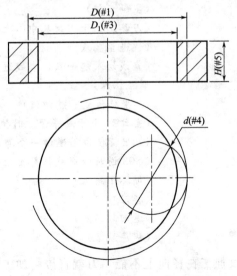

图 3-64 大直径内螺纹铣削加工变量模型

底孔直径，d 为螺纹铣刀直径。螺纹底孔直径 $D_1=D-1.1P$，式中 1.1 为经验值，它的选取与被加工材料等因素有关；P 为螺纹螺距。

【例 3-29】 数控铣削加工图 3-65 所示"M40×2.5"内螺纹，试编制加工宏程序。

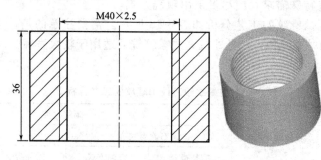

图 3-65 铣削加工内螺纹

解 由图可知该内螺纹为右旋螺纹，选用机夹式单齿内螺纹铣刀自下而上铣削加工。设 G54 工件坐标系原点在工件上平面的螺纹孔中心，编制加工程序如下。

#1=40；	（螺纹公称直径 D 赋值）
#2=2.5；	（螺纹螺距 P 赋值，注意必须与刀具标称的螺距范围相符）
#3=#1-1.1*#2；	（计算螺纹底孔直径 D_1 值）
#4=18；	（螺纹铣刀直径 d 赋值）
#5=36；	（螺纹深度 H 赋值，绝对值）
#6=ROUND[1000*150/[#4*3.14]]；	（根据理论切削速度 $v_c=150$m/min 计算出主轴转速 n，并四舍五入圆整）
#7=0.1*1*#6；	（根据铣刀刃数 $z=1$ 与每刃进给量 $f_z=0.1$ mm/z 计算出铣刀边缘切削刃处的进给速度 F_1）
#8=ROUND[#7*[#1-#4]/#1]；	（由铣刀边缘切削刃处的进给速度 F_1 计算出铣刀中心的进给速度 F_2，并四舍五入圆整）
#9=[#1-#4]/2；	（计算铣刀中心的回转半径）
M03 S#6；	（主轴正转）
G54 G90 G00 X0 Y0 Z30.0；	（刀具定位于螺纹孔中心上方安全高度）
Z-#5；	（快进至孔底）
G01 X#9 Y0 F#8；	（直线切入起始点，直线进刀会出现接刀痕，最好采用圆弧切入）
#30=-#5；	（Z 坐标值变量赋初值）
WHILE[#30LE0]DO1；	（当 #30 小于或等于 0 时执行循环 1）
#30=#30+#2；	（Z 坐标值每圈递增一个螺距）
G03 I-#9 Z#30 F#8；	（G03 逆时针螺旋插补至上一层）
END1；	（循环 1 结束）
G00 Z30.0；	（抬刀）
X0 Y0；	（返回起刀点）
M30；	（程序结束）

注意： 一般情况下螺纹加工在径向上不能一刀就直接精加工到位，而应分若干次切削（通常分 3 次较为适合）。总的单边余量是一定的（[#1-#3]/2），至于每次切削的余量分

配，如果要求很高则要进行必要的计算使余量从大到小合理分配，主要保证最后一刀精加工时的余量控制在较小的合理数值范围（如 0.1～0.15mm 之间），一般情况下操作者可以凭经验给出。具体做法是对程序中的 #1（螺纹公称直径 D）或 #4（螺纹铣刀直径 D_2）进行分次赋值，建议最好固定针对一个变量（如 #1）进行赋值，以利于思路清晰，避免犯错。

思考练习

1. 数控铣削加工图 3-66 所示内螺纹，试编制其加工宏程序。

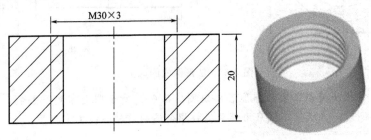

图 3-66 内螺纹的数控铣削加工

2. 图 3-67(a) 所示螺旋槽数控铣削加工变量模型，该螺旋槽由两个螺旋面组成，前半圆为左旋螺旋面，后半圆为右旋螺旋面。螺旋槽中心线直径为 C，螺旋槽最浅处深度 A，最深处深度为 B，槽宽为 D（要求选用直径为 D 的立铣刀加工该螺旋槽），螺旋槽中心 G 点在工件坐标系中坐标值为 (x, y, z)。

螺旋槽的数控铣削加工宏程序调用指令：
G65 P3145 X____ Y____ Z____ A____ B____ C____ F____；

自变量含义：
#24＝X——螺旋槽中心 G 点在工件坐标系中的 X 坐标值；
#25＝Y——螺旋槽中心 G 点在工件坐标系中的 Y 坐标值；
#26＝Z——螺旋槽中心 G 点在工件坐标系中的 Z 坐标值；
#1＝A——螺旋槽最浅处深度值（绝对值）；
#2＝B——螺旋槽最深处深度值（绝对值）；
#3＝C——螺旋槽中心线直径；
#9＝F——进给速度。

宏程序：

O3145；	（宏程序号）
G52 X#24 Y#25 Z#26；	（局部工件坐标系设定）
G00 X[－#3/2] Y0；	（快进到加工起始点上方）
Z2.0；	（快进到工件上表面）
G01 Z－#1 F[#9/2]；	（直线插补下刀）
G17 G03 X[#3/2] Y0 R[#3/2] Z－#2 F#9；	（螺旋插补加工前半圆螺旋槽）
G17 G03 X[－#3/2] Y0 R[#3/2] Z－#1 F#9；	（螺旋插补加工后半圆螺旋槽）
G00 Z20.0；	（退刀）
G52 X0 Y0 Z0；	（取消局部工件坐标系设定）
M99；	（程序结束）

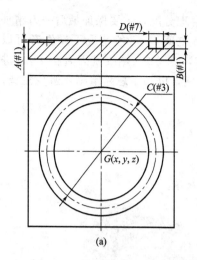
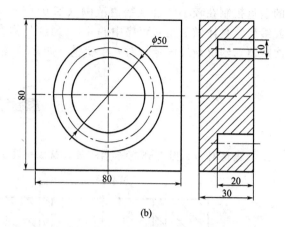

图 3-67 圆形深槽的加工

请问：调用该螺旋槽加工宏程序能否实现图 3-67(b) 所示圆形深槽？若能，试调用宏程序完成加工程序的编制；若不能，试采用螺旋插补指令编制该槽的加工宏程序。

3.7 凹槽类零件铣削加工

3.7.1 圆形凹槽类零件铣削加工

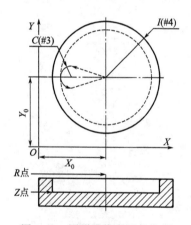

图 3-68 圆形凹槽类零件铣削加工变量模型

【例 3-30】 编制一个同心圆法铣削加工图 3-68 所示圆形凹槽零件的宏程序。

解 假设圆形凹槽零件圆弧中心点的横坐标绝对值为 X_0，纵坐标绝对值为 Y_0，凹槽最终加工深度为 Z，刀具快速接近工件点坐标为 R，圆形凹槽圆弧半径为 I，刀具直径为 D，精加工切入（出）圆半径为 C，切削进给速度为 F。不采用刀具半径补偿加工，图中虚线为精加工时的刀具中心轨迹。

圆形凹槽类零件铣削加工宏程序调用指令：

G65 P3150 X＿＿ Y＿＿ I＿＿ C＿＿ D＿＿ R＿＿ Z＿＿ F＿＿；

自变量含义：

#24＝X——圆形凹槽圆弧中心在工件坐标系中的 X 坐标值；

#25＝Y——圆形凹槽圆弧中心在工件坐标系中的 Y 坐标值；

#4＝I——圆形凹槽圆弧半径；

#3＝C——精加工切入（出）圆半径（注意要求 $C \geq D/2$）；

#7＝D——刀具直径；

#18＝R——R 点的 Z 坐标值；

#26＝Z——Z 点的 Z 坐标值；

#9＝F——进给速度。

宏程序如下：

```
O3150;                              (宏程序号)
G90 G00 X#24 Y#25;                  (刀具移动到工件圆弧中心位置)
G52 X#24 Y#25;                      (设定局部工件坐标系)
Z#18;                               (刀具下降,快进至R点)
G01 Z#26 F[#9/2];                   (直线插补至Z点)
#30=0.6*#7;                         (X坐标值赋初始值,加工步距取0.6倍刀具直径)
#31=#4-#7/2;                        (计算精加工刀具中心轨迹的半径值)
WHILE[#30LT#31]DO1;                 (条件判断,当#30小于#31时执行循环1)
G01 X-#30 Y0 F#9;                   (直线插补至圆弧插补起始点)
G03 I#30;                           (逆时针整圆插补)
#30=#30+0.6*#7;                     (X坐标值增加一个步距)
END1;                               (循环1结束)
G01 X[-#31+#3] Y#3 F#9;             (直线插补至精加工圆弧切入点)
G03 X-#31 Y0 R#3;                   (圆弧切线切入)
I#31 F[#9/2];                       (整圆插补精加工圆形凹槽)
X[-#31+#3] Y-#3 R#3 F[#9*2];        (圆弧切线切出)
G01 X0 Y0;                          (返回圆形凹槽圆弧中心)
G00 G90 Z[#18+50];                  (抬刀,离开工件)
G52 X0 Y0;                          (取消局部工件坐标系)
M99;                                (宏程序结束)
```

【例3-31】 数控铣削加工图3-69所示圆形凹槽零件,圆形凹槽圆弧半径40mm,深5mm,试调用宏程序编制其加工程序。

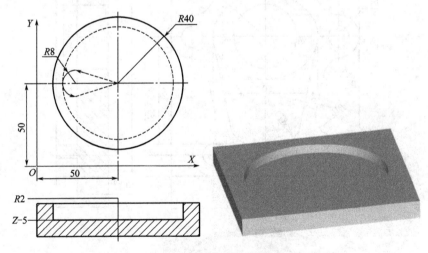

图3-69 圆形凹槽零件加工

解 由图可得,圆形凹槽零件圆弧中心点在工件坐标系中的坐标值为(50,50),凹槽最终加工深度5mm,圆形凹槽圆弧半径为R40mm,选择φ10mm的立铣刀,设R点在工件上表面2mm处,精加工切入(出)圆半径取R8mm,铣削速度200mm/min。编制加工程序如下:

```
O3151;                              (程序号)
G54 G00 X100.0 Y100.0 Z50.0;        (选择G54工件坐标系)
M03 M08 S700;                       (主轴正转,切削液开)
```

```
G65 P3150 X50.0 Y50.0 I40.0 C8.0 D10.0 R2.0 Z-5.0 F200;   （调用宏程序加工圆形凹槽）
G00 Z50.0 M09;                                              （Z向退刀）
X100.0 Y100.0;                                              （返回起刀点）
M05;                                                        （主轴停转）
M30;                                                        （程序结束）
```

思考练习

1. 数控铣削加工图 3-69 所示圆形凹槽零件，圆形凹槽圆弧半径 40mm，深 5mm，试调用宏程序编制其加工程序（要求在 Z 方向分层加工）。

2. 3150 号宏程序实现了圆形凹槽类零件的粗精加工，试仅编制圆形凹槽类零件内侧精加工宏程序。

3. 采用同象限点法铣削加工圆形凹槽类零件时，刀具轨迹如图 3-70 所示（图中细实线），设刀具直径为 D，圆形凹槽半径为 R，深度为 H，刀具轨迹半径递增量为 B，试编制其加工宏程序。

4. 试编制带椭圆曲线的凹槽类零件加工宏程序，并调用宏程序加工图 3-71 所示零件。

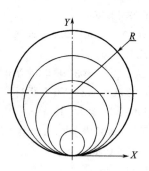

图 3-70 刀具轨迹

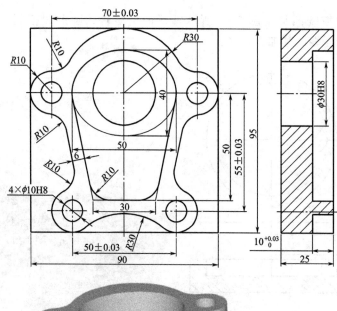

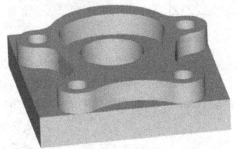

图 3-71 带椭圆曲线凹槽类零件的加工

3.7.2 矩形凹槽类零件铣削加工

【例 3-32】 铣削加工图 3-72 所示矩形凹槽，试编制其精加工宏程序。

解 设矩形凹槽加工长度尺寸为 U，宽度尺寸为 V，圆角半径为 I，深度为 Z，矩形凹槽中心在工件坐标系中的坐标值为 (X_0, Y_0)，刀具半径为 D，刀具快速接近工件后的刀具起始切削安全高度为 R，切入（出）圆弧半径为 C。

矩形凹槽类零件铣削加工宏程序调用指令：

G65 P3160 X___ Y___ U___ V___ I___ C___ R___ Z___ D___ F___ ;

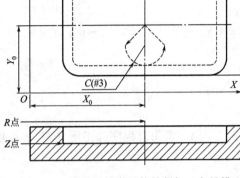

图 3-72 矩形凹槽类零件铣削加工变量模型

自变量含义：

♯24＝X——矩形凹槽中心在工件坐标系中的 X 坐标值；
♯25＝Y——矩形凹槽中心在工件坐标系中的 Y 坐标值；
♯21＝U——矩形凹槽长度；
♯22＝V——矩形凹槽宽度；
♯4＝I——矩形凹槽圆角半径；
♯3＝C——切入（出）圆弧半径（$C \geqslant D/2$）；
♯18＝R——R 点 Z 坐标值；
♯26＝Z——Z 点 Z 坐标值；
♯7＝D——刀具直径（$D \leqslant 2I$）；
♯9＝F——进给速度。

宏程序如下：

O3160 ;   （宏程序号）
IF[♯7GT[2*♯4]]GOTO10 ;   （如果♯7大于"2*♯4"程序跳转至 N10 程序段）
IF[♯3LT[♯7/2]]GOTO10 ;   （如果♯3小于"♯7/2"程序跳转至 N10 程序段）
GOTO20 ;   （无条件转向 N20 程序段）
N10 ♯3000＝1(DATA ERROR) ;   （报警信息"DATA ERROR"）
N20 G90 G00 X♯24 Y♯25 ;   （刀具快进至矩形凹槽中心位置）
G52 X♯24 Y♯25 ;   （设定局部工件坐标系）
G00 Z♯18 ;   （快进至工件上表面 R 点位置）
G01 Z♯26 F♯9 ;   （直线插补至凹槽底部）
X-♯3 Y[-[♯22-♯7]/2+♯3] ;   （直线插补至圆弧切入点）
G03 X0 Y[-[♯22-♯7]/2] R♯3 ;   （圆弧切线切入）
G01 X[♯21/2-♯4] ;   （直线插补加工凹槽）
G03 X[[♯21-♯7]/2] Y[♯4-♯22/2] R[♯4-♯7/2] ;   （圆弧插补加工凹槽）
G01 Y[♯22/2-♯4] ;   （直线插补加工凹槽）

G03 X[#21/2-#4] Y[[#22-#7]/2] R[#4-#7/2];	（圆弧插补加工凹槽）
G01 X[#4-#21/2];	（直线插补加工凹槽）
G03 X[-[#21-#7]/2] Y[#22/2-#4] R[#4-#7/2];	（圆弧插补加工凹槽）
G01 Y[#4-#22/2];	（直线插补加工凹槽）
G03 X[#4-#21/2] Y[-[#22-#7]/2] R[#4-#7/2];	（圆弧插补加工凹槽）
G01 X0;	（直线插补加工凹槽）
G03 X#3 Y[-[#22-#7]/2+#3] R#3;	（圆弧切线切出）
G01 X0 Y0;	（返回矩形凹槽中心）
G00 Z[#18+50];	（刀具抬起，退离工件）
G52 X0 Y0;	（取消局部工件坐标系）
M99;	（程序结束）

【**例 3-33**】 调用宏程序加工图 3-73 所示矩形凹槽零件，粗加工已完成，试编制其精加工程序。

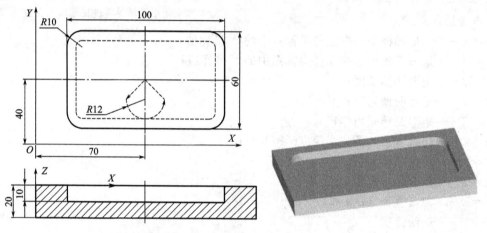

图 3-73 矩形凹槽类零件铣削加工

解 由图 3-73 可得，矩形凹槽中心在工件坐标系中的坐标值为(70，40)，矩形凹槽长 100mm，宽 60mm，圆角半径 R10mm，深度 10mm，设采用直径 φ20mm 的立铣刀加工，切入(出)圆弧半径取 R12mm。编制加工程序如下：

O3161;	（程序号）
G54 G00 X70.0 Y40.0 Z50.0 M08;	（选择 G54 工件坐标系，切削液开）
M03 S700;	（主轴正转）
G65 P3160 X70.0 Y40.0 U100.0 V60.0 I10.0 C12.0 R2.0 Z-10.0 D20.0 F200;	（调用宏程序加工矩形凹槽）
G00 Z50.0 M09;	（返回起刀点，切削液关）
M05;	（主轴停转）
M30;	（程序结束）

1. 3160 号宏程序仅实现了矩形凹槽类零件内侧的精加工，试编制该类零件的粗、精加工宏

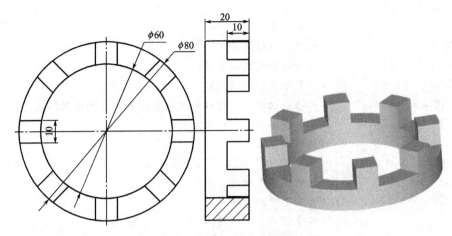

图 3-74 离合器零件齿形的加工

程序,并调用该宏程序粗、精加工图 3-73 所示凹槽。

2. 数控铣削加工图 3-74 所示离合器零件齿形,试编制加工宏程序。

3.7.3 键槽类零件铣削加工

【例 3-34】 采用斜线下刀(渐降斜插)方式加工图 3-75 所示键槽,图 3-75(b)为斜插加工路线。试编制其加工宏程序。

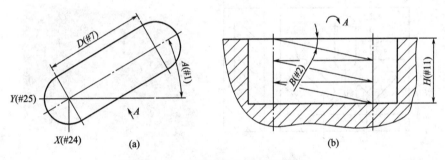

图 3-75 键槽铣削加工变量模型

解 斜线下刀方式加工键槽宏程序调用指令:

G65 P3170 A___ B___ D___ H___ X___ Y___ F___;

自变量含义:

#1=A——键槽中性线与水平轴(X轴)线的夹角,逆时针方向角度为正,反之为负;

#2=B——斜插角度;

#7=D——键槽中心距;

#11=H——键槽深度;

#24=X——键槽加工起始中心在工件坐标系中的X坐标值;

#25=Y——键槽加工起始中心在工件坐标系中的Y坐标值;

#9=F——进给速度。

宏程序如下:

O3170;　　　　　　　　(宏程序号)

```
G90 G00 X#24 Y#25；            （刀具定位）
Z2.0；                          （Z向下刀）
G01 Z0 F200；                   （加工至键槽表面）
G68 X#24 Y#25 R#1；             （坐标旋转模式建立）
#30=TAN[#2]*#7；                （计算每次切削深度）
#31=FUP[#11/#30]；              [根据总切削深度除以每次切削深度计算切削循环次数（上取整）]
#32=#11/#31；                   （计算实际每次切削深度）
#33=0；                         （切削循环次数计数器）
WHILE[#33LT#31]DO1；            （当#33小于#31时执行循环）
#33=#33+1；                     （切削循环次数计数器加1）
G91 G01 X#7 Z-#32 F#9；         （斜线下刀加工键槽）
X-#7；                          （水平进刀加工键槽）
END1；                          （循环1结束）
G00 Z[#11+30]；                 （退离工件上表面）
G90；                           （恢复绝对坐标编程）
G69；                           （坐标旋转模式取消）
M99；                           （子程序结束并返回主程序）
```

【例3-35】 调用宏程序加工图3-76所示3个键槽。

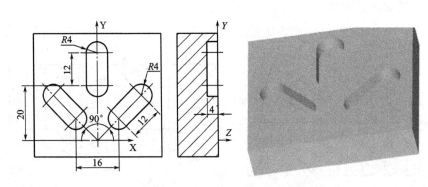

图3-76 键槽加工

解 由图3-76分析可得，3个键槽中心距离均为12mm，键槽深度均为4mm；右部键槽与X轴夹角为45°，起始中心点坐标值(8，8)；中部键槽与X轴夹角为90°，起始中心点坐标值(0，20)；左部键槽与X轴夹角为135°，起始中心点坐标值(-8，8)。取斜插角度为5°，编制加工程序如下。

```
O3171；
G54 G00 X100.0 Y100.0 Z50.0；                         （选择G54工件坐标系）
M03 S600；                                            （主轴转）
G65 P3170 A45.0 B5.0 D12.0 H4.0 X8.0 Y8.0 F200；      （调用宏程序加工右部键槽）
G65 P3170 A90.0 B5.0 D12.0 H4.0 X0 Y20.0 F200；       （调用宏程序加工中部键槽）
G65 P3170 A135.0 B5.0 D12.0 H4.0 X-8.0 Y8.0 F200；    （调用宏程序加工左部键槽）
G00 X100.0 Y100.0 Z50.0；                             （退刀，返回起刀点，关切削液）
M05；                                                 （主轴停转）
M30；                                                 （程序结束）
```

思考练习

数控铣削加工图 3-77 所示 4 个直键槽和 4 个圆弧形键槽(均布, 槽深 3mm), 试分别调用和编制宏程序加工。

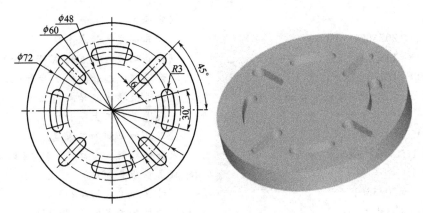

图 3-77 直线槽和圆弧形键槽的加工

3.7.4 阿基米德螺线凹槽类零件铣削加工

阿基米德螺线参数方程式为

$$\begin{cases} R = \alpha T/360 \\ x = R\cos\alpha \\ y = R\sin\alpha \end{cases}$$

式中, R 为阿基米德螺线上旋转角为 α 的点的半径值, T 为螺线螺距, x 和 y 分别为该点在螺线自身坐标系中的 X 和 Y 坐标值。

【例 3-36】 铣削加工图 3-78 所示阿基米德螺线凹槽零件, 试编制该凹槽的加工宏程序。

解 假设阿基米德螺线中心 G 点的坐标值为 (x, y), 螺线螺距为 T, 螺线转过的角度为 α, 铣削加工螺线段起始点角度为 A, 终止点角度为 B, 螺线凹槽宽度为 D, 凹槽最终加工深度为 H (Z 坐标值)。加工螺线时利用方程组采用圆弧插补逼近方法进行加工。

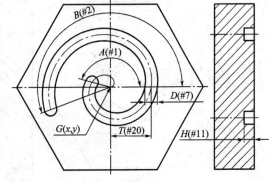

图 3-78 阿基米德螺线凹槽类零件铣削加工变量模型

阿基米德螺线凹槽类零件铣削加工宏程序调用指令:

G65 P3180 X___ Y___ A___ B___ T___ H___ F___ ;

自变量含义:

#24=X——阿基米德螺线中心在工件坐标系中的 X 坐标值;

#25=Y——阿基米德螺线中心在工件坐标系中的 Y 坐标值;

#1=A——加工螺线段起始点角度;

♯2＝B——加工螺线段终止点角度；
♯20＝T——螺线螺距；
♯11＝H——凹槽加工深度；
♯9＝F——进给速度。
宏程序如下：

O3180；   （宏程序号）
♯30＝♯1＊♯20/360；   （计算螺线起始点半径）
♯31＝♯30＊COS[♯1]；   （计算螺线起始点的X坐标值）
♯32＝♯30＊SIN[♯1]；   （计算螺线起始点的Y坐标值）
G00 X[♯31＋♯24] Y[♯32＋♯25]；   （快进至螺线起始点的上方）
Z2.0；   （快进至加工上平面）
G01 Z－♯11 F[♯9/2]；   （刀具加工到加工深度）
WHILE[♯1LT♯2]DO1；   （条件判断，当♯1小于♯2时执行循环1）
♯1＝♯1＋1；   （角步距叠加）
♯30＝♯1＊♯20/360；   （计算加工点的半径）
♯31＝♯30＊COS[♯1]；   （计算加工点的X坐标值）
♯32＝♯30＊SIN[♯1]；   （计算加工点的Y坐标值）
G03 X[♯31＋♯24] Y[♯32＋♯25] R♯30 F♯9；   （圆弧插补法逼近螺线）
END1；   （循环1结束）
G00 Z50.0；   （刀具快速抬起离开工件）
M99；   （程序结束）

【例 3-37】 数控铣削加工图 3-79 所示阿基米德螺线凹槽，试调用宏程序完成该凹槽的加工程序编制。

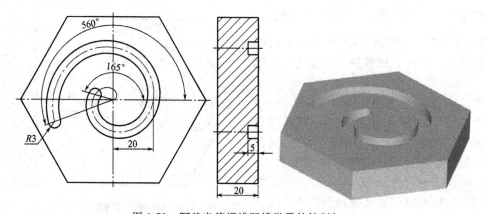

图 3-79 阿基米德螺线凹槽类零件铣削加工

解 设 G54 工件坐标系原点在工件上表面的阿基米德螺线中心上。由图可得，螺线螺距为 20mm，加工螺线段起始点角度为 165°，终止点角度为 560°，凹槽宽度 6mm，深度 5mm，选择 φ6mm 键槽立铣刀加工，编制加工程序如下。

O3181；   （程序号）
G54 G00 X100.0 Y100.0 Z50.0；   （选择 G54 工件坐标系）
M03 S800；   （主轴正转，切削液开）
G65 P3180 X0 Y0 A165.0 B560.0 T20.0 H5.0 F150； （调用宏程序加工凹槽）

```
G00 Z50.0;                         (退离工件)
X100.0 Y100.0;                     (返回起刀点)
M05;                               (主轴停转)
M30;                               (程序结束)
```

 思考练习

1. 若要求 Z 向分层铣削加工图 3-79 所示阿基米德螺线凹槽，试调用宏程序完成该凹槽的加工程序编制。

2. 数控铣削加工图 3-80 所示等速螺线凸轮外轮廓，O3182 宏程序分别对上下对称的两段螺线编程完成加工，先填空完成下表，然后仔细阅读加工宏程序后填写注释内容。

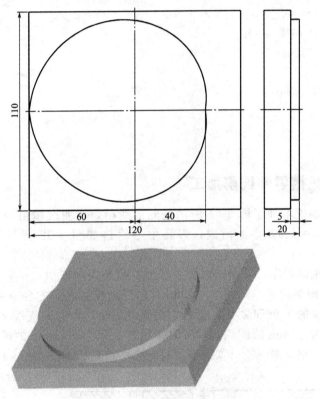

图 3-80　等速螺线凸轮外轮廓的加工

提示：注意本程序中计算 R、X、Y 值和角度选取与例题程序的区别。图中上半段螺线角度为 $0°\sim180°$，半径从 $40\sim60$mm 增加了 20mm，因此程序中 $20/180°$ 为每度半径的变化量。

条件	起始角度	终止角度	起始半径	终止半径
上半段螺线	0°		40	
下半段螺线	180°		60	

```
O3182;
G54 G00 X100.0 Y100.0 Z50.0;
M03 S1500;
```

```
Z-5.0;
G42 X45.0 Y0 D01;
G01 X40.0 F120;
  #1=0;                          (                    )
N10 #2=20/180*#1;                (                    )
  #3=[40+#2]*COS[#1];            (                    )
  #4=[40+#2]*SIN[#1];            (                    )
G01 X#3 Y#4 F150;
  #1=#1+1;
  IF[#1LE180]GOTO10;             (                    )
  #5=180;                        (                    )
N20 #6=20/180*#5;                (                    )
  #7=[80-#6]*COS[#5];            (                    )
  #8=[80-#6]*SIN[#5];            (                    )
G01 X#7 Y#8 F150;                (                    )
  #5=#5+1;                       (                    )
  IF[#5LE360]GOTO20;             (                    )
G00 Z50.0;
G40 X100.0 Y100.0;
M30;
```

3.7.5 空间曲线槽零件铣削加工

【例 3-38】 数控铣削加工图 3-81 所示空间曲线槽,该曲线槽由一个周期的两条正弦曲线 $y=25\sin\theta$ 和 $z=5\sin\theta$ 叠加而成,刀具中心轨迹如图 3-82 所示。试编制其加工宏程序。

解 为了方便编制程序,采用粗微分方法忽略插补误差来加工,即以 X 为自变量,取相邻两点间的 X 向距离相等,间距为 0.2mm,然后用正弦曲线方程 $y=25\sin\theta$ 和 $z=5\sin\theta$ 分别计算出各点对应的 Y 值和 Z 值,进行空间直线插补,以空间直线来逼近空间曲线。正弦空间曲线槽槽底为 R4mm 的圆弧,加工时采用球半径为 SR4mm 的球头铣刀在一平面实体零件上铣削出这一空间曲线槽。加工该空间曲线槽的变量处理如表 3-15 所示。

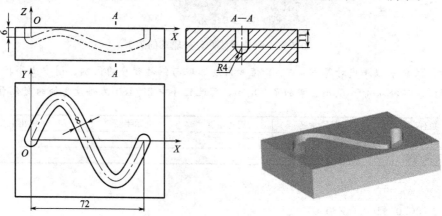

图 3-81 正弦曲线槽铣削加工

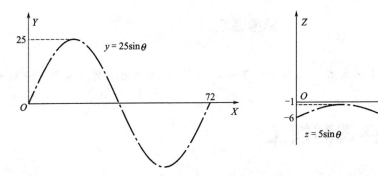

图 3-82 正弦曲线 $y=25\sin\theta$ 和 $z=5\sin\theta$

表 3-15 空间曲线槽加工变量处理表

序号	变量选择	变量表示	宏变量
1	选择自变量	x	#24
2	确定定义域	[0,72]	
3	用自变量表示因变量的表达式	$\begin{cases}\theta=\dfrac{360x}{72}\\ y=25\sin\theta\\ z=5\sin\theta\end{cases}$	#30=360*#24/72 #25=25*SIN[#30] #26=5*SIN[#30]

注意：正弦曲线一个周期（360°）对应的 X 轴长度为 72mm，因此任意 x 值对应角度 $\theta=\dfrac{360x}{72}$。正弦曲线槽铣削加工宏程序：

```
O3190;                          (宏程序号)
G54 G00 X100.0 Y100.0 Z50.0;    (选择 G54 工件坐标系)
M03 S1000;                      (主轴正转)
X0 Y0;                          (加工起点上平面定位,切削液开)
#11=1;                          (加工深度 Z 坐标值赋初值)
WHILE [#11LE6] DO1;             (条件判断,当#11 小于或等于 6 时执行循环 1)
G01 Z-#11 F[#9/2];              (直线插补切削至加工深度)
#24=0;                          (X 值赋初值)
  WHILE [#24LT72] DO2;          (条件判断,当#24 小于 72 时执行循环 2)
  #24=#24+0.2;                  (X 值加增量)
  #30=360*#24/72;               (计算对应的角度值)
  #25=25*SIN[#30];              (计算 Y 坐标值)
  #26=5*SIN[#30]-#11;           (计算 Z 坐标值)
  G01 X#24 Y#25 Z#26 F250;      (切削空间直线逐段逼近空间曲线)
  END2;                         (循环 2 结束)
G00 Z30.0;                      (Z 向退刀)
X0 Y0;                          (加工起点上平面定位)
#11=#11+2.5;                    (加工深度递增)
END1;                           (循环 1 结束)
G00 Z50.0;                      (Z 向退刀,冷却液关)
X100.0 Y100.0;                  (返回起刀点)
M05;                            (主轴停)
M30;                            (程序结束)
```

思考练习

在程序 3190 中，加工曲线槽时在 Z 向分了几层加工？每一层加工起点的 Z 坐标值分别为多少？

3.8 球面类零件铣削加工

3.8.1 凸球面类零件铣削加工

(1) 凸球面加工刀具

如图 3-83 所示，凸球面加工使用的刀具可以选用立铣刀或球头铣刀。一般来说，凸球面粗加工可以使用立铣刀（或键槽铣刀），精加工应使用球头铣刀以保证表面加工质量。

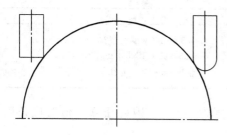

图 3-83 球面加工刀具

(2) 凸球面加工走刀路线

一般使用一系列水平面截球面所形成的同心圆来完成走刀。在进刀控制上有从上向下进刀和从下向上进刀两种，一般应使用从下向上进刀来完成加工，此时主要利用铣刀侧刃切削，表面质量较好，端刃磨损较小，同时切削力将刀具向欠切方向推，有利于控制加工尺寸。采用从下向上进刀来完成加工时，先在半球底部铣整圆，之后 Z 轴抬高并改变上升后整圆的半径。

(3) 进刀控制算法

进刀点的计算主要有两种方法，如图 3-84 所示，一种计算方法是先根据允许的加工误差和表面粗糙度，确定合理的 Z 向进刀量，再根据给定加工深度 Z 计算处加工圆的半径 $r=\sqrt{R^2-z^2}$，这种算法走刀次数较多，另一种计算方法是先根据允许的加工误差和表面粗糙度，确定两相邻进刀点相对球心的角度增量，再根据角度计算进刀点的 r 和 z 值，即

$$z=R\sin\theta, \quad r=R\cos\theta$$

(4) 刀具轨迹处理

采用立铣刀加工凸球面时，如图 3-85(a) 所示，曲面加工是刀尖完成的，当刀尖沿圆弧运动时，其刀具中心运动轨迹也是同一行径的圆弧，只是位置相差一个刀具半径。

采用球头刀加工时如图 3-85(b) 所示，曲面加工是球刃完成的，其刀具中心是球面的同心球面，半径相差一个刀具半径。

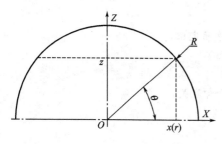

图 3-84 进刀控制算法示意图

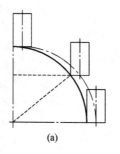

图 3-85 刀具加工轨迹

【例 3-39】 数控铣削加工图 3-86 所示凸半球,G54 工件坐标系原点设在球心,试编制其精加工宏程序。

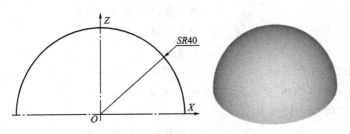

图 3-86 半球铣削加工

解 凸球面精加工变量处理如表 3-16 所示,分别选择 φ12mm 的立铣刀和球头铣刀从下向上进刀来完成加工。

表 3-16 凸球面加工变量处理表

加工刀具	序号	变量选择	变量表示	宏变量
立铣刀	1	选择自变量	θ	#30
	2	确定定义域	$[0°, 90°]$	
	3	用自变量表示的因变量的表达式	$\begin{cases} x = R\cos\theta + D/2 \\ z = R\cos\theta \end{cases}$	#24 = 40 * COS[#30] + #7/2 #26 = 40 * SIN[#30]
球头刀	1	选择自变量	θ	#30
	2	确定定义域	$[0°, 90°]$	
	3	用自变量表示的因变量的表达式	$\begin{cases} x = (R+D/2)\cos\theta \\ z = (R+D/2)\sin\theta \end{cases}$	#24 = [40 + #7/2] * COS[#30] #26 = [40 + #7/2] * SIN[#30]

① 采用立铣刀精加工凸球面。程序如下。

```
G54 G00 X100.0 Y100.0 Z100.0;      (选择 G54 工件坐标系)
M03 S1000;                          (主轴正转)
Z0;                                 (刀具下降至加工平面)
X50.0 Y0;                           (快进接近加工起点)
#7 = 12;                            (刀具直径赋值)
#30 = 0;                            (加工角度赋初值)
  WHILE[#30LE90]DO1;                (当角度小于或等于 90°时执行循环 1)
  #24 = 40 * COS[#30] + #7/2;       (计算 X 坐标值)
  #26 = 40 * SIN[#30];              (计算 Z 坐标值)
  G01 X#24 Z#26 F300;               (直线插补至切削圆的起始点)
  G02 I-#24;                        (圆弧插补加工水平面截球面)
  #30 = #30 + 0.5;                  (角度递增)
  END1;                             (循环 1 结束)
G00 Z100.0;                         (抬刀)
X100.0 Y100.0;                      (返回起刀点)
M05;                                (主轴停)
M30;                                (程序结束)
```

② 采用球头刀精加工凸球面。程序如下。

```
G54 G00 X100.0 Y100.0 Z100.0;      (选择 G54 工件坐标系)
```

```
M03 S1000；                          （主轴正转）
Z0；                                （刀具下降至加工平面）
X50.0 Y0；                          （快进接近工件加工起点）
#7=12；                             （刀具直径赋值）
#30=0；                             （角度赋初值）
  WHILE[#30LE90]DO1；               （当#30小于或等于90°时执行循环1）
  #24=[40+#7/2]*COS[#30]；          （计算X坐标值）
  #26=[40+#7/2]*SIN[#30]；          （计算Z坐标值）
  G01 X#24 Z#26 F300；              （直线插补至切削圆的起始点）
  G02 I-#24；                       （圆弧插补加工水平面截球面）
  #30=#30+0.5；                     （角度递增）
  END1；                            （循环1结束）
G00 Z100.0；                        （抬刀）
X100.0 Y100.0；                     （返回起刀点）
M05；                               （主轴停）
M30；                               （程序结束）
```

③ 采用球头刀螺旋铣削精加工凸球面。程序如下。

```
G54 G00 X100.0 Y100.0 Z100.0；      （选择G54工件坐标系）
M03 S1000；                          （主轴正转）
Z0；                                （刀具下降至加工平面）
X50.0 Y0；                          （快进接近加工起点）
#7=12；                             （刀具直径赋值）
#30=0；                             （角度赋初值）
G01 X[40+#7/2] F300；               （直线插补至切削起点）
  WHILE[#30LT90]DO1；               （当#30小于90°时执行循环1）
  #30=#30+0.5；                     （角度递增）
  #24=[40+#7/2]*COS[#30]；          （计算X坐标值）
  #26=[40+#7/2]*SIN[#30]；          （计算Z坐标值）
  G17 G02 X#24 I-#24 Z#26 F300；    （螺旋插补加工）
  END1；                            （循环1结束）
G00 Z100.0；                        （抬刀）
X100.0 Y100.0；                     （返回起刀点）
M05；                               （主轴停）
M30；                               （程序结束）
```

【例3-40】 数控铣削加工凸球面，试编制用于G65调用的加工宏程序。

解 如图3-87所示，设球半径为R，球高度为H，球心G在工件坐标系中的坐标值(x, y, z)，加工刀具分别为立铣刀和球头刀，刀具直径为D。立铣刀加工宏程序号为O3201，球头刀加工宏程序号为O3202，球头刀螺旋铣削加工宏程序号为O3203。

球面加工宏程序调用指令：

G65 P___ X___ Y___ Z___ R___ D___ H___ Q___ F___ ；

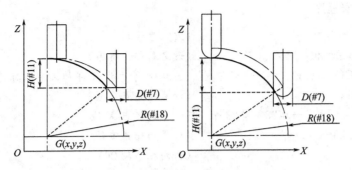

图 3-87 立铣刀和球头刀加工球面变量模型

自变量含义：

♯24＝X——球心 G 在工件坐标系中的 X 坐标值；
♯25＝Y——球心 G 在工件坐标系中的 Y 坐标值；
♯26＝Z——球心 G 在工件坐标系中的 Z 坐标值；
♯18＝R——球半径；
♯7＝D——刀具直径；
♯11＝H——球高（绝对值）；
♯17＝Q——角度增量，（°）；
♯9＝F——进给速度。

立铣刀加工宏程序：

O3201；   （宏程序号）
G52 X♯24 Y♯25 Z♯26；   （设定局部坐标系）
IF[♯18EQ♯11]GOTO10；   （当♯18 等于♯11 即加工半球时转向程序段 10）
♯28＝♯18－♯11；   （计算初始点 Z 值）
♯29＝SQRT[♯18＊♯18－♯28＊♯28]；   （计算初始点 X 值）
♯30＝ATAN[[♯18－♯11]/♯29]；   （计算初始角度值）
GOTO20；   （转向程序段 20）
N10 ♯30＝0；   （初始角度赋值为 0°）
N20 ♯31＝♯18＊COS[♯30]＋♯7/2；   [X 坐标值（切削圆半径）赋初值]
♯32＝♯18＊SIN[♯30]；   （Z 坐标值赋初值）
G00 X[♯31＋10.0] Y0；   （快进至下刀平面）
Z♯32；   （下刀至切削开始平面）
WHILE[♯30LE90]DO1；   （条件判断，当♯30 小于或等于 90°时执行循环 1）
G01 X♯31 Z♯32 F♯9；   （直线插补至切削圆的起始点）
G02 I－♯31；   （圆弧插补加工水平面截球面）
♯30＝♯30＋♯17；   （角度加增量）
♯31＝♯18＊COS[♯30]＋♯7/2；   （计算 X 坐标值）
♯32＝♯18＊SIN[♯30]；   （计算 Z 坐标值）
END1；   （循环 1 结束）
G00 Z100.0；   （Z 向退刀）
G52 X0 Y0 Z0；   （取消局部工件坐标系）
M99；   （程序结束）

球头刀加工宏程序：

O3202；	（宏程序号）
G52 X#24 Y#25 Z#26；	（设定局部坐标系）
IF[#18EQ#11]GOTO10；	（当#18等于#11即加工半球时转向程序段10）
#28=#18-#11；	（计算初始点Z值）
#29=SQRT[#18*#18-#28*#28]；	（计算初始点X值）
#30=ATAN[[#18-#11]/#29]；	（计算初始角度值）
GOTO20；	（转向程序段20）
N10 #30=0；	（初始角度赋值为0°）
N20 #31=[#18+#7/2]*COS[#30]；	[X坐标值(切削圆半径)赋初值]
#32=[#18+#7/2]*SIN[#30]；	（Z坐标值赋初值）
G00 X[#31+10.0] Y0；	（快进至下刀平面）
Z#32；	（下刀至切削开始平面）
WHILE[#30LE90]DO1；	（条件判断，当#30小于或等于90°时执行循环1）
G01 X#31 Z#32 F#9；	（直线插补至切削圆的起始点）
G02 I-#31；	（圆弧插补加工水平面截球面）
#30=#30+#17；	（角度加增量）
#31=[#18+#7/2]*COS[#30]；	（计算X坐标值）
#32=[#18+#7/2]*SIN[#30]；	（计算Z坐标值）
END1；	（循环1结束）
G00 Z100.0；	（Z向退刀）
G52 X0 Y0 Z0；	（取消局部工件坐标系）
M99；	（程序结束）

球头刀螺旋铣削加工宏程序：

O3203；	（宏程序号）
G52 X#24 Y#25 Z#26；	（设定局部坐标系）
IF[#18EQ#11]GOTO10；	（当#18等于#11即加工半球时转向程序段10）
#28=#18-#11；	（计算初始点Z值）
#29=SQRT[#18*#18-#28*#28]；	（计算初始点X值）
#30=ATAN[[#18-#11]/#29]；	（计算初始角度值）
GOTO20；	（转向程序段20）
N10 #30=0；	（初始角度赋值为0°）
N20 #31=[#18+#7/2]*COS[#30]；	[X坐标值(切削圆半径)赋初值]
#32=[#18+#7/2]*SIN[#30]；	（Z坐标值赋初值）
G00 X[#31+10.0] Y0；	（快进至下刀平面）
Z#32；	（下刀至切削开始平面）
G01 X#31 F#9；	（直线插补至切削圆的起始点）
WHILE[#30LT90]DO1；	（条件判断，当#30小于或等于90°时执行循环1）
#30=#30+#17；	（角度加增量）
#31=[#18+#7/2]*COS[#30]；	（计算X坐标值）
#32=[#18+#7/2]*SIN[#30]；	（计算Z坐标值）

```
G17 G02 X#31 Y0 I-#31 Z#32 F#9;         (螺旋插补加工)
END1;                                    (循环1结束)
G00 Z100.0;                              (Z向退刀)
G52 X0 Y0 Z0;                            (取消局部工件坐标系)
M99;                                     (程序结束)
```

【例3-41】 调用宏程序编制图3-86所示球半径SR40mm的半球的铣削加工程序，外形已初加工至尺寸φ80mm×40mm。

解 由图可知球半径为SR40mm，球高40mm，球心在工件坐标系中的坐标值为（0，0，0）。采用φ12mm的立铣刀和φ12mm的球头刀分别对半球进行粗精加工。编制加工程序如下。

```
O3204;                                          (程序号)
G54 G00 X100.0 Y100.0 Z100.0;                   (选择工件坐标系，快进至起刀点)
M03 S1000;                                      (主轴正转)
M08;                                            (切削液开)
G65 P3201 X0 Y0 Z0 R46.0 D12.0 H46.0 Q3.0 F700; (调用宏程序粗加工至SR46mm)
G65 P3201 X0 Y0 Z0 R40.5 D12.0 H40.5 Q2.0 F500; (调用宏程序半精加工至SR40.5mm)
G28 Z100.0;                                     (返回参考点)
T02 M06;                                        (换2#φ12mm的球头刀)
G00 G43 Z100.0 H02;                             (刀具长度补偿建立)
M03 S1200;                                      (主轴正转)
M08;                                            (切削液开)
G65 P3202 X0 Y0 Z0 R40.0 D12.0 H40.0 Q0.5 F300; (调用宏程序精加工)
G49 Z100.0 M09;                                 (刀具长度补偿取消)
G00 X100.0 Y100.0;                              (返回起刀点)
M05;                                            (主轴停转)
M30;                                            (程序结束)
```

思考练习

一、简答题

1. 采用立铣刀或球刀加工半球面，若进行半径补偿加工，请问其半径补偿值是否均为一恒定值？若不是恒定值，请用表达式表示出不同位置的半径补偿值。

2. 仔细阅读采用φ12mm球头刀精加工图3-86所示凸半球的部分加工程序，然后思考其加工思路与本节例题是否相同？

```
#18=40;                              (球半径赋值)
#7=12;                               (刀具直径赋值)
#1=90;                               (加工角度赋初值)
N10 #1=#1-1;                         (角度递减)
#24=[#18+#7/2]*COS[#1];              (计算X坐标值)
#25=[#18+#7/2]*SIN[#1];              (计算Y坐标值)
```

```
G17 G02 X#24 Y#25 R[#18+#7/2] F200;        (圆弧插补到切削起点)
G18 G02 X-#24 R#24;                         (XZ 平面圆弧插补)
G18 G03 X#24 R#24 F500;                     (XZ 平面圆弧插补原路返回)
IF[#1GT-90]GOTO10;                          (条件判断)
```

3. 仔细阅读下面采用 φ12mm 球头刀粗加工图 3-86 所示凸半球的部分加工程序（坯料 80mm×80mm×40mm，工件原点设在球心），然后判断该粗加工程序加工刀轨形式是等高铣削、曲面铣削、曲线铣削或插式铣削？

```
#1=40;                                      (球半径赋值)
#2=12;                                      (球头刀直径赋值)
#3=#2*0.6;                                  (加工步距及行距赋值，取 0.6 倍刀具直径)
#30=#1-#3;                                  (Y 坐标值赋初值)
G00 Z[#1+#2/2+2];                           (快进到工件上表面)
N10 G00 Y#30;                               (Y 向定位)
#31=#1+#2/2;                                (计算球半径加刀具半径值)
#32=SQRT[#31*#31-#30*#30];                  (计算该行的圆弧半径)
#40=#1-#3;                                  (X 坐标值赋初值)
N20 IF[ABS[#40]GE#32]THEN#41=0;             (条件判断，若不是加工球面，令 Z 坐标值为 0)
IF[ABS[#40]LT#32]THEN#41=SQRT
[#32*#32-#40*#40];                          (条件判断，若是加工球面，则计算 Z 坐标值)
G00 X#40;                                   (X 向定位)
G01 Z#41 F150;                              (插铣加工球面)
G00 Z[#1+#2/2+2];                           (抬刀)
#40=#40-#3;                                 (X 坐标值递减)
IF[#40GT[-#1]]GOTO20;                       (X 向终点判断)
#30=#30-#3;                                 (Y 坐标值递减)
IF[#30GT[-#1]]GOTO10;                       (Y 向终点判断)
```

二、编程题

1. 调用宏程序加工图 3-88 所示球半径为 SR50mm 的凸球面，球面高 20mm，球心在工件坐标系中的坐标值为 (10, 20, 30)，试编制该凸球面加工程序。

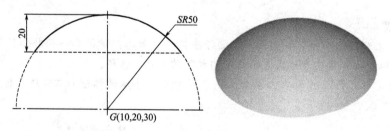

图 3-88 凸球面的加工

2. 试调用宏程序编制图 3-89 所示凸球面的精加工。

3. 本节加工凸球面的例题均采用了以角度为自变量，能否采用某一坐标值为自变量编程加工？若能，试编制采用坐标值为自变量的加工宏程序。

4. 数控铣削加工图 3-90 所示凸球面，试编制其加工宏程序。

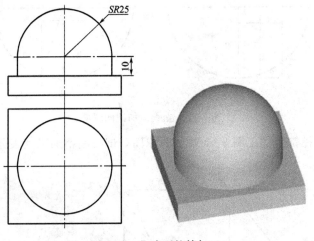

图 3-89　凸球面的精加工

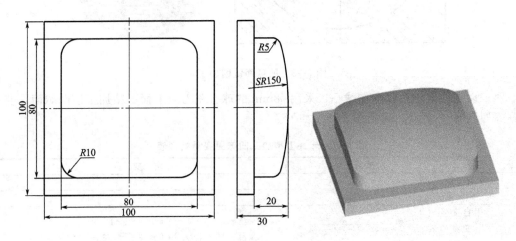

图 3-90　含凸球面零件的加工

3.8.2　凹球面类零件铣削加工

凹球面数控铣削加工可选用立铣刀或球头铣刀加工，采用立铣刀和球头铣刀的刀具轨迹分别如图 3-91(a)、(b) 所示。

由于立铣刀加工内球面与球头刀加工凹球面相比，效率较高，质量较差，并且无法加工凹球面顶部。图 3-92(a) 所示阴影部分为过切区域，为保证不过切，可加工至凹球面上的 A 点 [图 3-92(b)]，所以可选择立铣刀粗加工凹球面，然后采用球头刀精加工。

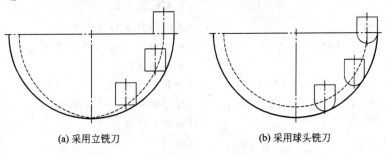

(a) 采用立铣刀　　　　　　　　(b) 采用球头铣刀

图 3-91　立铣刀和球头刀加工凹球面刀具轨迹

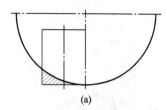
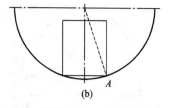

(a)　　　　　　　　　　　　(b)

图 3-92　立铣刀加工凹球面

【例 3-42】 数控铣削加工图 3-93 所示凹球面，试编制精加工其表面的宏程序。

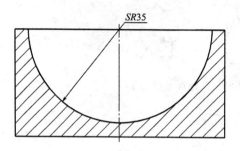

图 3-93　凹球面铣削加工

解　设工件坐标系原点在球心，采用 φ8mm 的球头铣刀至上而下精加工该凹球面，变量处理表如表 3-17 所示，编制加工程序如下。

表 3-17　球头刀精加工凹球面变量处理表

序号	变量选择	变量表示	宏　变　量
1	选择自变量	X	#24
2	确定定义域	[31,0]	
3	用自变量表示因变量的表达式	$z=\sqrt{(R-r)^2-x^2}$	#26=SQRT[[#18−#7/2]*[#18−#7/2]−#24*#24]

```
G54 G00 X0 Y0 Z50.0；          (选择G54工件坐标系)
M03 S1000；                     (主轴正转)
Z0；                            (刀具下降至加工平面)
X25.0；                         (接近切削起点)
#7=8；                          (将刀具直径赋值给#7)
#18=35；                        (将凹球直径赋值给#18)
#30=#18−#7/2；                  (计算球半径减去刀半径，即R−r)
#24=#30；                       (X值赋初值)
G01 X#24 F300；                 (直线插补至切削起点)
   WHILE[#24GT0]DO1；           (当#24大于0时执行循环1)
   #24=#24−0.2；                (X值递减)
   #26=SQRT[#30*#30-#24*#24]；  (计算Z坐标值)
   G17 G02 X#24 I−#24 Z−#26 F300； (螺旋插补加工凹球面)
   END1；                       (循环1结束)
G00 Z50.0；                     (抬刀)
M30；                           (程序结束)
```

【例 3-43】 编制一个 G65 调用用于立铣刀加工凹球面的宏程序。

解 数控铣削加工图 3-94 所示凹球面,球半径为 R,球高度为 H,球心 G 在工件坐标系中的坐标值为 (x, y, z),选择直径为 D 的立铣刀从下向上进刀来完成凹球面的加工,变量处理如表 3-18 所示。

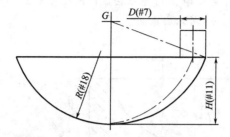

图 3-94 凹球面铣削加工变量模型

表 3-18 立铣刀加工凹球面变量处理表

序号	变量选择	变量表示	宏 变 量
1	选择自变量	Z	#30
2	确定定义域		
3	用自变量表示因变量的表达式	$x = \sqrt{R^2 - z^2} - \dfrac{D}{2}$	#31=SQRT[#18*#18−#30*#30]−#7/2

立铣刀铣削加工凹球面宏程序调用指令:

G65 P3210 X___ Y___ Z___ R___ H___ D___ Q___ F___ ;

自变量含义:

#24=X——球心 G 在工件坐标系中的 X 坐标值;
#25=Y——球心 G 在工件坐标系中的 Y 坐标值;
#26=Z——球心 G 在工件坐标系中的 Z 坐标值;
#18=R——球半径;
#11=H——球高(绝对值);
#7=D——刀具直径;
#17=Q——Z 坐标增量;
#9=F——进给速度。

宏程序:

O3210;	
G00 X#24 Y#25 Z[#26+5];	(快进至凹球面上表面)
#30=SQRT[#18*#18−#7*#7/4];	(Z 赋初值)
G01 Z[−#30+#26] F#9;	(直线插补至底部加工起点)
WHILE[#30GT[#18−#11]]DO1;	(当 Z 值大于 $R-H$ 时执行循环 1)
#30=#30−#17;	(Z 值递减)
#31=SQRT[#18*#18−#30*#30]−#7/2;	(计算 X 坐标值)
G01 X[#31+#24] Z[−#30+#26] F#9;	(直线插补至圆弧加工起点)
G02 I−#31;	(圆弧插补加工球截面)
END1;	(循环 1 结束)
G00 Z[#26+20];	(抬刀)
M99;	(程序结束,返回主程序)

思考练习

1. 试编制一个 G65 调用用于采用球头铣刀加工凹球面的宏程序，然后调用分别调用立铣刀和球头刀加工凹球面的宏程序完成图 3-93 所示凹球面的粗精加工。
2. 试调用宏程序加工图 3-95 所示凹球面。

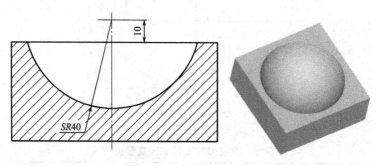

图 3-95 凹球面的加工

3.8.3 椭球面类零件铣削加工

如图 3-96 所示，半椭球半轴长分别为 a、b、c，方程为

$$\frac{x^2}{a^2}+\frac{y^2}{b^2}+\frac{z^2}{c^2}=1$$

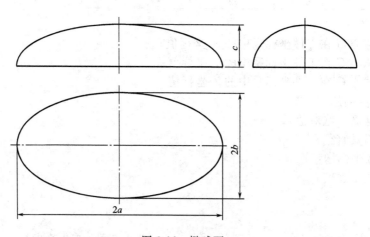

图 3-96 椭球面

椭球的特征之一是任一平面与椭球面的交线均为椭圆（特殊情况下为圆）。

图 3-97 所示为在某一 Z 轴高度上用 XOY 平面截椭球截得的椭圆（图中细实线，所在高度用 z 表示，椭圆半轴分别用 a'、b' 表示），由图可得 a'、b' 和 z 的计算式为：

$$\begin{cases} a'=a\cos\theta \\ b'=b\cos\theta \\ z=c\sin\theta \end{cases}$$

式中，θ 为截平面与 XOZ 平面上椭圆对应的截面椭圆的交点所对应的角度。宏程序中可以 θ 值的递增来改变截面 Z 轴高度。

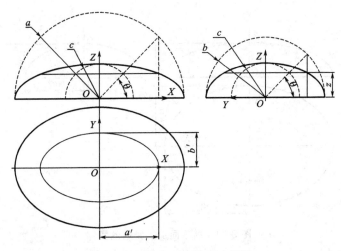

图 3-97 椭球几何关系示意图

数控铣削加工椭球面时,可选择球头刀或立铣刀采用从下往上或从上往下在 Z 轴上分层铣削的加工路线完成椭球面的加工,即刀具先定位到某一 Z 值高度的 XOY 平面,在 XOY 平面内走一个椭圆,该椭圆为用 XOY 平面截椭球得到的截面形状,然后将刀具在 Z 轴方向提升(降低)一个高度,刀具在这个 Z 轴高度上再加工一个用 XOY 平面截椭球得到的新椭圆截面,如此不断重复,直到加工完整个椭球。图 3-98(a)、(b) 所示分别为球头刀和立铣刀加工椭球面时的刀具中心轨迹与椭球面的关系示意图。

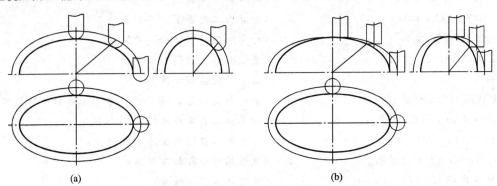

(a)   (b)

图 3-98 球头刀和立铣刀加工椭球面刀具中心轨迹示意图

【例 3-44】 编制一个 G65 调用用于采用立铣刀数控铣削加工椭球面的宏程序。

解 椭球面加工变量模型如图 3-99 所示,编制宏程序如下。

立铣刀数控铣削加工半椭球面宏程序调用指令:

G65 P3220 A___B___C___D___Q___F___;

自变量含义:

♯1＝A——椭圆半轴长(X 轴方向);
♯2＝B——椭圆半轴长(Y 轴方向);
♯3＝C——椭圆半轴长(Z 轴方向);
♯7＝D——刀具直径;
♯17＝Q——角度增量,(°);
♯9＝F——进给速度。

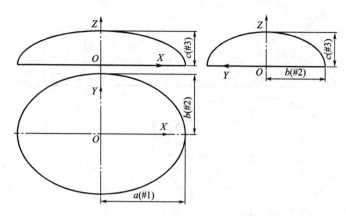

图 3-99 椭球面加工变量模型

宏程序：

O3220；	（宏程序号）
G00 X[♯1＋20] Y0；	（快进至下刀平面）
Z0；	（快进至加工起始平面）
♯34＝0；	（角度计数器赋初值）
WHILE[♯34LE90]DO1；	（条件判断，当♯34小于或等于90°时执行循环1）
♯30＝♯1＊COS[♯34]＋♯7/2；	（计算加工椭圆X向半轴长）
♯31＝♯2＊COS[♯34]＋♯7/2；	（计算加工椭圆Y向半轴长）
♯32＝♯3＊SIN[♯34]；	（计算加工椭圆Z轴高度）
G01 X♯30 Z♯32 F♯9；	（直线插补至椭圆加工平面）
♯35＝0；	（角度计数器赋初值）
WHILE[♯35LE360]DO2；	（条件判断，当♯35小于或等于360°时执行循环2）
♯40＝♯30＊COS[♯35]；	（计算加工椭圆截面的X坐标值）
♯41＝♯31＊SIN[♯35]；	（计算加工椭圆截面的Y坐标值）
G01 X♯40 Y♯41 F♯9；	（直线插补逐段加工椭圆）
♯35＝♯35＋♯17；	（角度计数器加增量）
END2；	（循环2结束）
♯34＝♯34＋♯17；	（角度计数器加增量）
END1；	（循环1结束）
G00 Z[♯3＋50]；	（抬刀）
M99；	（程序结束）

【例3-45】 数控铣削加工图3-100所示半椭球，试调用宏程序精加工该椭球面。

解 由图可知，椭球半轴长分别为$a=50$mm、$b=35$mm、$c=20$mm，采用$\phi10$mm的立铣刀精加工该椭球面。编制加工程序如下：

O3221；	（程序号）
G54 G00 X100.0 Y100.0 Z100.0；	（选择G54工件坐标系）
M03 S1000；	（主轴正转）
G65 P3220 A50.0 B35.0 C20.0 D10.0 Q1.0 F150；	（调用宏程序加工椭球面）

```
G00 Z100.0;                          (抬刀)
X100.0 Y100.0;                       (返回起刀点)
M05;                                 (主轴停转)
M30;                                 (程序结束)
```

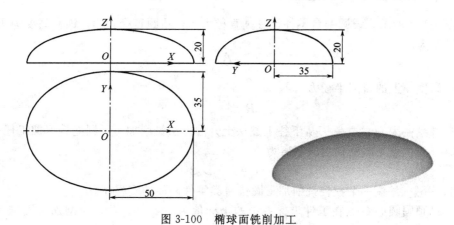

图 3-100　椭球面铣削加工

一、简答题

调用 3220 号宏程序能否实现半球面的加工？若能，如何设定宏程序调用指令中的参数？

二、编程题

1. 试编制采用球头刀加工椭球面用于 G65 调用的宏程序。

2. 试编制采用立铣刀从上往下实现粗、精加工椭球面的宏程序。

3. 数控铣削加工图 3-101 所示半椭球，试编制该椭球面的加工宏程序。

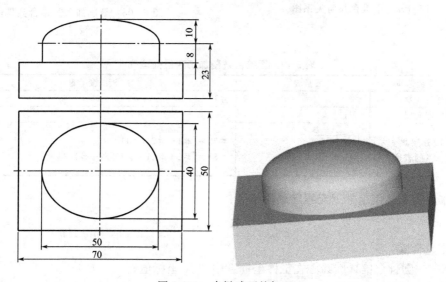

图 3-101　半椭球面的加工

3.9 凸台类零件铣削加工

3.9.1 圆锥台类零件铣削加工

如图 3-102 所示，设圆锥台零件锥底圆直径为 A，顶圆直径为 B，锥台高度为 H，则圆锥台的锥度为

$$c = \frac{A-B}{H}$$

任一高度 h 上的截圆半径为

$$R = \frac{B+hc}{2}$$

若选择直径为 D 的立铣刀从下往上逐层上升的方法铣削加工，则立铣刀加工任一高度 h 的截圆时，刀位点与圆锥轴线的距离为

$$L = R + D/2$$

【例 3-46】 编制一个数控铣削加工圆锥台类零件侧面的宏程序。

解 设顶圆圆心 G 点在工件坐标系中的坐标值为 (x, y, z)，铣削加工圆锥台零件的变量模型如图 3-103 所示，变量处理表见表 3-19。

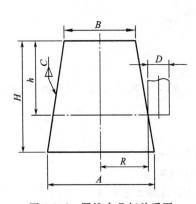

图 3-102 圆锥台几何关系图

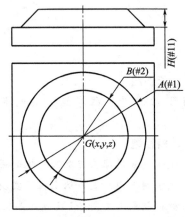

图 3-103 铣削加工圆锥台类零件变量模型

表 3-19 圆锥台铣削加工变量处理表

序号	变量选择	变量表示	宏 变 量
1	选择自变量	h	#11
2	确定定义域	$[H, 0]$	
3	用自变量表示因变量的表达式	$\begin{cases} C = \dfrac{A-B}{H} \\ x = \dfrac{B+hC}{2} + \dfrac{D}{2} \end{cases}$	#30=[#1−#2]/#11 #31=[#2+#11*#30]/2+#7/2

圆锥台类零件铣削加工宏程序调用指令：

G65 P3230 X___ Y___ Z___ A___ B___ H___ D___ F___；

自变量含义：

#24＝X——圆锥台锥顶圆圆心在工件坐标系中的 X 坐标值；

#25＝Y——圆锥台锥顶圆圆心在工件坐标系中的 Y 坐标值；

#26=Z——圆锥台锥顶圆圆心在工件坐标系中的 Z 坐标值；
#1=A——锥底圆直径；
#2=B——锥顶圆直径；
#11=H——圆锥台高度；
#7=D——立铣刀直径；
#9=F——进给速度。
宏程序：

O3230;   （宏程序号）
G52 X#24 Y#25 Z#26;   （局部工件坐标系设定，将工件坐标系平移至锥台顶圆圆心）
G00 X[#1/2+#7/2] Y[#1/2+#7/2+20];   （快进至下刀平面）
Z-#11;   （下刀至锥台底圆平面）
G01 Y0 F#9;   （切线切入）
#30=[#1-#2]/#11;   （计算锥面的锥度）
WHILE[#11GT0]DO1;   （条件判断，当#11大于0时执行循环1）
#11=#11-0.2;   （圆锥台高度递减）
#31=[#2+#11*#30]/2+#7/2;   [计算截圆半径值(X值)]
G17 G02 X#31 I-#31 Z-#11 F#9;   （螺旋插补加工圆锥台）
END1;   （循环结束）
G00 Z50.0;   （退刀）
G52 X0 Y0 Z0;   （取消局部工件坐标系设定）
M99;   （程序结束）

【例 3-47】 数控铣削精加工图 3-104 所示圆锥台侧面，试调用宏程序编制该零件的加工程序。

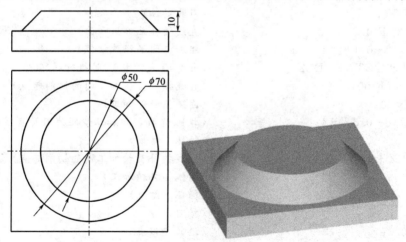

图 3-104 圆锥台铣削加工

解 如图所示，圆锥台底圆直径 $A=70$mm，顶圆直径 $B=50$mm，高度 $H=10$mm，设 G54 工件坐标系原点在圆锥台顶圆圆心，则顶圆圆心在工件坐标系中的坐标值为 (0, 0, 0)，采用 $\phi12$mm 的立铣刀精加工该锥台侧面，编制加工程序如下。

O3231;   （程序号）
G54 G00 X100.0 Y100.0 Z100.0;   （选择 G54 工件坐标系）
M03 S800;   （主轴正转）

```
G65 P3230 X0 Y0 Z0 A70.0 B50.0 H10.0 D12.0 F150;   (调用宏程序精加工圆锥台侧面)
G00 Z100.0;                                         (退刀,关切削液)
X100.0 Y100.0;                                      (返回起刀点)
M05;                                                (主轴停转)
M30;                                                (程序结束)
```

【例 3-48】 数控铣削加工图 3-104 所示圆锥台侧面,已知毛坯是尺寸为 $\phi70\text{mm} \times 10\text{mm}$ 的圆柱(不考虑装夹部分尺寸),试编制其粗精加工宏程序。

解 设工件坐标系原点于工件上表面圆心,采用 $\phi8\text{mm}$ 的立铣刀从上往下逐层加工,编制加工程序如下:

```
O3232;                          (程序号)
G54 G00 X100.0 Y100.0 Z50.0;    (选择 G54 工件坐标系)
M03 S1000;                      (主轴正转)
Z2.0;                           (刀具下降)
#1=50;                          (顶圆直径赋值)
#2=70;                          (底圆直径赋值)
#3=10;                          (锥台高度赋值)
#4=8;                           (刀具直径赋值)
#11=#1*0.5+#4*0.5;              (计算顶圆半径加刀具半径的值)
#12=#2*0.5+#4*0.5;              (计算底圆半径加刀具半径的值)
#13=[#2-#1]*0.5/#3;             (计算锥台斜率)
  #30=0;                        (加工高度赋初值)
  WHILE[#30LT#3]DO1;            (当#30 小于#3 时执行循环 1)
  #30=#30+0.2;                  (#30 递增)
  #31=#11+#13*#30;              (计算精加工圆半径)
  G00 X#12 Y0;                  (刀具定位)
  G01 Z-#30 F100;               (直线插补至加工平面)
    #40=#12-0.1*#4;             (粗加工圆半径赋初值)
    WHILE[#40GT#31]DO2;         (当#40 大于#31 时执行循环 2)
    G01 X#40 F100;              (直线插补至粗加工圆的切削起点)
    G02 I-#40;                  (圆弧插补粗加工)
    #40=#40-0.6*#4;             (#40 递减,粗加工步距为刀具直径的 0.6 倍)
    END2;                       (循环 2 结束)
  G01 X#31 Z-#30 F100;          (直线插补至精加工圆的切削起点)
  G02 I-#31;                    (圆弧插补精加工)
  END1;                         (循环 1 结束)
G00 Z50.0;                      (抬刀)
X100.0 Y100.0;                  (返回起刀点)
M05;                            (主轴停)
M30;                            (程序结束)
```

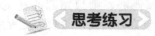

思考练习

一、简答题

1. 调用圆锥台类零件铣削加工宏程序能否实现圆柱类零件侧面的铣削加工?若能,请编制调用宏程序铣削加工 φ80mm×30mm 的圆柱台零件的加工程序。

2. 采用直径为 D 的立铣刀加工顶圆直径为 A、底圆直径为 B、高度为 H 的圆锥台时，能否不考虑刀具半径补偿按加工顶圆直径为 A+D、底圆直径为 B+D、高度为 H 的圆锥台编程加工？为什么？

二、编程题

1. 试调用宏程序完成图 3-104 所示圆锥台侧面的粗精加工程序的编制，已知毛坯尺寸为 80mm×80mm×30mm。

2. 数控铣削加工图 3-105 所示四棱台零件，试编制其加工宏程序。

3. 数控铣削加工图 3-106 所示喇叭形凸台零件的外侧面，试编制其加工宏程序。

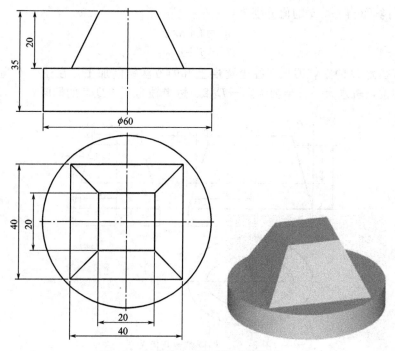

图 3-105 四棱台零件的数控铣削加工

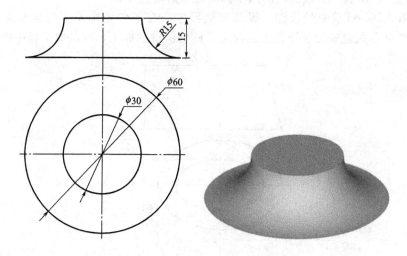

图 3-106 喇叭形凸台零件的外侧面加工

3.9.2 椭圆锥台类零件铣削加工

如图 3-107 所示,设椭圆锥台底部椭圆长、短半轴分别为 A 和 B,顶部椭圆长、短半轴分别为 I 和 J,椭圆锥台高度为 H。由图可得长轴对应锥面的斜率

$$k_1 = \tan\alpha = \frac{A-I}{H}$$

短轴对应锥面的斜率

$$k_2 = \tan\beta = \frac{B-J}{H}$$

在任一 h 高度上用 XOY 平面截椭圆锥台将截得一长短半轴分别为 a' 和 b' 椭圆(图中细实线),通过计算可得 a'、b' 的值分别为:

$$\begin{cases} a' = I + hk_1 \\ b' = J + hk_2 \end{cases}$$

若选择直径为 D 的立铣刀从下往上逐层上升的方法铣削加工,在任一 h 高度上加工椭圆截面时的刀位点轨迹为一长半轴为 $a'+D/2$、短半轴为 $b'+D/2$ 的椭圆。

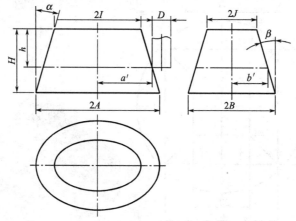

图 3-107 椭圆锥台几何关系

【例 3-49】 试编制一个数控铣削加工椭圆锥台的宏程序。

解 如图 3-108 所示变量模型,设顶部椭圆中心在工件坐标系中的坐标值为 (x, y, z),选择直径为 D 的立铣刀从下往上逐层上升的方法铣削加工,编制加工程序如下。

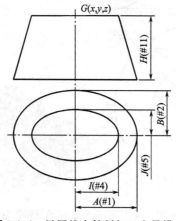

图 3-108 椭圆锥台铣削加工变量模型

椭圆锥台类零件铣削加工宏程序调用指令：

G65 P3240 X___Y___Z___A___B___I___J___H___D___F___;

自变量含义：

♯24＝X——椭圆锥台顶部椭圆中心在工件坐标系中的 X 坐标值；
♯25＝Y——椭圆锥台顶部椭圆中心在工件坐标系中的 Y 坐标值；
♯26＝Z——椭圆锥台顶部椭圆中心在工件坐标系中的 Z 坐标值；
♯1＝A——锥台底部椭圆长半轴；
♯2＝B——锥台底部椭圆短半轴；
♯4＝I——锥台顶部椭圆长半轴；
♯5＝J——锥台顶部椭圆短半轴；
♯11＝H——椭圆锥台高度；
♯7＝D——立铣刀直径；
♯9＝F——进给速度。

宏程序如下：

```
O3240；                              （宏程序号）
G52 X♯24 Y♯25 Z♯26；                 （局部工件坐标系设定，将坐标系平移至顶部椭圆中心）
G00 X[♯1＋♯7/2] Y-[♯2＋♯7/2＋20]；    （快进至下刀平面）
Z-♯11；                              （下刀至底部椭圆平面）
G01 Y0 F♯9；                         （直线插补至加工起始点）
♯33＝[♯1-♯4]/♯11；                  （计算长轴对应锥面的斜率）
♯34＝[♯2-♯5]/♯11；                  （计算短轴对应锥面的斜率）
WHILE[♯11GE0]DO1；                   （条件判断，当♯11大于或等于0时执行循环1）
♯30＝0；                             （角度计数器赋初值）
♯31＝♯4＋♯11*♯33＋♯7/2；            （计算当前高度截椭圆的长半轴）
♯32＝♯5＋♯11*♯34＋♯7/2；            （计算当前高度截椭圆的短半轴）
G01 X♯31 Z-♯11 F♯9；                （直线插补至截椭圆加工起始点）
    WHILE[♯30LT360]DO2；             （条件判断，当♯30小于360°时执行循环2）
    ♯30＝♯30＋0.2；                  （角度计数器加增量）
    ♯35＝♯31*COS[♯30]；             （计算 $X$ 坐标值）
    ♯36＝♯32*SIN[♯30]；             （计算 $Y$ 坐标值）
    G01 X♯35 Y♯36 F♯9；             （直线插补逐段加工椭圆）
    END2；                           （循环2结束）
♯11＝♯11-0.2；                       （加工高度递减）
END1；                               （循环1结束）
G52 X0 Y0 Z0；                       （取消局部工件坐标系）
M99；                                （程序结束）
```

【例 3-50】 数控铣削加工图 3-109 所示椭圆锥台零件，试编制调用宏程序精加工该锥台侧面的加工程序。

解 由图可知，椭圆锥台底部椭圆长半轴 $A=20$mm，短半轴 $B=14$mm，顶部椭圆长半轴 $I=14$mm，短半轴 $J=8$mm，锥台高度 $H=20$mm，设 G54 工件坐标系原点在底部椭圆中心，则顶部椭圆中心坐标值为 (0，0，20)，采用刀具直径 D 为 12mm 的立铣刀加工锥

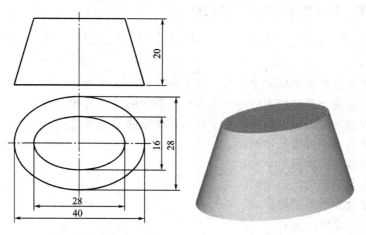

图 3-109　椭圆锥台零件铣削加工

台侧面，编制加工程序如下。

O3241；	（程序号）
G54 G00 X100.0 Y−100.0 Z100.0；	（选择 G54 工件坐标系）
M03 S800；	（主轴正转）
G65 P3240 X0 Y0 Z20.0 A20.0 B14.0 I14.0 J8.0 H20.0 D12.0 F100；	（调用宏程序加工椭圆锥台）
G00 Z100.0；	（退刀）
X100.0 Y−100.0；	（返回起刀点）
M05；	（主轴停转）
M30；	（程序结束）

思考练习

1. 数控铣削加工图 3-109 所示椭圆锥台零件，已知毛坯尺寸为 40mm×28mm×50mm，要求先将坯料加工成椭圆台，然后粗加工椭圆锥台，最后精加工，试调用宏程序完成加工程序的编制。

2. 采用直径为 D 的球头刀能否实现椭圆锥台的侧面加工？若能，试编制其加工宏程序。

3. 数控铣削加工图 3-110 所示的凸台，试编制其加工宏程序。

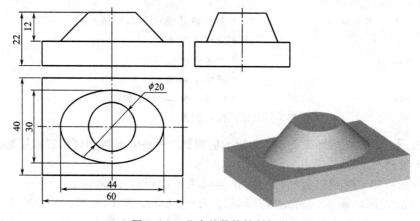

图 3-110　凸台的数控铣削加工

3.9.3 天圆地方凸台类零件铣削加工

图 3-112 所示天圆地方（上圆下方）凸台，其侧面由四个等腰三角形和四个四分之一椭圆锥面组成，"天圆"直径为 A，"地方"边长为 B，凸台高度为 H。下面提供两种数控加工天圆地方凸台的思路。

(1) 沿母线直线加工方式

如图 3-111 所示，将"地方"的一边（等腰三角形底边）等分成若干份，从等分点直线插补至等腰三角形顶点，同样的方法将"天圆"四分之一段圆弧等分成若干份，并从"地方"角点直线插补值圆弧等分点，其余三个等腰三角形和三个四分之一圆锥面也采用上面的方法完成加工。

(2) 沿截平面四周加工方式

沿截平面四周加工方式是将凸台在 Z 轴上分层，即刀具先定位到某一 Z 值高度的 XOY 平面，在 XOY 平面内加工一个用 XOY 平面截凸台得到的截面形状，然后将刀具在 Z 轴方向下降（提升）一个高度，刀具在这个 Z 轴高度上再加工一个用 XOY 平面截凸台得到的新截面，如此不断重复，直到加工完整个凸台。

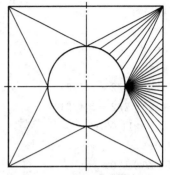

图 3-111 沿母线直线加工天圆地方示意图

图 3-112 所示为在某一 Z 轴高度上用 XOY 平面截凸台截得的截面，截面在图中用虚线表示，由四段直线和四段圆弧组成，圆弧半径为 R，圆弧与直线的交点 Q 坐标为 (x', y')，所在高度用 h 表示，通过演算可得相关计算式为：

$$\begin{cases} k = \tan\alpha = \dfrac{B-A}{2H} \\ x' = \dfrac{A}{2} + kh \\ y' = \dfrac{hB}{2H} \\ R = x' - y' \end{cases}$$

【例 3-51】 数控铣削加工图 3-113 所示天圆地方凸台，试编制其精加工宏程序。

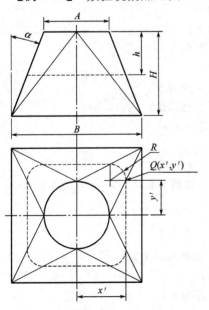

图 3-112 天圆地方凸台几何关系

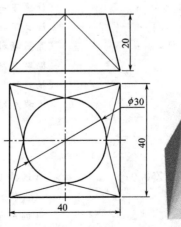

图 3-113 天圆地方凸台零件数控铣削加工

解 设工件坐标系原点在工件上表面的对称中心，采用φ12mm立铣刀沿母线直线加工方式进行编程，O3250程序为仅加工四分之一侧面的子程序，O3251程序为完整加工程序。为保证加工尺寸合格，考虑刀具直径后，编程时按上圆直径42mm、下方边长52mm、高20mm的凸台处理。

```
O3250；
#1=30；                          （上圆直径赋值）
#2=40；                          （下方边长赋值）
#3=20；                          （高度赋值）
#4=12；                          （刀具直径赋值）
#11=#1/2+#4/2；                  （计算上圆半径加刀半径）
#12=#2/2+#4/2；                  （计算下方半边长加刀半径）
G00 X#11 Y0；                    （进刀）
Z2.0；                           （下刀到工件上表面安全位置）
G01 Z0 F100；                    （直线插补到工件上表面切削起点）
  #30=-#12；                     （Y坐标值#30赋初值）
  WHILE[#30LT#12]DO1；           （当#30小于#12时执行循环1）
  G01 X#12 Y#30 Z-#3 F100；      （直线插补至底平面）
  #30=#30+0.2；                  （#30递增）
  Y#30；                         （Y向进刀）
  X#11 Y0 Z0；                   （直线插补至顶平面）
  #30=#30+0.2；                  （#30递增）
  END1；                         （循环1结束）
    #31=0；                      （角度#31赋初值）
    WHILE[#31LT90]DO2；          （当#31小于90°时执行循环2）
    G01 X#12 Y#12 Z-#3；         （直线插补到底平面）
    #31=#31+0.5；                （#31递增）
    #32=#11*COS[#31]；           （计算X坐标值）
    #33=#11*SIN[#31]；           （计算Y坐标值）
    X#32 Y#33 Z0；               （直线插补到上平面）
    #31=#31+0.5；                （#31递增）
    #32=#11*COS[#31]；           （计算下一点X坐标值）
    #33=#11*SIN[#31]；           （计算下一点Y坐标值）
    G03 X#32 Y#33 R#11；         （圆弧插补到下一点）
    END2；                       （循环2结束）
G00 Z20.0；                      （抬刀）
M99；                            （子程序结束，返回主程序）
    主程序：
O3251；
G54 G00 X100.0 Y100.0 Z50.0；    （选择G54工件坐标系）
M03 S1000；                      （主轴正转）
M98 P3250；                      （调用子程序加工）
G00 X0 Y0；                      （刀具快进）
```

```
G68 X0 Y0 R90;                          (坐标旋转设定)
M98 P3250;                              (调用子程序加工)
G68 X0 Y0 R180;                         (坐标旋转设定)
M98 P3250;                              (调用子程序加工)
G68 X0 Y0 R270;                         (坐标旋转设定)
M98 P3250;                              (调用子程序加工)
G69;                                    (取消坐标旋转)
G00 Z50.0;                              (抬刀)
X100.0 Y100.0;                          (返回起刀点)
M05;                                    (主轴停转)
M30;                                    (程序结束)
```

【例3-52】 数控铣削加工图3-113所示天圆地方凸台,要求在尺寸为40mm×40mm×20mm的长方坯料(不考虑装夹部分材料)上直接加工出天圆地方,试编制该凸台的粗精加工程序。

解 设工件坐标系原点在工件上表面的对称中心,采用φ12mm的立铣刀从上往下逐层加工,编制加工程序如下。

```
O3252;
G54 G00 X100.0 Y100.0 Z50.0;            (选择G54工件坐标系)
M03 S1000;                              (主轴正转)
#1=30;                                  (上圆直径赋值)
#2=40;                                  (下方边长赋值)
#3=20;                                  (高度赋值)
#4=12;                                  (刀具直径赋值)
#11=#1/2+#4/2;                          (计算上圆半径加刀半径值)
#12=#2*0.5+#4*0.5;                      (计算下方半边长加刀半径值)
#13=[#2-#1]*0.5/#3;                     (计算天圆地方侧面斜率)
G00 X#12 Y#12;                          (快进定位)
Z2.0;                                   (刀具下降)
#30=0;                                  (高度赋初值)
  WHILE[#30LT#3]DO1;                    (当高度小于#3时执行循环1)
  #30=#30+0.5;                          (高度递增)
  #31=#11+#30*#13;                      (计算$x'$的值)
  #32=#12*#30/#3;                       (计算$y'$的值)
  #33=#31-#32;                          (计算R的值)
  #40=#12-0.6*#4;                       (每层加工X值赋初值)
    WHILE[#40GT#31]DO2;                 (当X大于#31时执行粗加工循环)
    #42=#12*[#40-#11]/[#12-#11];        (计算粗加工$y'$值)
    #43=#40-#32;                        (计算粗加工R值)
    G00 X#40 Y#42;                      (粗加工定位)
    G01 Z-#30 F100;                     (直线插补至加工平面)
    Y-#42;                              (粗加工直线段)
    G02 X#42 Y-#40 R#43;                (粗加工圆弧段)
    G01 X-#42;                          (粗加工直线段)
    G02 X-#40 Y-#42 R#43;               (粗加工圆弧段)
```

```
            G01 Y#42；                        （粗加工直线段）
            G02 X－#42 Y#40 R#43；           （粗加工圆弧段）
            G01 X#42；                        （粗加工直线段）
            G02 X#40 Y#42 R#43；             （粗加工圆弧段）
            #40＝#40－0.6*#4；                （X值递减）
            END2；                            （粗加工循环结束）
       G01 Z－#30 F100；                      （刀具下降至加工平面）
       G01 X#31 Y#32；                        （精加工定位）
       Y－#32；                               （精加工直线段）
       G02 X#32 Y－#31 R#33；                （精加工圆弧段）
       G01 X－#32；                          （精加工直线段）
       G02 X－#31 Y－#32 R#33；              （精加工圆弧段）
       G01 Y#32；                             （精加工直线段）
       G02 X－#32 Y#31 R#33；                （精加工圆弧段）
       G01 X#32；                             （精加工直线段）
       G02 X#31 Y#32 R#33；                  （精加工圆弧段）
       END1；                                 （循环1结束）
G00 Z50.0；                                   （抬刀）
X100.0 Y100.0；                               （返回起刀点）
M05；                                         （主轴停）
M30；                                         （程序结束）
```

1. 在取相同步距时，沿母线直线加工和沿截平面四周加工天圆地方两种方式中，哪种加工得到的表面质量更高？

2. 数控铣削加工图3-114所示上圆下方零件，毛坯为30mm×30mm×30mm的方坯，试编制其加工宏程序。

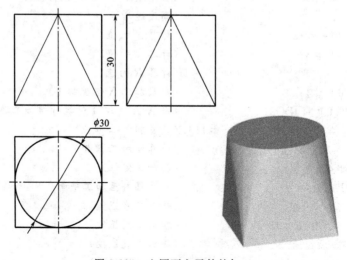

图3-114 上圆下方零件的加工

3. 某一上圆下方凸台侧面铣削加工思路如下：先加工一个四棱锥台（底边长为方边长，顶边长为圆直径），然后在四棱锥台基础上加工一个圆锥台（顶直径为圆直径，底直径为$\sqrt{2}$倍方边长）后就可得到上圆下方凸台。该方法加工所得的上圆下方凸台与本节例题加工的天圆地方有无区别？该加工方法可行吗？若行，试编制加工程序。

3.9.4 水平圆柱面铣削加工

如图 3-115 所示，水平圆柱面加工走刀路线有沿圆柱面轴向走刀［沿圆周方向往返进刀，如图 3-115(a) 所示］和沿圆柱面圆周方向走刀［沿轴向往返进刀，如图 3-115(b) 所示］两种。沿圆柱面轴向走刀方式的走刀路线短，加工效率高，加工后圆柱面直线度高；沿圆柱面圆周方向走刀的走刀路线较长，加工效率较低，加工后圆柱面轮廓度较好，用于大直径短圆柱较好。

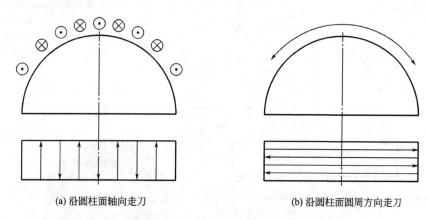

图 3-115 水平圆柱面加工走刀路线

水平圆柱面加工可采用立铣刀或球头刀加工，图 3-116(a)、(b) 分别为立铣刀和球头刀刀位点轨迹与水平圆柱面的关系示意图。

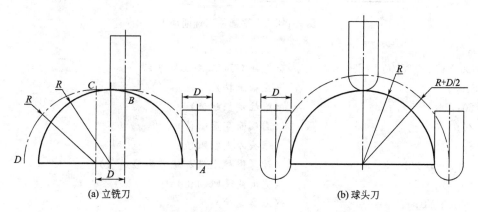

图 3-116 刀位点轨迹与水平圆柱面的关系示意图

如图 3-116(a) 所示，在采用立铣刀圆周方向走刀铣削加工水平圆柱面的走刀路线为 $A \rightarrow B \rightarrow C \rightarrow D$，其中 AB 段和 CD 段为与圆柱面圆心相应平移一个刀具半径值 $D/2$ 的、半径同为 R 的圆弧段，BC 段为一直线。沿该走刀路线加工完一层圆柱面后轴向移动一个步距，再调向加工下一层直至加工完毕。

轴向走刀铣削加工水平圆柱面时，为了方便编程将轴向走刀路线稍作处理，即按图3-117所示矩形箭头路线逐层走刀，在一次矩形循环过程中分别铣削加工圆柱面左右两侧，每加工完一层后立铣刀沿圆柱面上升或下降一个步距，再按矩形箭头路线走刀。

【例3-53】 数控铣削加工图3-118所示水平圆柱面，试编制采用球头刀精加工该水平圆柱面的宏程序。

解 设G54工件坐标系原点在工件前端面"R20"的圆心上，选择直径为φ8mm的球头刀沿圆柱面圆周方向走刀精加工该零件水平圆柱面，编制加工程序如下。

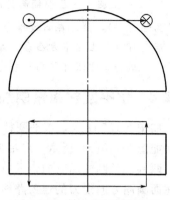

图3-117 轴向走刀铣削加工水平圆柱面走刀路线示意图

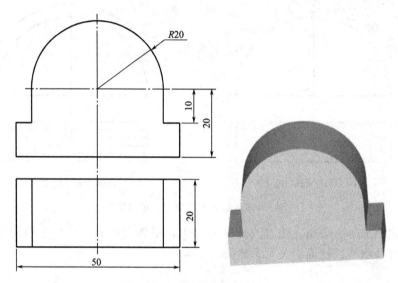

图3-118 水平圆柱面铣削加工

```
O3260;
G54 G00 X100.0 Y100.0 Z50.0;      (选择G54工件坐标系)
M03 S800;                          (主轴正转)
#1=20;                             (圆柱半径赋值)
#2=20;                             (圆柱面宽度赋值)
#3=8;                              (球头刀直径赋值)
#11=#1+#3/2;                       (计算圆柱半径加球刀半径的值)
#30=0;                             (宽度变量赋初值)
X[#1+10] Y0;                       (刀具定位)
Z0;                                (下刀)
G01 X#11 F100;                     (直线插补至切削起点)
  WHILE[#30LE#2]DO1;               (当#30小于或等于#2时执行循环1)
  G01 Y#30;                        (直线插补到加工的Y坐标值)
  G18 G02 X-#11 Z0 R#1;            (XZ平面内圆弧插补往)
  #30=#30+0.1;                     (#30递增一个轴向进刀步距0.1mm)
```

```
  G01 Y#30;                    (进给一个轴向进刀步距)
  G18 G03 X#11 R#1;            (XZ平面内圆弧插补返)
  #30=#30+0.1;                 (#30递增)
  END1;                        (循环1结束)
G00 Z50.0;                     (抬刀)
X100.0 Y100.0;                 (返回起刀点)
M05;                           (主轴停转)
M30;                           (程序结束)
```

【例 3-54】 数控铣削加工图 3-119 所示水平圆柱面,毛坯为一 50mm×20mm×30mm 的长方体,试编制采用立铣刀实现粗精加工该水平圆柱面的宏程序。

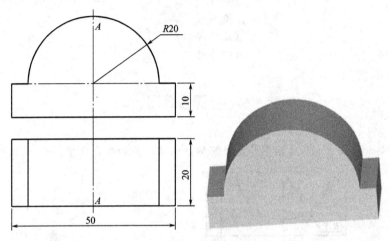

图 3-119 水平圆柱面零件

解 设工件坐标系原点在工件上表面与前端面交线的对称中心点上(图中 A 点位置),采用 φ8mm 的立铣刀从上往下沿圆柱面轴向走刀加工,编制加工程序如下。

```
O3261;
G54 G00 X100.0 Y100.0 Z50.0;   (选择G54工件坐标系)
M03 S1000;                     (主轴正转)
#1=20;                         (圆柱半径赋值)
#2=20;                         (圆柱面宽度赋值)
#3=50;                         (毛坯长度赋值)
#4=8;                          (立铣刀直径赋值)
#30=90-0.5;                    (角度变量赋初值)
X35.0 Y-10.0;                  (刀具定位)
  WHILE[#30GE0]DO1;            (当#30大于或等于0°时执行循环1)
  #31=#1*COS[#30]+#4/2;        (计算每层精加工的X坐标值)
  #32=#1*SIN[#30]-#1;          (计算Z坐标值)
  #40=#3/2-0.1*#4;             (每层粗加工X赋初值)
  G00 Z#32;                    (刀具下降到加工平面)
    WHILE[#40GT#31]DO2;        (当#40大于#31时执行循环2)
    G00 X#40;                  (快进到粗加工起点)
    G01 Y[#2+10] F100;         (直线插补加工右侧面)
```

```
            G00 X-#40;                    (快进至左侧加工起点)
            G01 Y-10 F100;                (直线插补加工左侧面)
            #40=#40-0.6*#4;               (#40递减一个步距为0.6倍刀具直径)
            END2;                         (循环2结束)
        G00 X#31;                         (快进到精加工起点)
        G01 Y[#2+10] F50;                 (直线插补精加工右侧面)
        G00 X-#31;                        (快进至左侧加工起点)
        G01 Y-10.0 F50.0;                 (直线插补加工左侧面)
        #30=#30-0.5;                      (#30递减)
        END1;                             (循环1结束)
    G00 Z50.0;                            (抬刀)
    X100.0 Y100.0;                        (返回起刀点)
    M05;                                  (主轴停转)
    M30;                                  (程序结束)
```

思考练习

1. 数控铣削加工图 3-120 所示半月牙形轮廓，试编制其加工宏程序。

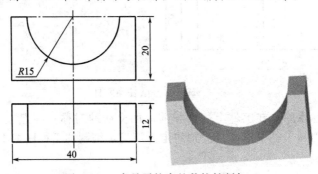

图 3-120　半月牙轮廓的数控铣削加工

2. 数控铣削加工图 3-121 所示弧形面，试编制其加工宏程序。

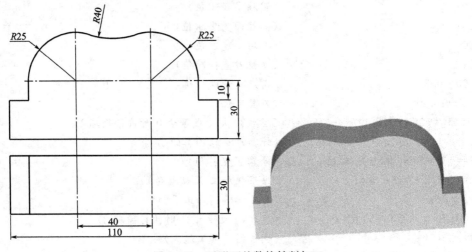

图 3-121　弧形面的数控铣削加工

3. 数控铣削精加工图 3-122 所示两直径为 $\phi30$mm 的正交圆柱与一直径为 $\phi50$mm 的球相贯体表面（十字球铰），试编制其精加工宏程序。

4. 数控铣削加工图 3-123 所示水平圆台面，试编制其加工宏程序。

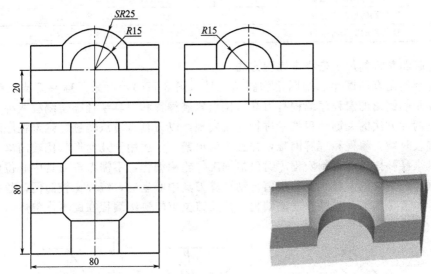

图 3-122　两正交圆柱与球相贯体表面的数控铣削加工

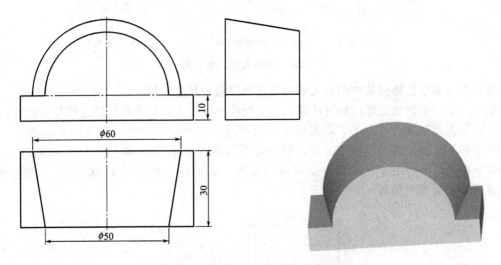

图 3-123　水平圆台面的数控铣削加工

3.10　数控铣削加工零件轮廓倒角

(1) 用程序输入刀具补偿值（G10）

利用 G10 指令可对刀具补偿储存器 C 中的数据进行设定，表 3-20 为刀具补偿存储器和刀具补偿值的设置格式。

其中，P 为刀具补偿号；R 为刀具补偿值，在绝对值指令（G90）方式下该值即为实际的刀具补偿值，但在增量值指令（G91）方式下该值需与指定的刀具补偿号的刀补值相加之和才为实际的刀具补偿值。

表 3-20　刀具补偿存储器和刀具补偿值的设置格式

刀具补偿存储器的种类	格　式
H 代码的几何补偿值	G10 L10 P___ R___ ;
D 代码的几何补偿值	G10 L12 P___ R___ ;
H 代码的磨损补偿值	G10 L11 P___ R___ ;
D 代码的磨损补偿值	G10 L13 P___ R___ ;

（2）零件轮廓倒角铣削加工宏程序编程方法

零件轮廓倒角有凸圆角、凹圆角和斜角三种（图 3-124），可采用球头刀或立铣刀铣削加工。零件轮廓倒角的宏程序编程有刀具刀位点轨迹编程和刀具半径补偿编程两种方法。通过分别研究两种方法的关键编程技术进行比较发现：以刀具刀位点轨迹编制宏程序时，由于刀位点轨迹较复杂，编程和理解困难，并且容易出错，仅适用于几何形状比较简单工件的编程；以刀具半径补偿功能编制宏程序时仅根据工件轮廓编程，不需考虑刀具中心位置，由数控系统根据动态变化的刀具半径补偿值自动计算刀具中心坐标，编程比较简便，效率高，且不易出错。本节采用刀具半径补偿法编程，刀具刀位点轨迹法编程在此不作赘述。

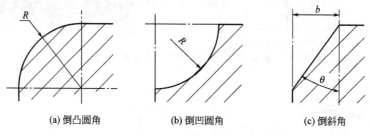

(a) 倒凸圆角　　(b) 倒凹圆角　　(c) 倒斜角

图 3-124　零件轮廓倒角种类

（3）球头刀刀具半径补偿法铣削加工零件轮廓凸圆角宏程序编程

采用球头刀铣削加工零件轮廓凸圆角的变量模型如图 3-125 所示，设工件轮廓凸圆角半径为 R，球头刀刀具直径为 D，以角度 α 为自变量，在当前 α 角度时球头刀的刀位点（球心）距离加工工件轮廓 A，利用工件轮廓补偿刀具半径补偿值 A 编程沿工件轮廓加工，然后角度 α 递增，再利用工件轮廓补偿以变化后的刀具半径补偿值"A"编程沿工件轮廓加工，直到加工完整个圆角。

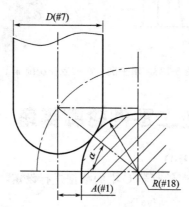

图 3-125　球头刀铣削加工零件轮廓
凸圆角变量模型

球头刀刀具半径补偿法铣削加工零件轮廓凸圆角宏程序编程模板如表 3-21 所示。

表 3-21 球头刀刀具半径补偿法铣削加工零件轮廓凸圆角宏程序编程模板

程序内容	注　释
……	程序开头部分(要求工件坐标系 Z 轴原点设在加工圆角的工件轮廓上表面)
#7＝ #18＝ #30＝0； #31＝#7/2＋#18； WHILE[#30LE90]DO1； #32＝#31＊SIN[#30]－#18； #1＝#31＊COS[#30]－#18； G10 L12 P____R#1； G00 Z#32； G41/G42 X___Y___D___；	球头刀直径赋值 凸圆角半径赋值 角度计数器置零 计算球刀中心与倒圆中心连线距离 条件判断，当#30小于或等于90°时执行循环1 计算球头刀的 Z 轴动态值 计算动态变化的刀具半径补偿值 刀具补偿值的设定 刀具下降至初始加工平面 建立刀具半径补偿(注意左右刀补的选择和刀补号应与前面一致)
……	XY 平面类的工件轮廓加工程序(从轮廓外安全位置切入切削起点，然后沿工件轮廓加工至切削终点)
G40 G00 X___Y___； #30＝#30＋0.5； END1；	取消刀具半径补偿 角度计数器加增量 循环1结束
……	程序结束部分

【例 3-55】 如图 3-126 所示，零件轮廓已经加工完毕，试编制其倒"R4"圆角的铣削加工宏程序。

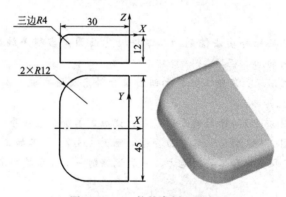

图 3-126　工件轮廓倒凸圆角

解　如图所示，圆角半径为"R4"，选择 φ8mm 的球头刀倒圆角，即球头刀刀具直径 $D=8mm$，设 G54 工件坐标系原点在工件上表面右侧对称中心，编制倒圆角宏程序如下。

O3270；
G54 G17 G90； 　　　　　　　　　(选择 G54 工件坐标系、XY 平面和绝对坐标值编程)
M03 S1000； 　　　　　　　　　　(主轴正转)
G00 X100.0 Y100.0 Z50.0 M08； 　(快进到起刀点)
#7＝8； 　　　　　　　　　　　　(球头刀直径赋值)
#18＝4； 　　　　　　　　　　　 (凸圆角半径赋值)
#30＝0； 　　　　　　　　　　　 (角度计数器置零)
#31＝#7/2＋#18； 　　　　　　　 (计算球刀中心与倒圆中心连线距离)

```
WHILE[#30LE90]DO1;              (当#30小于或等于90°时执行循环1)
#32=#31*SIN[#30]-#18;           (计算球头刀的Z轴动态值)
#1=#31*COS[#30]-#18;            (计算动态变化的刀具半径补偿值)
G10 L12 P01 R#1;                (刀具补偿值的设定)
G00 Z#32;                       (刀具下降至初始加工平面)
G41 X10.0 Y-22.5 D01;           (建立刀具半径补偿)
   G01 X-18.0 F300;             (工件轮廓加工程序)
   G02 X-30.0 Y-10.5 R12.0;     (工件轮廓加工程序)
   G01 Y10.5;                   (工件轮廓加工程序)
   G02 X-18.0 Y22.5 R12.0;      (工件轮廓加工程序)
   G01 X0;                      (工件轮廓加工程序)
G40 G00 X50.0;                  (取消刀具半径补偿)
#30=#30+0.5;                    (角度计数器加增量)
END1;                           (循环1结束)
G00 Z50.0 M09;                  (抬刀)
X100.0 Y100.0;                  (返回起刀点)
M05;                            (主轴停转)
M30;                            (程序结束)
```

思考练习

1. 利用球头刀刀具半径补偿法铣削加工零件轮廓凸圆角宏程序编程模板编制铣削加工图3-127所示椭圆凸台圆角的加工程序。

2. 试分别绘制出利用球头刀倒工件轮廓凹圆角和斜角及用立铣刀倒工件轮廓凸圆角、凹圆角和斜角的变量模型图。

3. 数控铣削加工图3-128所示倾斜5°的斜面,试编制其加工宏程序。

4. 数控铣削加工图3-129所示立体正五角星,程序O3271是其加工宏程序,仔细阅读程序后请思考该程序有何可取之处和不妥的地方,并尝试编制一个五角星加工宏程序。

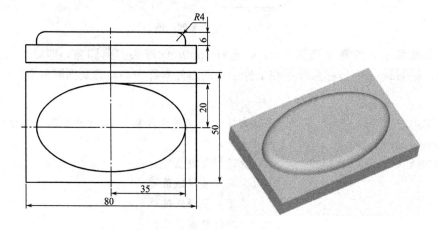

图3-127 椭圆凸台圆角的加工

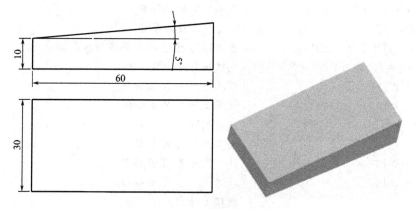

图 3-128 倾斜 5°斜面的数控铣削加工

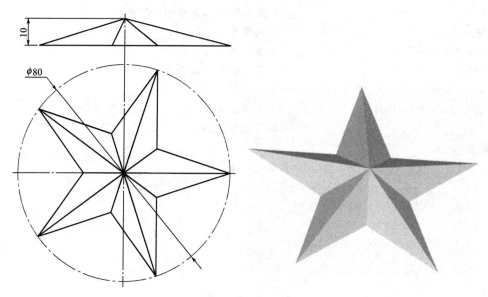

图 3-129 立体五角星的数控铣削加工

O3271;
G54 G00 X0 Y0 Z50.0;   （选择 G54 工件坐标系,原点设在五角星顶点,快进至加工起点）
M03 S1000;   （主轴正转）
#1=80;   （外接圆直径赋值）
#2=10;   （高度赋值）
#3=#1*0.5*SIN[18]/SIN[126];   （利用正弦定理计算内角点所在圆半径,非正五角星可对#3赋值）
#4=30;   （等分数量赋值）
#5=0;   （起始角度赋值）
#6=-1;   （Y 坐标值的正负符号取负）
G00 Z2.0;   （刀具下降）
G01 Z0 F150;   （加工至五角星顶点）
N10 #10=#3*COS[36];   （计算内角点的 X 坐标值）
#11=#3*SIN[36];   （计算内角点的 Y 坐标值）

```
#12=[#1*0.5-#10]/#4;              (X向加工距离等分)
#13=#11/#4;                        (Y向加工距离等分)
WHILE[#10LT[#1/2]]DO1;             (当#10小于外接圆半径时执行循环1)
G01 X#10 Y[#6*#11] Z-#2 F150;      (直线插补至内角点)
#10=#10+#12;                       (计算下一步X坐标值)
#11=#11-#13;                       (计算下一步Y坐标值)
X#10 Y[#6*#11];                    (直线插补)
X0 Y0 Z0;                          (加工至五角星顶点)
#10=#10+#12;                       (计算下一步X坐标值)
#11=#11-#13;                       (计算下一步Y坐标值)
END1;                              (循环1结束)
IF[#6EQ1]GOTO20;                   (当#6等于1时转向N20程序段)
#6=1;                              (Y坐标值的正负符号,取正)
GOTO10;                            (转向程序段N10)
N20 #20=#20+72;                    (角度加增量)
#6=-1;                             (Y坐标值的正负符号,取负)
G68 X0 Y0 R#20;                    (坐标旋转设定)
IF[#20LT360]GOTO10;                (如果#20小于360°,转向程序段N10)
G69;                               (取消坐标旋转)
G00 Z50.0;                         (抬刀)
M30;                               (程序结束)
```

参 考 答 案

第 1 章

1.1
1. 系统宏程序、用户宏程序
2. 使用变量、可对变量赋值、变量间可进行演算、程序运行可以跳转
3. 优点：长远性、共享性、多功能性、简练性和智能性
应用：相似系列零件的加工、非圆曲线的拟合处理加工、曲线交点的计算功能、人机界面及功能设计
4. 可以在主程序体中使用；可以当作子程序来调用

1.2
1. -L、♯1

♯1=40；
♯2=25；
G00 X♯1 Z2.0；
G01 X♯1 Z-♯2 F0.1；
G00 X [♯1+10] Z-♯2；

若要求精加工"φ32×20"的外圆柱面，修改程序中"♯1=32；"、"♯2=20；"即可。

2. 普通程序中只能使用常量，而宏程序与它的最大区别在于可以程序中使用变量，使得程序更具有通用性，当同类零件的尺寸发生变化时，只需要更改宏程序主体中变量的值就可以了，而不需要重新编制程序。

1.3.1
一、DAAAD CDA
二、1. 正确
2. G00 X0
3. 2
4. 22
5. N1 G90 X1.0 Y0；
6. N1 G01 X1.5 Y3.7 F20；
7. N2 G01 X1.5 F20；

1.3.2
一、AAA

二、(程序号)、(刀具快进到加工孔上方)、(下刀到 R 平面)、(程序暂停)、(程序单段运行无效和不等待辅助功能完成)、(进给保持、进给倍率、准确停止均无效)、(攻螺纹)、(主轴反转)、(退出螺纹孔)、(程序暂停)、(恢复进给保持、进给倍率、准确停止均有效)、(恢复程序单段运行有效和等待辅助功能完成)、(主轴正转)、(程序结束返回主程序)

1.4

一、√

二、CA

三、1. 有四则运算、三角函数、平方根、绝对值、圆整、小数点后舍去、小数点后进位、自然对数和指数函数运算。

2. 运算的先后次序为：方括号"[ ]"→函数→乘、除、逻辑和→加、减、逻辑或、逻辑异或。其他运算遵循相关数学运算法则。

四、1.

#1=	(将需要判断的数值赋值给#1)
#2=#1/2−FIX[#1/2];	(求#1除2后的余数)
IF[#2EQ0.5]……	(当余数等于0.5时#1为奇数)
IF[#2EQ0]……	(当余数等于0时#1为偶数)

2.

O1042;
N10 S500 M03;
N20 #101=#5221;   (把#5221变量中的数值寄存在#101变量中)
N30 #1=2.2;   (x 的数值)
N40 #2=3.3;   (y 的数值)
N50 #5221=EXP[#2*LN[#1]]; (计算 x^y 数值)
N60 M00;   (程序暂停，记录 $2.2^{3.3}$ 的计算结果)
N70 #5221=#101;   (程序再启动，#5221变量恢复原来的数值)
N80 M30;   (程序结束)

3.

O1043;
N10 S500 M03;
N20 #101=#5221;   (把#5221变量中的数值寄存在#101变量中)
N30 #1=2.0;   (a 的数值)
N40 #2=3.0;   (b 的数值)
N50 #5221=LN[#2]/LN[#1];   (计算 $\log_2^3$ 的数值)
N60 M00;   (程序暂停，记录计算结果)
N70 #5221=#101;   (程序再启动，#5221变量恢复原来的数值)
N80 M30;   (程序结束)

1.5

一、DADBA A

二、1; LE; 30

三、1.（1）执行完程序后刀具刀位点的 X 坐标值为"X80.0"。

（2）程序二正确，程序一中的#506=50（因为该程序无论数值大小始终依次将#500~#505的值赋给了#506）

2. 当#1=32 时#2=1.5，当#1=30.1 时#2=0.1，当#1=20 时#2 为空（没有赋值）。

四、1.

O1054；
#1＝0；　　　　　　　　　　　（和赋初值）
#2＝20；　　　　　　　　　　　（计数器赋初值）
N1 WHILE[#2LE100]DO1；　　　（条件判断）
#1＝#1＋#2；　　　　　　　　 （计算总和）
#2＝#2＋1；　　　　　　　　　（计数器递增）
END1；　　　　　　　　　　　　（循环1结束）
N2 M30；　　　　　　　　　　　（程序结束）

2.

O1055；
#1＝1；　　　　　　　　　　　（乘积赋初值，注意不能赋为0）
#2＝1；　　　　　　　　　　　（计数器赋初值）
N1 WHILE[#2LE20]DO1；　　　 （条件判断）
#1＝#1*#2；　　　　　　　　　（计算乘积）
#2＝#2＋1；　　　　　　　　　（计数器递增）
END1；　　　　　　　　　　　　（循环1结束）
N2 M30；　　　　　　　　　　　（程序结束）

3.

O1056；
#1＝0；　　　　　　　　　　　（和赋初值）
#2＝1.1；　　　　　　　　　　（加数赋初值）
WHILE[#2LE9.9]DO1；　　　　 （条件判断）
#1＝#1＋#2*#2；　　　　　　　（求和）
#2＝#2＋1.1；　　　　　　　　（加数递增）
END1；　　　　　　　　　　　　（循环1结束）
M30；　　　　　　　　　　　　 （程序结束）

4.

O1057；
#1＝0；　　　　　　　　　　　（和赋初值）
#2＝1；　　　　　　　　　　　（乘数1赋初值）
#3＝1；　　　　　　　　　　　（乘数2赋初值）
WHILE[#2LE3]DO1；　　　　　 （条件判断）
　WHILE[#3LE9]DO2；　　　　 （条件判断）
　#1＝#1＋#2*[#3*1.1]；　　 （求和）
　#3＝#3＋1；　　　　　　　　（乘数2递增）
　END2；　　　　　　　　　　　（循环2结束）
#3＝1；　　　　　　　　　　　（乘数2重新赋值）
#2＝#2＋1；　　　　　　　　　（乘数1递增）
END1；　　　　　　　　　　　　（循环1结束）
M30；　　　　　　　　　　　　 （程序结束）

程序中变量#1是存储运算结果的，#2作为第一层循环的自变量，#3作为第二层循环的自变量。

5.

```
O1058；
#1=1；                    （所求数值赋初值）
#2=2；                    （运算结果赋初值）
WHILE[#2LE360]DO1；        （条件判断）
#3=#2；                   （运算结果转存）
#2=#2+#1；                （计算下一数值）
#1=#3；                   （所求数值赋值）
END1；                    （循环1结束）
M30；                     （程序结束）
```

程序中使用了三个变量，#2是存储运算结果的，#3作为中间自变量，储存#2运算前的数值并传递给#1，#1和#2依次变化，当#2大于或等于360时，循环结束，这时变量#1中的数值就是所求的最大的那一项数值（为什么不是#2，读者自行考虑）。

1.6.1
1. 宏程序调用，子程序调用
2. 不同，区别见本节基础知识

1.6.2
一、ACA
二、1. 顺序正确（但地址L不能当作自变量使用），赋值结果为#2=4、#1=5、#7=6、#5=7、#6=8。
2. 不正确，自变量J、K顺序不对。

1.6.3
1077；30.0；30；[−2*#21]；99

1.6.4
一、√√√√√   √√
二、1. 需要，如改为O9010。
2. 把6050参数值改为4。
3. 调用指令为：G04 T35.0；

宏程序如下：

```
O9010；
#3001=0；
WHILE[#3001LE#20]DO1；
END1；
M99；
```

1.6.5
一、√×××
二、应用的方式和方法均无本质区别。

1.6.6
√√√×

第2章

2.1
1. FANUC系列的数控车削加工用户宏程序分为A、B两类。

2. 适用范围：(1) 适用于手工编制椭圆、抛物线、双曲线等没有插补指令的非圆曲线类数控车削加工程序。(2) 适用于编制工艺路线相同但位置参数不同的系列零件的加工程序。(3) 适用于编制形状相似但尺寸不同的系列零件的加工程序。(4) 使用宏程序能扩大数控车床的编程范围，简化编制的零件加工程序。

3. 模态指令也称为续效指令，一经程序段中指定，便一直有效，与上段相同的模态指令可省略不写，直到以后程序中重新指定同组指令时才失效。而非模态指令（非续效指令）的功能仅在本程序段中有效，与上段相同的非模态指令不可省略不写。

2.2

1. 设工件坐标系原点在工件右端面与轴线的交点上，编制精加工外圆面部分宏程序如下。

```
#1=                              （A 赋值）
#2=                              （B 赋值）
#3=                              （C 赋值）
#7=                              （D 赋值）
#18=                             （R 赋值）
G00 X[#3-9] Z2.0;                （快进到切削起点）
G01 X#3 Z-2.5 F0.1;              （右倒角加工）
Z-[#1-#18];                      （加工直径 C 圆柱面）
G02 X[#3+2*#18] Z-#1 R#18;       （加工 R 圆弧）
G01 X[#7-4];                     （加工台阶面）
G03 X#7 Z-[#1+2] R2.0;           （加工 $R_2$ 圆弧）
G01 Z-#2;                        （加工直径 D 圆柱面）
```

2. 设工件坐标系原点在工件右端面与轴线的交点上，选取切断刀左刀尖为刀位点，编制加工宏程序如下。

```
O2001;
IF[#1GT#2]GOTO20;
#30=#3-#2+#1;
G00 X[#7+2];
N10 Z-#30;
G01 X[#7-2*#11] F0.1;
G00 X[#7+2];
#30=#30+#1;
IF[#30LT#3]GOTO10;
Z-#3;
G01 X[#7-2*#11] F0.1;
G00 X[#7+2];
N20 M99;
```

选择 5mm 宽的切断刀调用宏程序加工图中四个矩形槽，加工程序段如下。

```
G65 P2001 A5.0 B5.0 C15.0 D46.0 H2.0;
G65 P2001 A5.0 B5.0 C34.0 D52.0 H2.5;
G65 P2001 A5.0 B5.0 C62.0 D60.0 H3.0;
G65 P2001 A5.0 B5.0 C75.0 D60.0 H3.0;
```

3.

#1=   (D 赋值)
#2=   (R 赋值)
#3=   (L 赋值)
#31=#1*0.5-#2;   (计算 r_1)
#32=5*#3-#31;   (计算 r_2)
#33=4*#3-#32;   (计算 r_3)
G00 X0 Z2.0;
G01 Z0 F0.1;
G03 X[2*#33] Z-#33 R#33;
G02 X[2*4*#31/5] Z-[3*#32/5+#33] R#32;
G03 X[2*#31] Z-[#33+3*#3] R#31;
G01 Z-[#33+5*#3-#2];
G02 X#1 Z-[#33+5*#3] R#2;
G01 Z-[#33+6*#3];

2.3.1
一、BCCB
二、外圆锥面切削循环宏程序调用指令：

G65 P2014 X____ Z____ I____ F____;

其中，X、Z 为圆柱面切削终点 C 点的绝对坐标值；I 为 B 和 C 点的半径差；F 为进给速度。该切削循环宏程序如下：

O2014;   (宏程序号)
#1=#5001;   (储存循环起点的 X 坐标值)
#2=#5002;   (储存循环起点的 Z 坐标值)
G00 X[#24-2*#4];   (进刀到切削起点)
G01 X#24 Z#26 F#9;   (切削到切削终点)
G01 X#1;   (退刀)
G00 Z#2;   (返回循环起点)
M99;   (宏程序结束并返回主程序)

2.3.2
1. 加工程序段：G65 P2021 A42.0 B39.84 C0.3 Z-36.5 F2.0;

2. 对，因为第一次减去一个"2*#31"，第二次再减去一个"2*#31"，到第 n 次再减去一个"2*#31"，实际上总共已经减去 n 个"2*#31"（即 2nK）。

3. 在宏程序调用指令中增加一个表示切削起点与切削重点的半径差 R（#18），同时将切削起点的螺纹大径赋值给#1，然后在宏程序中将 N35 程序段改为

N35 G32 U[2*#18] W-[#2+#5+#4] F#3;

2.3.3
1. 加工程序段指令：
G65 P2031 A50.0 B8.0 C8.0 I-55.0 J1.0;

2. 加工程序段指令：
G65 P2031 A36.0 B6.0 C-24.0 I-84.0 J1.0;

3. 修改进刀及退刀位置，并注意切削时由螺纹小径到螺纹大径即可，程序略。

4. 略。

2.3.4

1. 宏程序调用指令：

G65 P2043 A____B____Z____F____；

其中，A、B分别为螺纹大径和小径；Z为切削终点Z坐标值；F为螺距。

宏程序如下：

O2043；
G00 X［#1+10］Z#9；
N10 #1=#1-0.2；
G92 X#1 Z#26 F#9；
IF［#1GT#2］GOTO10
M99；

2. 能，"G32 Z0 F2.5；"是一个保证螺纹不乱牙的关键程序段。

3. 加工部分程序如下：

#1=55.65-0.5；
N10 G00 G99 Z9.5；
X#1；
G32 Z1.5 F8.0；
G03 X#1 Z-27.5 R60.0 F8.0；
G00 X70.0；
#1=#1-0.5；
IF［#1GE49.65］GOTO10；

2.3.5

1. Z向分层加工该变距螺纹的部分程序如下：

#40=40-2；	（X坐标值赋初值）
N10 G00 X#40 Z8.0；	（刀具定位）
G65 P2051 Z-66.0 F8.0 K2.0；	（调用宏程序粗加工变距螺纹）
G00 X50.0；	（X向退刀）
Z8.0；	（Z向返回）
#40=#40-2；	（X坐标值递减）
IF［#40LE34］GOTO20；	（若#40小于或等于螺纹底径"φ34"时执行精加工）
IF［#40GT34］GOTO10；	（若#40大于"φ34"时继续执行粗加工）
N20 G00 X34.0；	（精加工刀具定位）
G65 P2051 Z-66.0 F8.0 K2.0；	（调用宏程序精加工变距螺纹）
G00 X50.0；	（X向退刀）
Z50.0；	（Z向退刀）

2. 设工件坐标原点在工件右端面与轴线的交点上，采用圆弧螺纹刀直进法加工，调用2051号宏程序加工的部分程序如下：

#40=40-2；	（X坐标值赋初值）
N10 G00 X#40 Z7.0；	（刀具定位）
G65 P2051 Z-66.0 F7.0 K1.0；	（调用宏程序粗加工变距螺纹）

```
G00 X50.0；                                    (X 向退刀)
Z7.0；                                         (Z 向返回)
#40=#40-2；                                    (X 坐标值递减)
IF[#40LE34]GOTO20；                            (若#40 小于或等于螺纹底径"φ34"时执行精加工)
IF[#40GT34]GOTO10；                            (若#40 大于"φ34"时继续执行粗加工)
N20 G00 X34.0；                                (精加工刀具定位)
G65 P2051 Z-66.0 F7.0 K1.0；                   (调用宏程序精加工变距螺纹)
G00 X50.0；                                    (X 向退刀)
Z50.0；                                        (Z 向退刀)
```

调用 2051 号宏程序加工程序段为：

G65 P2052 A40.0 B34.0 I7.0 J-66.0 F7.0 K1.0；   (调用 2052 号宏程序加工变距螺纹)

3. 正向偏移直进法车削加工时是刀具右侧切削，负向偏移直进法车削时是左侧切削。

4. 将程序 O2053 中调用宏程序加工部分程序段前后顺序调换即可，加工部分程序如下：

```
G65 P2052 A40.0 B30.0 I7.0   J -66.0 F4.0   K2.0；     (调用宏程序加工变距螺纹)
G65 P2052 A40.0 B30.0 I7.165 J-66.0 F4.335 K2.0；      (调用宏程序加工变距螺纹)
G65 P2052 A40.0 B30.0 I7.332 J-66.0 F4.668 K2.0；      (调用宏程序加工变距螺纹)
G65 P2052 A40.0 B30.0 I7.499 J-66.0 F5.001 K2.0；      (调用宏程序加工变距螺纹)
G65 P2052 A40.0 B30.0 I7.666 J-66.0 F5.334 K2.0；      (调用宏程序加工变距螺纹)
G65 P2052 A40.0 B30.0 I7.833 J-66.0 F5.667 K2.0；      (调用宏程序加工变距螺纹)
G65 P2052 A40.0 B30.0 I8.0   J-66.0 F6.0   K2.0；      (调用宏程序加工变距螺纹)
```

5. 由图可得该变距螺纹的基本螺距 $P=7$ mm，螺距增量 $\Delta P=1.5$ mm，螺纹总长度 $L=50$ mm，代入方程

$$L = nP + \frac{n(n-1)}{2}\Delta P$$

解得 $n=5$，即该螺杆有 5 圈螺旋线，再由

$$P_n = P + (n-1)\Delta P$$

得第 5 圈螺纹螺距为 13mm。考虑导入空刀量后的初始螺距为 5.5mm。
设工件原点在工件右端面与轴线的交点上，选择 2mm 宽的方形螺纹刀，则

$$U = P_n - V - H = 13 - 2 - 3 = 8$$

$$Q = \frac{U}{V} = \frac{8}{2} = 4$$

$$Z_1 = P = 5.5$$

$$Z_2 = 2P - \Delta P - V - H = 2 \times 5.5 - 1.5 - 2 - 3 = 4.5$$

$$M = \frac{Z_2 - Z_1}{Q} = \frac{4.5 - 5.5}{4} = -0.25$$

$$N = \frac{\Delta P}{Q} = \frac{1.5}{4} = 0.375$$

调用宏程序编制加工部分程序如下。

```
G65 P2052 A28.0 B22.0 I5.5  J-55.0 F4.0    K1.5；     (调用宏程序加工变距螺纹)
G65 P2052 A28.0 B22.0 I5.25 J-55.0 F3.625 K1.5；      (调用宏程序加工变距螺纹)
G65 P2052 A28.0 B22.0 I5.0  J-55.0 F3.25   K1.5；     (调用宏程序加工变距螺纹)
G65 P2052 A28.0 B22.0 I4.75 J-55.0 F2.875 K1.5；      (调用宏程序加工变距螺纹)
G65 P2052 A28.0 B22.0 I4.5  J-55.0 F2.5    K1.5；     (调用宏程序加工变距螺纹)
```

2.3.6

1. 调用宏程序加工程序段：

G65 P2060 C2.0 K6.0 F0.1 U35.0 Z54.0;

2. 调用宏程序加工程序段：

G65 P2060 C2.0 K6.0 F0.1 U40.0 Z0;

2.3.7

1. 设工件坐标系原点在右端面与轴线的交点上，分4层完成圆锥面加工，调用宏程序加工部分程序段：

G65 P2070 X69.0 Z-40.0 R-4.2 F0.3;　　　（调用宏程序粗加工）
G65 P2070 X65.0 Z-40.0 R-4.2 F0.3;　　　（调用宏程序粗加工）
G65 P2070 X64.2 Z-40.0 R-4.2 F0.2;　　　（调用宏程序半精加工）
G65 P2070 X64.0 Z-40.0 R-4.2 F0.1;　　　（调用宏程序精加工）

2. 略。

2.4.1

1. (1) 函数；(2) Z；(3) X；(4) 24；(5) 10.5；(6) 24；10.5；0.2；5*#26*#26+10
2. 不对，应将条件判断语句和变量改为递增

2.4.2

1. 基本一致。
2.

#1=50;　　　　　　　　　　　　　　　　（自变量起点#1赋初值）
#2=0;　　　　　　　　　　　　　　　　　（自变量终点#2赋初值）
#3=0.2;　　　　　　　　　　　　　　　　（坐标增量#3赋初值）
#26=#1;　　　　　　　　　　　　　　　　（自变量#26赋初值）
WHILE[#26GT#2]DO1;　　　　　　　　　　（当#26大于#2时执行循环1）
#26=#26-#3;　　　　　　　　　　　　　　（#26减增量）
#24=30*SQRT[1-[#26*#26]/[50*50]];　　（计算因变量#24的值）
G01 X[2*#24] Z#26 F0.2;　　　　　　　　（直线插补逼近曲线）
END1;　　　　　　　　　　　　　　　　　（循环1结束）

3. 直接将精加工部分程序嵌入G73指令规定位置即可。

4. 可依次编程加工 $a=40$、$b=23$ 的半椭圆，$a=36$、$b=19$ 的半椭圆，$a=35$、$b=18$ 的半椭圆。采用相似椭圆法编程比阶梯法编程更简单、加工质量更好、加工效率更低。

5. P_1：$\theta=0°$

P_2：$\theta=\arctan\left(\dfrac{a}{b}\tan\varphi\right)=\arctan\left(\dfrac{40}{20}\tan 20°\right)\approx 36.052°$

P_3：$\theta=90°$

P_4：$\theta=\arctan\left(\dfrac{a}{b}\tan\varphi\right)=\arctan\left(\dfrac{40}{20}\tan 150°\right)+180\approx -49.107+180=130.893°$

下面是一个用于将旋转角度换算为离心角的宏程序。

#1=　　　　　　　　　　　　　　　　　　（椭圆长半轴赋值）
#2=　　　　　　　　　　　　　　　　　　（椭圆短半轴赋值）
#3=　　　　　　　　　　　　　　　　　　（旋转角 φ 赋值）
IF[[#3/90-FUP[#3/90]]EQ0]GOTO20;　　　（如果 φ 为90°的整数倍时转向N10程序段）

```
IF[#3LT90]THEN#31=0;                          (若#3 小于 90°，令#31=0)
IF[#3GT90]THEN#31=180;                        (若#3 大于 90°，令#31=180)
IF[#3GT270]THEN#31=360;                       (若#3 大于 270°，令#31=360)
#30=ATAN[#1*TAN[#3]/#2];                      (计算#30)
#3=#31+#30;                                   (换算得到离心角 θ 并将值赋给#3)
N10 ……
    6.
#1=35;                                        (自变量起点#1 赋初值)
#2=0;                                         (自变量终点#2 赋初值)
#3=0.2;                                       (坐标增量#3 赋初值)
#26=#1;                                       (自变量#26 赋初值)
WHILE[#26GT#2]DO1;                            (当#26 大于#2 时执行循环 1)
#26=#26-#3;                                   (#26 减增量)
#24=19.9925*SQRT[1-[#26*#26]/[44*44]];        (计算因变量#24 的值)
G01 X[2*#24] Z#26 F0.2;                       (直线插补逼近曲线)
END1;                                         (循环 1 结束)
    7.
#1=-13.97;                                    (自变量起点#1 赋初值)
#2=-38.97;                                    (自变量终点#2 赋初值)
#3=0.2;                                       (坐标增量#3 赋初值)
#26=#1;                                       (自变量#26 赋初值)
WHILE[#26GT#2]DO1;                            (当#26 大于#2 时执行循环 1)
#26=#26-#3;                                   (#26 减增量)
#24=24*SQRT[1-[#26*#26]/[45*45]];             (计算因变量#24 的值)
G01 X[2*#24] Z#26 F0.2;                       (直线插补逼近曲线)
END1;                                         (循环 1 结束)
    8.
#1=40;                                        (自变量起点#1 赋初值)
#2=8;                                         (自变量终点#2 赋初值)
#3=0.2;                                       (坐标增量#3 赋初值)
#26=#1;                                       (自变量#26 赋初值)
WHILE[#26GT#2]DO1;                            (当#26 大于#2 时执行循环 1)
#26=#26-#3;                                   (#26 减增量)
#24=24*SQRT[1-[#26*#26]/[40*40]];             (计算因变量#24 的值)
G01 X[2*#24] Z#26 F0.2;                       (直线插补逼近曲线)
END1;                                         (循环 1 结束)
    9.
#1=20;                                        (自变量起点#1 赋初值)
#2=-20;                                       (自变量终点#2 赋初值)
#3=0.2;                                       (坐标增量#3 赋初值)
#26=#1;                                       (自变量#26 赋初值)
WHILE[#26GT#2]DO1;                            (当#26 大于#2 时执行循环 1)
#26=#26-#3;                                   (#26 减增量)
```

```
#24=23*SQRT[1-[#26*#26]/[40*40]];        （计算因变量#24的值）
G01 X[2*#24] Z#26 F0.2;                  （直线插补逼近曲线）
END1;                                    （循环1结束）
```

2.4.3

1. 相比而言，采用设定局部坐标系编程稍简单，理解更容易。
2. 椭圆曲线段加工部分程序如下：

```
G52 X50.0 Z0;                            （设定局部坐标系，X为直径值）
#4=0;                                    （自变量起点#4赋初值）
#5=-40;                                  （自变量止点#5赋初值）
#6=0.2;                                  （坐标增量#6赋初值）
#26=#4;                                  （自变量#26赋初值）
N10 #26=#26-#6;                          （#26减增量）
#24=-25*SQRT[1-[#26*#26]/[40*40]];       （计算因变量#24的值）
G01 X[2*#24] Z#26 F0.1;                  （直线插补逼近曲线）
IF[#26GT#5]GOTO10;                       （如果#26小于#5跳转至N10程序段）
G52 X0 Z0;                               （取消局部坐标系）
```

3. 椭圆曲线段加工部分程序如下：

```
G52 X90.18 Z-9.72;                       （设定局部坐标系，X为直径值）
#4=220.893;                              （自变量起点#4赋初值）
#5=259.872;                              （自变量终点#5赋初值）
#6=0.2;                                  （角度增量#6赋初值）
#10=#4;                                  （自变量#10赋初值）
WHILE[#10LT#5]DO1;                       （条件判断，当#4小于#5时执行循环1）
#10=#10+#6;                              （计算角度，每次加角度增量#6）
#24=20*SIN[#10];                         （计算X坐标值）
#26=30*COS[#10];                         （计算Z坐标值）
G01 X[2*#24] Z#26 F0.1;                  （直线插补逐段加工椭圆曲线）
END1;                                    （循环1结束）
G52 X0 Z0;                               （取消局部坐标系）
```

4. 椭圆曲线段加工部分程序如下：

```
G52 X25.0 Z-14.0;                        （设定局部坐标系，X为直径值）
#4=8.71;                                 （自变量起点#4赋初值，可通过CAD查询得）
#5=-8.71;                                （自变量止点#5赋初值，可通过CAD查询得）
#6=0.2;                                  （坐标增量#6赋初值）
#26=#4;                                  （自变量#26赋初值）
N10 #26=#26-#6;                          （#26减增量）
#24=8*SQRT[1-[#26*#26]/[12*12]];         （计算因变量#24的值）
G01 X[2*#24] Z#26 F0.1;                  （直线插补逼近曲线）
IF[#26GT#5]GOTO10;                       （如果#26小于#5跳转至N10程序段）
G52 X0 Z0;                               （取消局部坐标系）
```

2.4.4

1. 椭圆曲线段加工程序段：

G65 P2090 A20.0 B11.992 X0 Z0 I20.0 J0 K1.0 F0.1;
　　2. 宏程序调用指令：
G65 P2092 A___ B___ X___ Z___ I___ J___ F___；
　　其中，I、J 分别为加工起点和终点在椭圆自身坐标系下的离心角 θ 值，其余自变量含义同例 2-22。

O2092;
IF[#4GT#5]GOTO10;
WHILE[#4LT#5]DO1;
#4=#4+0.2;
#30=#2*SIN[#4];
#31=#1*COS[#4];
G01 X[2*#30+#24] Z[#31+#26] F0.1;
END1;
GOTO20;
N10 WHILE[#4GT#5]DO1;
#4=#4-0.2;
#30=#2*SIN[#4];
#31=#1*COS[#4];
G01 X[2*#30+#24] Z[#31+#26] F0.1;
END1;
N20 M99;

　　3. 椭圆曲线段加工程序段：
G65 P2090 A15.0 B4.0 X40.0 Z-20.0 I15.0 J-15.0 K-1.0 F0.1;
　　4. 略。
　　2.4.5
　　1. (1) 以 Z 为自变量，编制倾斜椭圆曲线段加工部分程序如下，注意旋转角度和 X 值的正负。

#4=15.5;	(自变量起点#4赋初值，该值为旋转前的值)
#5=-9.02;	(自变量止点#5赋初值，该值为旋转前的值)
#6=0.2;	(坐标增量#6赋初值)
#26=#4;	(自变量#26赋初值)
N10 #26=#26-#6;	(#26减增量)
#24=-10*SQRT[1-[#26*#26]/[20*20]];	(计算旋转前的 X 值)
#1=#26*SIN[-30]+#24*COS[-30];	(计算旋转后的 X 值)
#2=#26*COS[-30]-#24*SIN[-30];	(计算旋转后的 Z 值)
G01 X[2*#1] Z#2 F0.1;	(直线插补逼近曲线)
IF[#26GT#5]GOTO10;	(如果#26 大于#5 时跳转至 N10 程序段)

　　(2) 以 θ 为自变量，编制右侧四分之一椭圆曲线段加工宏程序（左侧椭圆曲线程序略）。

#4=0;	(自变量起点#4赋初值，该值为旋转前的值)
#5=90;	(自变量止点#5赋初值，该值为旋转前的值)
#6=0.2;	(坐标增量#6赋初值)
N10 #4=#4+#6;	(#26减增量)

```
#24=30*SIN[#4];                        (计算旋转前的 X 值)
#26=50*COS[#4];                        (计算旋转前的 Z 值)
#1=#26*SIN[45]+#24*COS[45];            (计算旋转后的 X 值)
#2=#26*COS[45]-#24*SIN[45];            (计算旋转后的 Z 值)
G01 X[2*#1] Z#2 F0.1;                  (直线插补逼近曲线)
IF[#4LT#5]GOTO10;                      (如果#4 小于#5 时跳转至 N10 程序段)
```

(3) 以 Z 为自变量(起点和终点值可通过 CAD 查询得),编制倾斜椭圆曲线段加工部分程序如下。

```
#4=32.139;                             (自变量起点#4 赋初值,该值为旋转前的值)
#5=6.607;                              (自变量止点#5 赋初值,该值为旋转前的值)
#6=0.2;                                (坐标增量#6 赋初值)
#26=#4;                                (自变量#26 赋初值)
N10 #26=#26-#6;                        (#26 减增量)
#24=25*SQRT[1-[#26*#26]/[40*40]];      (计算旋转前的 X 值)
#1=#26*SIN[15]+#24*COS[15];            (计算旋转后的 X 值)
#2=#26*COS[15]-#24*SIN[15];            (计算旋转后的 Z 值)
G01 X[2*#1] Z#2 F0.1;                  (直线插补逼近曲线)
IF[#26GT#5]GOTO10;                     (如果#26 大于#5 时跳转至 N10 程序段)
```

(4) 以 Z 为自变量(起点和终点值可通过 CAD 查询得),编制倾斜椭圆曲线段加工部分程序如下,注意应分第Ⅳ和第Ⅰ象限两段椭圆曲线来加工。

```
#4=37.628;                             (自变量起点#4 赋初值,该值为旋转前的值)
#5=40;                                 (自变量止点#5 赋初值,该值为旋转前的值)
#6=0.2;                                (坐标增量#6 赋初值)
#26=#4;                                (自变量#26 赋初值)
N10 #26=#26+#6;                        (#26 减增量)
#24=-30*SQRT[1-[#26*#26]/[40*40]];     (计算旋转前的 X 值)
#1=#26*SIN[30]+#24*COS[30];            (计算旋转后的 X 值)
#2=#26*COS[30]-#24*SIN[30];            (计算旋转后的 Z 值)
G01 X[2*#1] Z#2 F0.1;                  (直线插补逼近曲线)
IF[#26LT#5]GOTO10;                     (如果#26 小于#5 时跳转至 N10 程序段)
  N20 #4=40;                           (自变量起点#4 赋初值,该值为旋转前的值)
  #5=8.47;                             (自变量止点#5 赋初值,该值为旋转前的值)
  #6=0.2;                              (坐标增量#6 赋初值)
  #26=#4;                              (自变量#26 赋初值)
  N30 #26=#26-#6;                      (#26 减增量)
  #24=30*SQRT[1-[#26*#26]/[40*40]];    (计算旋转前的 X 值)
  #1=#26*SIN[30]+#24*COS[30];          (计算旋转后的 X 值)
  #2=#26*COS[30]-#24*SIN[30];          (计算旋转后的 Z 值)
  G01 X[2*#1] Z#2 F0.1;                (直线插补逼近曲线)
  IF[#26GT#5]GOTO30;                   (如果#26 大于#5 时跳转至 N10 程序段)
```

2. (快进接近右端面)、(直线插补至切削起点)、(角度赋初值)、(当#10 小于或等于 130°时执行循环 1)、(计算下一点的 X 坐标值)、(计算下一点的 Z 坐标值)、(计算中间点的 $b\cos\theta$

值)、(计算中间点的 $a\sin\theta$ 值)、(计算中间点的曲率半径值)、(角度递增)、(圆弧插补逼近椭圆曲线)、(循环体1结束)、(直线插补)、(加工台阶面)

(当#10小于或等于130°时执行循环1)、(计算下一点的 X 坐标值)、(计算下一点的 Z 坐标值)、(计算中间点的 $b\cos\theta$ 值)、(计算中间点的 $a\sin\theta$ 值)、(计算中间点的曲率半径值并存储)、(存储 X 坐标值)、(存储 Z 坐标值)、(角度递增)、(存储地址数值递增)

3. 同样适合。

2.4.6

1.

#10＝0；	(起始点 X 坐标)
WHILE[#10LT16]DO1；	(当#10小于16时，执行循环1)
#10＝#10＋0.08；	(#10加上增量"0.08")
#11＝－#10*#10/8；	[计算#11(Z坐标)的值]
G01 X[2*#10＋10] Z[#11＋20] F0.1；	(直线插补逼近抛物线段)
END1；	(循环1结束)

2.

#10＝0；	(起始点 X 坐标)
WHILE[#10LT40]DO1；	(当#10小于"40"时，执行循环1)
#10＝#10＋0.08；	(#10加上增量"0.08")
#11＝－#10*#10/20；	[计算#11(Z坐标)的值]
G01 X[2*#10] Z#11 F0.1；	(直线插补逼近抛物线段)
END1；	(循环1结束)

3.

#10＝0；	(起始点 X 坐标)
WHILE[#10LT20]DO1；	(当#10小于"20"时，执行循环1)
#10＝#10＋0.08；	(#10加上增量"0.08")
#11＝－#10*#10/10；	[计算#11(Z坐标)的值]
G01 X[2*#10] Z#11 F0.1；	(直线插补逼近抛物线段)
END1；	(循环1结束)

4.

#10＝17.89；	(起始点 X 坐标)
WHILE[#10LT40]DO1；	(当#10小于"40"时，执行循环1)
#10＝#10＋0.08；	(#10加上增量"0.08")
#11＝－#10*#10/16；	[计算#11(Z坐标)的值]
G01 X[2*#10] Z#11 F0.1；	(直线插补逼近抛物线段)
END1；	(循环1结束)

5.

#10＝SQRT[2*12]；	(起始点 X 坐标)
WHILE[#10LT8]DO1；	(当#10小于"8"时，执行循环1)
#10＝#10＋0.08；	(#10加上增量"0.08")
#11＝－#10*#10/2；	[计算#11(Z坐标)的值]
G01 X[2*#10] Z#11 F0.1；	(直线插补逼近抛物线段)
END1；	(循环1结束)

6.

#10＝0；	(起始点 X 坐标)

```
WHILE[#10LT16]DO1;              （当#10 小于"16"时，执行循环1）
#10=#10+0.08;                    （#10 加上增量"0.08"）
#11=-#10*#10/8;                  [计算#11(Z 坐标)的值]
G01 X[2*#10] Z#11 F0.1;          （直线插补逼近抛物线段）
END1;                             （循环1 结束）
```

7. 设工件坐标系在工件右端面与轴线的交点上，则抛物线顶点在工件坐标系中的坐标值为 (22，-5.5)。抛物线起点 X 坐标值（在自身工件坐标系中）为 $33\div 2-11=5.5$，终点 X 坐标值为 $42\div 2-11=10$。编制抛物线段加工部分程序如下。

```
#10=5.5;                         （起始点 X 坐标）
WHILE[#10LT10]DO1;               （当#10 小于"10"时，执行循环1）
#10=#10+0.08;                    （#10 加上增量"0.08"）
#11=-#10*#10/8;                  [计算#11(Z 坐标)的值]
G01 X[2*#10+22] Z[#11-5.5] F0.1; （直线插补逼近抛物线段）
END1;                             （循环1 结束）
```

8. 见提示。

2.4.7

1.

序号	变量选择	变量表示	宏变量
1	选择自变量	z	#101
2	确定定义域	[72,2]	
3	用自变量表示因变量的表达式	$x=36/z+3$	#102=36/#101+3

2.
```
#26=14.534;                      （自变量#26 赋初值）
WHILE[#26GT-19.456]DO1;          （条件判断，#26 大于"-19.456"时执行循环1）
#26=#26-0.2;                     （#26 减去增量"0.2"）
#24=10*SQRT[1+[#26*#26]/[13*13]]; （计算 X 坐标值）
G01 X[2*#24] Z#26 F0.1;          （直线插补逐段加工双曲线段）
END1;                             （循环1 结束）
```

3. 设工件坐标系原点在右端面与轴线的交点上，则双曲线中心在工件坐标系中的坐标值为 (40，-17.32)。

```
#26=17.32;                       （自变量#26 赋初值）
WHILE[#26GT0]DO1;                （条件判断，#26 大于"0"时执行循环1）
#26=#26-0.2;                     （#26 减去增量"0.2"）
#24=-10*SQRT[1+[#26*#26]/[10*10]]; （计算 X 坐标值，注意应为负值）
G01 X[2*#24+40] Z[#26-17.32] F0.1; （直线插补逐段加工双曲线段）
END1;                             （循环1 结束）
```

2.4.8

1. 本质上没有区别，程序中考虑了正弦曲线起点在工件坐标系中的坐标值为 (20，-30)。

2. 设工件坐标系原点在右端面与轴线的交点上，则正弦曲线起点在工件坐标系中的坐标值为 (40，-30)。

```
#1=180;                          （自变量赋初值）
```

```
WHILE[#1GE0]DO1;                  （当#1大于或等于"0"时执行循环1）
#2=3.75*SIN[#1];                  [计算X坐标值，峰值为"(47.5-40)/2=3.75"]
#3=30*#1/180;                     （计算Z坐标值，半个周期对应长度为"30"）
G01 X[2*#2+40] Z[#3-30] F0.1;     （直线插补逼近正弦曲线）
#1=#1-0.5;                        （#1递减）
END1;                             （循环1结束）
```

3. 设工件坐标系原点在右端面与轴线的交点上，则该余弦曲线可看成起点在工件坐标系中的坐标值为（34，-65），起点角度360×2+90=810°，终点角度为90°的正弦曲线段。

```
#1=810;                           （自变量赋初值）
WHILE[#1GE90]DO1;                 （当#1大于或等于90时执行循环1）
#2=3*SIN[#1];                     （计算X坐标值）
#3=20*#1/360;                     （计算Z坐标值）
G01 X[2*#2+34] Z[#3-65] F0.1;     （直线插补逼近正弦曲线）
#1=#1-0.5;                        （#1递减）
END1;                             （循环1结束）
```

4. 可将精加工路线朝外偏移实现粗加工，程序略。

2.4.9

1. （#1赋初值）、（计算方程中的X值）、（计算方程中的Z值）、（直线插补逼近正切曲线）、（#1递减）、（条件判断）

2. （20，15）、（23，29）

3. 本题思路及方法仅供参考，程序略。

第3章

3.1

1. 立铣刀、端铣刀、键槽铣刀、球头铣刀和牛鼻刀

2. 等高铣削、曲面铣削、曲线铣削和插式铣削

3. 行切法粗加工时有很高的效率，在精加工时可获得刀痕一致、整齐美观的加工表面，适应性广，编程稍有不便。环切法可以减少提刀，提高铣削效率，用于粗加工时，其效率比行切法低，但可方便编程实现。

3.2.1

1. 设工件坐标系原点在工件左前角，编制外轮廓精加工部分程序如下：

```
#11=                              （长度赋值）
#2=                               （宽度赋值）
G00 G41 X#11 Y[#2+5] D01;         （快进接近工件，刀具半径左补偿）
G01 Y0 F100;                      （直线插补到右前点）
X0;                               （直线插补到左前点）
Y#2;                              （直线插补到左后点）
X#11;                             （直线插补到右后点）
G00 G40 X[#11+20];                （退刀，取消刀具补偿）
```

2.
G65 P3011 D____ R____ H____；

O3011;
G00 X0 Y0 Z2.0;
G01 Z-#11 F100;
G41 X[#7/2] Y[#7/2-2] D01;
Y[#7/2];
G03 X[-#7/2] R#18;
Y[-#7/2];
X[#7/2];
Y[#7/2];
G00 G40 X0 Y0;
Z50.0;
M99;
　　3.

#1=	（角度赋值）
#2=	（外径赋值）
#3=	（内径赋值）
#11=	（深度赋值）
#7=	（刀具半径赋值）
#30=360/4;	（计算角度，360°除以齿数）
#31=0;	（旋转角度变量赋初值）
G00 Z-#11;	（刀具下降）
N10 G68 X0 Y0 R#31;	（旋转设定）
G00 X[[#2+#7]*COS[#1/2]] Y[[#2+#7]*SIN[#1/2]];	（快进到起刀点）
G42 X[[#2/2+5]*COS[#1/2]] Y[[#2/2+5]*SIN[#1/2]] D01;	（快进到切削起点，刀具半径右补偿）
G01 X[[#3/2-5]*COS[#1/2]] Y[[#3/2-5]*SIN[#1/2]] F100;	（加工齿侧面）
G00 Y-[[#3/2-5]*SIN[#1/2]];	（快进）
G01 X[[#2/2+5]*COS[#1/2]] Y-[[#2/2+5]*SIN[#1/2]] F100;	（加工齿侧面）
G00 G40 X[[#2+#7]*COS[#1/2]] Y[[#2+#7]*SIN[#1/2]];	（返回起刀点，取消刀具半径补偿）
#31=#31+#30;	（旋转角度递增）
IF[#31LT360]GOTO10;	（当#31小于360°时转向N10程序段）
G69;	（取消坐标旋转）
G00 Z50.0;	（抬刀）

3.2.2

调用子程序编制相同轮廓的重复铣削加工的子程序一般要使用相对坐标编程，主程序中应先定位后才可以调用子程序。而宏程序调用要比子程序简便和功能强大得多。

3.3

1. 将 No.6050 参数设置为 13，改宏程序号 O3030 为 O9010，然后即可用
G13 I___J___Z___Q___F___;
指令调用。

2. 修改宏程序调用指令为

G65 P3031 X___Y___Z___R___F___;

即可,但需注意主程序中调用时与G66调用的区别是不能省略G65。

3.4.1

1. 可以,O3041对宽度尺寸控制更精确。

2. 宏程序调用指令

G65 P3042 U___V___D___;

其中,U、V分别为台阶面长和宽;D为刀具直径。

O3042;
#30=0.7*#7;   (计算步距值为0.7倍刀具直径)
#31=#21+#7+4;   (刀具在X向移动距离)
#40=0;   (加工宽度变量赋初值)
G90 G00 X-[#7/2+2] Y-[0.5*#7];   (进刀)
N10 G91 G00 Y#30;   (移动一个步距)
G01 X#31 F100;   (直线插补)
#31=-1*#31;   (切削方向反向)
#40=#40+#30;   (加工宽度递增一个步距)
IF[#40LT[#22-#30]]GOTO10;   (如果#40小于宽度减步距,则转向N10程序段)
G90 G00 Y[#22-0.5*#7];   (快进到最后一刀加工起点)
G91 G01 X#31 F100;   (直线插补最后一刀)
G90 G00 X-[#7/2+2] Y-[0.5*#7];   (返回起刀点)
M99;   (程序结束)

3. 将工件旋转90°方便加工,设工件坐标系原点在上表面的左前角,编制加工部分程序如下。

G00 X100.0 Y100.0;
Z0;
G65 P3042 U30.0 V90.0 D12.0;
G00 Z-5.0;
G65 P3042 U30.0 V70.0 D12.0;
G00 Z-10.0;
G65 P3042 U30.0 V40.0 D12.0;

3.4.2

1. 调用宏程序加工程序段:

G65 P3052 X0 Y0 Z0 A80.0 D20.0 C0.7 F100;

2.

#30=40;   (外圆半径赋值)
#31=10;   (内圆凸台半径赋值)
#32=12;   (刀具直径赋值)
N10 G01 X#30 Y0 F100;   (进刀到切削起点)
G02 I-#30;   (圆弧插补)
#30=#30-0.7*#32;   (圆半径递减)
IF[#30LE[#31+0.5*#32]]GOTO20;   (当加工圆半径小于或等于内圆凸台半径加刀具半径时跳转到N20)

```
IF[#30GT#31]GOTO10;              (当加工圆半径大于内圆凸台半径时转向 N10
                                  程序段)
N20 G01 X[#31+0.5*#32];          (进刀到精加工切削起点)
G02 I-[#31+0.5*#32];             (精加工)
```

3.5.1

在 O3060 或 O3061 程序中添加 Z 向下刀和抬刀即可，程序略。

3.5.2

1. 调用指令：

G65 P3072 X___ Y___ A___ B___ I___ J___ F___;

其中，X、Y 为椭圆中心在工件坐标系中的坐标值；A、B 分别为椭圆曲线长短半轴长；I、J 分别为椭圆曲线加工起点和终点的离心角；F 为进给速度。

```
O3072;
N10 #30=#1*COS[#4];              (计算 X 坐标值)
#31=#2*SIN[#4];                  (计算 Y 坐标值)
G01 X[#30+#24] Y[#31+#26] F#9;   (直线插补逼近椭圆曲线段)
#4=#4+0.5;                       (角度递增)
IF[#4LE#5]GOTO10;                (当#4 小于或等于#5 时转向 N10 程序段)
M99;                             (程序结束)
```

2. 将工件坐标系原点建立在左部椭圆中心，编制加工部分程序段如下（未考虑加工深度）。

```
G00 G42 X20.0 Y20.0 D01;                        (快进到切削起点，刀具半径右补偿)
G01 X0 F100;                                     (直线插补)
G65 P3072 X0 Y0 A30.0 B20.0 I90.0 J270.0 F100;   (调用宏程序加工左部椭圆曲线段)
G01 X10.0 Y-20.0 F100;                           (直线插补)
G65 P3072 X10.0 Y0 A30.0 B20.0 I-90.0 J90.0 F100;(调用宏程序加工右部椭圆曲线段)
G00 G40 X100.0 Y100.0;                           (退刀，取消刀具半径补偿)
```

3. 设工件原点在上表面的椭圆右象限点，编制加工部分程序如下。

```
G00 G42 X5.0 Y0 D01;
Z-5.0;
G01 X0 F100;
G65 P3072 X-15.0 Y0 A15.0 B10.0 I0 J360.0 F100;  (调用宏程序加工上椭圆曲线)
G01 Z-10.0;
G65 P3072 X-22.5 Y0 A22.5 B15.0 I0 J360.0 F100;  (调用宏程序加工中椭圆曲线)
G01 Z-15.0;
G65 P3072 X-30.0 Y0 A30.0 B20.0 I0 J360.0 F100;  (调用宏程序加工下椭圆曲线)
G00 G40 X100.0 Y100.0;
```

3.5.3

一、ACB

二、1. 编制一个以标准方程编写在第 Ⅰ、Ⅱ 象限的正椭圆曲线段加工宏程序，然后在主程序中调用宏程序并通过坐标旋转完成加工的方法适应性比在宏程序中加入坐标旋转指令更广。

宏程序调用指令：

G65 P3084 A___ B___ I___ J___ X___ Y___ F___;

其中，A、B分别为椭圆曲线长短半轴长；I、J分别为加工起始和终止点在椭圆自身坐标系中的X坐标值；X、Y为椭圆中心在工件坐标系中的坐标值；F为进给速度。

O3084;
#30=#2*SQRT[1-#4*#4/[#1*#1]];   (计算切削起点Y坐标值)
G00 G42 X[#4+10] Y#30 D01;   (快进到起刀点，刀具半径右补偿)
N10 #30=#2*SQRT[1-#4*#4/[#1*#1]];   (计算Y坐标值)
G01 X#4 Y#30 F#9;   (直线插补)
#4=#4-0.2;   (#4递减)
IF[#4GE#5]GOTO10;   (如果#4大于或等于#5时转向N10程序段)
G00 G40 X[#4-20];   (退刀，取消刀具半径补偿)
M99;   (程序结束)

2. 采用参数方程铣削加工3个完整椭圆，未采用刀具半径补偿，编制部分加工程序如下。

N10 #30=0;   (角度赋初值)
N20 G01 X[30*COS[#30]] Y[20*SIN[#30]] F100;   (直线插补逼近椭圆曲线)
#30=#30+0.5;   (角度增加)
IF[#30LE360]GOTO20;   (当#30小于或等于360°时转向N20程序段)
#40=#40+60;   (旋转角度递增60°)
G68 X0 Y0 R#40;   (坐标旋转)
IF[#40LE120]GOTO10;   (当#40小于或等于120°时转向N10程序段)
G69;   (取消坐标旋转)

3. 加工部分程序同上题。

4. 将用参数方程编制的宏程序O3072中角度增量改为60°，长短轴和坐标值按图赋值，然后旋转即可。

5. （旋转角度赋值）、（坐标旋转设置）、（进刀，建立刀具半径左补偿）、（圆弧插补）、（取消刀具半径补偿）、（角度递增）、（取消坐标旋转）、（当#18小于360°时转向N10程序段）

3.5.4

一、1. 不可以，受宏程序中条件判断语句及自变量#4递增的影响，起点Y坐标值必须比终点坐标值小。

2. 在工件表面之上建立和取消刀具半径补偿以保证旋转后的刀具轨迹不与工件发生干涉。

二、

N10 G00 X100.0 Y-100.0;   (刀具快进到起刀点)
G41 X-25.0 Y-15.0 D01;   (建立刀具半径左补偿)
Z2.0;   (Z向下刀)
G01 Z-10.0 F200;   (Z向加工到加工平面)
G65 P3091 A10.0 X-47.5 Y0 I-15.0 J15.0 F200; (调用宏程序加工右部抛物线段)
G01 Y-15.0;   (直线插补)
G00 Z50.0;   (抬刀)
G40 X100.0 Y-100.0;   (取消刀具半径补偿)
#30=#30+90;   (角度递增)
G68 X0 Y0 R#30;   (坐标旋转设定)

```
IF[#30LT360]GOTO10;                              （当#3小于360°时转向N10程序段）
G69;                                              （取消坐标旋转）
```

3.5.5

1.
```
G00 X20.0 Y15.0;                                 （快进到起刀点）
G01 X-15.0 F300;                                 （直线段加工）
G65 P3100 A12.0 B20.0 C180.0 X0 Y0 I-15.0 J10.0 F300;  （调用宏程序加工左部双曲线段）
G01 X-13.415 Y-10.0;                             （直线插补到圆弧切削起点）
G03 X13.415 Y-10.0 R-14.0;                       （圆弧插补加工圆弧段）
G65 P3100 A12.0 B20.0 C0 X0 Y0 I-10.0 J15.0 F300;      （调用宏程序加工右部双曲线段）
G00 X100.0 Y100.0;                               （返回起刀点）
```

2.
```
G65 P3100 A4.0 B3.0 C0 X0 Y0 I-14.695 J14.695 F300;    （调用宏程序加工右部双曲线段）
G00 X-20.0 Y14.695;                              （快进到左部双曲线段加工起点）
G65 P3100 A4.0 B3.0 C180.0 X0 Y0 I-14.695 J14.695 F300; （调用宏程序加工左部双曲线段）
```

3. 程序略。

3.5.6

1. $Y=f(X-G)+H=f(x-G)+H$; (13, 29)

2.
```
G00 X50.0 Y0;                                    （快速定位）
Z2.0;                                             （刀具下降）
G01 Z-10.0 F100;                                 （下降到加工平面）
N10 #30=#30+0.5;                                 （角度递增）
#31=50*COS[#30/2];                               （计算R值）
#32=#31*COS[#30];                                （计算X坐标值）
#33=#31*SIN[#30];                                （计算Y坐标值）
G03 X#32 Y#33 R#31;                              （圆弧插补逼近上半部曲线）
IF[#30LT180]GOTO10;                              （当#30小于180°时转向N10程序段）
N20 #30=#30-0.5;                                 （角度递减）
#31=50*COS[#30/2];                               （计算R值）
#32=#31*COS[#30];                                （计算X坐标值）
#33=#31*SIN[#30];                                （计算Y坐标值）
G03 X#32 Y-#33 R#31;                             （圆弧插补逼近下半部曲线）
IF[#30GT0]GOTO20;                                （当#30大于0°时转向N20程序段）
G00 Z50.0;                                       （抬刀）
```

3.
```
G00 X0 Y2.0;                                     （进刀到起刀点）
#30=1;                                            （计数器赋值）
#31=6;                                            （加工长度赋值）
N10 #32=#32+3;                                   （加工距离赋值）
G00 X#32;                                         （进刀）
G90 G01 Y-#31 F100;                              （刻槽）
```

```
G00 Y2.0;                                    (退刀)
#30=#30+1;                                   (计数器加1)
IF[#30EQ5]THEN#31=10;                        (当#30等于5时"#31=10")
IF[#30NE5]THEN#31=6;                         (当#30不等于5时"#31=6")
IF[#30EQ5]THEN#30=0;                         (当#30等于5时"#30=0")
IF[#32LT60]GOTO10;                           (如果#32小于或60转向N10程序段)
  4.
G00 X20.0 Y0;                                (快进到切削起点)
N10 #1=#1+0.5;                               (角度递增)
#2=20*[COS[#1]+#1*PI/180*SIN[#1]];           (计算X坐标值)
#3=20*[SIN[#1]-#1*PI/180*COS[#1]];           (计算Y坐标值)
G01 X#2 Y#3 F100;                            (直线插补逼近上半部曲线)
IF[#1LE257.436]GOTO10;                       (当#1小于或等于257.436°时转向N10
                                              程序段)
N20 #1=#1-0.5;                               (角度递减)
#2=20*[COS[#1]+#1*PI/180*SIN[#1]];           (计算X坐标值)
#3=20*[SIN[#1]-#1*PI/180*COS[#1]];           (计算Y坐标值)
G01 X#2 Y-#3 F100;                           (直线插补逼近下半部曲线)
IF[#1GE0]GOTO20;                             (当#1大于或等于0°时转向N20程序段)
```

3.6.1

1. 宏程序调用指令:

G65 P3122 X___ Y___ H___ Q___ A___;

其中,X、Y为起始孔中心G点在工件坐标系中的绝对坐标值;H为等间距孔的个数;A为孔系中心线与X轴的夹角;Q为孔间距。

```
O3122;                                       (宏程序号)
#11=#11-1;                                   (孔数减1)
N10 #11=#11-1;                               (把孔数递减)
#24=#17*COS[#1]+#24;                         (计算X坐标值)
#25=#17*SIN[#1]+#25;                         (计算Y坐标值)
X#24 Y#25;                                   (孔定位)
IF[#11GT0]GOTO10;                            (当#11大于0时转向N10程序段)
M99;                                         (宏程序结束)
```

调用宏程序加工图3-50中孔系部分程序段如下。

```
G00 G54 X13.0 Y10.0 Z100.0;                  (选择工件坐标系,刀具移动到孔1上方起刀点位置)
G99 G81 R2.5 Z-14.0 F150;                    (在当前位置加工孔1,然后返回R平面)
G65 P3122 X13.0 Y10.0 A35.0 H9.0 Q11.5;      [带变量赋值的宏程序调用(加工其余孔)]
```

2. 宏程序调用指令:

G65 P3123 X___ Y___ H___ Q___ A___;

其中,X、Y为起始孔中心G点在工件坐标系中的绝对坐标值;H为等间距孔的个数;A为孔系中心线与X轴的夹角;Q为孔间距。

```
O3123;                                       (宏程序号)
```

```
#11=#11-1;                              (把孔数改为间距数)
G68 X#24 Y#25 R#1;                      (坐标旋转设置)
G91 X#17 L#11;                          (增量方式孔定位,增量L次)
G69;                                    (取消坐标旋转)
M99;                                    (宏程序结束)
```

调用宏程序加工图 3-50 中孔系的部分加工程序如下。

```
G00 G54 X13.0 Y10.0 Z100.0;             (建立工件坐标系,刀具移动到孔1上方起
                                         刀点位置)
G99 G81 R2.5 Z-14.0 F150;               (在当前位置加工孔1,然后返回R平面)
G65 P3123 X13.0 Y10.0 A35.0 H9.0 Q11.5; [带变量赋值的宏程序调用(加工其余孔)]
```

3.

```
G00 G54 X15.0 Y10.0 Z100.0;             (选择G54工件坐标系,刀具移动到孔1上
                                         方起刀点位置)
G99 G83 R2.0 Z-20.0 Q6.0 F150;          (在当前位置加工孔1,然后返回R平面)
G65 P3123 X15.0 Y10.0 A15.0 H6.0 Q20.0; (调用宏程序加工第一排其余孔)
G90 X15.0 Y25.0;                        (定位到第二排第一孔加工)
G65 P3123 X15.0 Y25.0 A15.0 H6.0 Q20.0; (调用宏程序加工第二排其余孔)
G90 X15.0 Y40.0;                        (定位到第三排第一孔加工)
G65 P3123 X15.0 Y40.0 A15.0 H6.0 Q20.0; (调用宏程序加工第三排其余孔)
G90 X15.0 Y55.0;                        (定位到第四排第一孔加工)
G65 P3123 X15.0 Y55.0 A15.0 H6.0 Q20.0; (调用宏程序加工第四排其余孔)
```

4.

```
#24=0;                                  (左后角孔的X坐标值赋值)
#25=0;                                  (左后角孔的Y坐标值赋值)
#1=5;                                   (孔行数赋值)
#2=15;                                  (行间距赋值)
G00 X#24 Y#25;                          (定位到第一孔上方)
G99 G81 R2.0 Z-10.0 F100;               (钻第一孔)
N10 #30=#1;                             (每行孔的个数与孔的行数相等)
G91 X#2 L[#30-1];                       (钻每行余下的孔)
#24=#24+#2*COS[60];                     (计算下一行X坐标值)
#25=#25-#2*SIN[60];                     (计算下一行Y坐标值)
G90 X#24 Y#25;                          (钻下一行第一孔)
#1=#1-1;                                (行数递减)
IF[#1GT1]GOTO10;                        (当#1大于1时转向N10程序段)
```

3.6.2

1. 能,程序略。
2. 计算孔坐标值的部分程序如下。

```
N10 #30=#18*COS[#1];                    (计算孔在自身坐标系中的X坐标值)
#31=#18*SIN[#1];                        (计算孔在自身坐标系中的Y坐标值)
X[#24+#30] Y[#25+#31];                  (孔坐标值)
#1=#1+#2;                               (孔角度递增)
```

```
#11=#11-1;                              (孔数递减)
IF[#11GT0]GOTO10;                       (当#11大于0时继续计算)
```

3. 设工件坐标系原点在工件上平面中心,编制部分加工程序如下。

```
#40=80;                                                 (圆周直径赋值)
#41=24;                                                 (孔数赋值)
N10 #42=SQRT[200*200-50*50]-SQRT[200*200-#40*#40/4]; (计算Z坐标值)
G65 P3130 X0 Y0 Z[#42-2] R2.0 A0 D#40 H#41;             (调用O3130号宏程序
                                                         加工)
#40=#40-20;                                             (圆周直径递减)
#41=#41-6;                                              (孔数递减)
IF[#41GE6]GOTO10;                                       (如果#41大于或等于
                                                         6时转向N10程序段)
```

3.6.3

1.

```
#24=20;                         (左前角孔的X坐标值赋值)
#25=10;                         (左前角孔的Y坐标值赋值)
#1=4;                           (行数)
#2=6;                           (列数)
#4=10;                          (行间距)
#5=10;                          (列间距)
#7=15;                          (旋转角度)
G68 X#24 Y#25 R#7;              (坐标旋转)
G99 G81 X#24 Y#25 R2.0 Z-5.0 F100;  (钻第一孔)
G91 X#5 L[#2-1];                (钻第一排其余孔)
N10 #25=#25+#4;                 (#25递增)
G90 X#24 Y#25;                  (定位下一行)
#1=#1-1;                        (#1递减)
IF[#1EQ1]GOTO20;                (如果#1等于1时转向N20程序段)
G91 X[[#2-1]*#5];               (钻中间各行最后一孔)
IF[#1GT1]GOTO10;                (如果#1大于1时转向N10程序段)
N20 G91 X#5 L[#2-1];            (钻最后一行其余孔)
G69;                            (取消坐标旋转)
```

2.

```
#24=15;                         (左前角孔的X坐标值赋值)
#25=10;                         (左前角孔的Y坐标值赋值)
#1=5;                           (行数)
#2=6;                           (列数)
#4=15;                          (行间距)
#5=20;                          (列间距)
#7=15;                          (行孔中心线与X轴的夹角)
#8=75;                          (列孔中心线与X轴的夹角)
#30=0;                          (行距离赋值)
```

```
N10  #31=0;                                      (列距离赋值)
     #32=#30*COS[#8];                            (计算每行当前孔的X坐标值)
     #33=#30*SIN[#8];                            (计算每行当前孔的Y坐标值)
N20  #34=#31*COS[#7];                            (计算每列当前孔的X坐标值)
     #35=#31*SIN[#7];                            (计算每列当前孔的Y坐标值)
     G99 G83 X[#32+#34+#24] Y[#33+#35+#25]
     Z-20.0 Q6.0 F100;                           (孔加工循环)
     #31=#31+#5;                                 (列距离递增)
     IF[#31LE[[#2-1]*#5]]GOTO20;                 (条件判断)
     #30=#30+#4;                                 (行距离递增)
     IF[#30LE[[#1-1]*#4]]GOTO10;                 (条件判断)
```

3. 程序略。

3.6.4

1. 将例3-29程序中#1、#2、#4和#5变量重新赋值即可。
2. 能,注意最后一层精加工时#1和#2变量的值应相等,程序略。

3.7.1

1.

```
G65 P3150 X50.0 Y50.0 I40.0 C8.0 D10.0 R2.0 Z-2.0 F200;   (调用宏程序Z向加工第一层)
G65 P3150 X50.0 Y50.0 I40.0 C8.0 D10.0 R2.0 Z-4.0 F200;   (调用宏程序Z向加工第二层)
G65 P3150 X50.0 Y50.0 I40.0 C8.0 D10.0 R2.0 Z-1.0 F200;   (调用宏程序Z向加工第三层)
```

2. 宏程序中"WHILE~END1"部分程序段用于实现粗加工,因此删除该部分程序段即可。

3.

```
G00 X0 Y[#7/2] Z50.0;                  (刀具定位)
Z2.0;                                  (下降至工件表面上方)
G01 Z-#11 F100;                        (下降到加工平面)
N10 #30=#30+#2;                        (加工半径递增)
G02 J#30;                              (圆弧插补)
IF[#30LE[#18-#2-#7/2]]GOTO10;          (条件判断)
G02 J[#18-#7/2];                       (精加工)
G00 Z50.0;                             (抬刀)
```

4. 将椭圆外轮廓加工宏程序中的刀具半径补偿方向反向并修改进刀、下刀和抬刀路线即可实现内轮廓的加工,程序略。

3.7.2

1.

```
G65 P3160 X70.0 Y40.0 U72.0  V32.0 I10.0 C12.0 R2.0 Z-10.0 D20.0 F200;
G65 P3160 X70.0 Y40.0 U86.0  V46.0 I10.0 C12.0 R2.0 Z-10.0 D20.0 F200;
G65 P3160 X70.0 Y40.0 U100.0 V60.0 I10.0 C12.0 R2.0 Z-10.0 D20.0 F200;
```

2. 刀具沿矩形路线加工一个齿两侧面,然后坐标旋转加工其他各齿。

```
#1=10;                                 (宽度赋值)
#2=80;                                 (外径赋值)
```

```
#3=60;                              (内径赋值)
#11=10;                             (深度赋值)
#7=12;                              (刀具半径赋值)
#4=8;                               (齿数)
#31=0;                              (旋转角度变量赋初值)
G00 Z-#11;                          (刀具下降)
N10 G68 X0 Y0 R#31;                 (旋转设定)
G00 X[#2/2+#7] Y[#1/2+#7/2];        (快进到矩形切削起点)
G01 X[#3/2-#7] F100;                (直线插补到矩形左后点)
G00 Y-[#1/2+#7/2];                  (快进到矩形左前点)
G01 X[#2/2+#7] F100;                (直线插补到矩形右前点)
G00 Y[#1/2+#7/2];                   (返回矩形右后点)
#31=#31+360/#4;                     (旋转角度递增)
IF[#31LT360]GOTO10;                 (当#31小于360°时转向N10程序段)
G69;                                (取消坐标旋转)
G00 Z50.0;                          (抬刀)
```

3.7.3

本题由于槽深较浅可不采用斜插式铣削加工（读者可自行尝试采用斜插式加工编程），设工件原点在工件上表面中心，选用φ6mm键槽铣刀先加工一个圆弧形键槽和一个直键槽，然后坐标旋转加工其余键槽，编制加工部分程序如下。

```
N10 G00 X[30*COS[15]] Y-[30*SIN[15]];   (定位到圆弧形键槽加工起点)
Z2.0;                                    (下刀到加工平面上方)
G01 Z-3.0 F100;                          (直线插补到加工平面)
G03 Y[30*SIN[15]] R30.0;                 (加工圆弧形键槽)
G00 Z2.0;                                (抬刀)
X[24*COS[45]] Y[24*SIN[45]];             (定位到直键槽加工起点)
G01 Z-3.0 F100;                          (直线插补到加工平面)
X[36*COS[45]] Y[36*SIN[45]];             (加工直键槽)
G00 Z2.0;                                (抬刀)
#30=#30+90;                              (角度递增)
G68 X0 Y0 R#30;                          (坐标旋转)
IF[#30LT360]GOTO10;                      (条件判断)
G69;                                     (取消坐标旋转)
```

3.7.4

1.

```
G65 P3180 X0 Y0 A165.0 B560.0 T20.0 H2.0 F150;
G65 P3180 X0 Y0 A165.0 B560.0 T20.0 H4.0 F150;
G65 P3180 X0 Y0 A165.0 B560.0 T20.0 H5.0 F150;
```

2. 180°，60；360°，40

（上半段螺线角度赋初值）、（计算R值变化量）、（计算X坐标值）、（计算Y坐标值）、（直线插补逼近螺线）、（角度递增）、（条件判断）、（下半段螺线角度赋初值）、（计算R值变化量）、（计算

X 坐标值)、(计算 Y 坐标值)、(直线插补逼近螺线)、(角度递增)、(条件判断)

3.7.5

分了3层加工,每层加工起点的 Z 坐标值分别为"$Z-1$"、"$Z-3.5$"、"$Z-6$"。

3.8.1

一、1. 如图示,采用立铣刀加工时半径补偿值为刀具半径是一恒定值,采用直径为 D 的球头刀加工时的半径补偿值为 $D/2 \times \cos\theta$。

2. 思路不同,本题采用与 XZ 平面平行的垂直面截球,用该截平面内的半圆弧朝 Y 轴负方向逐渐递变加工完成。

3. 该粗加工程序加工刀轨形式采用插式铣削(插铣)。

二、1.

G65 P3202 X10.0 Y20.0 Z30.0 R50.0 D12.0 H20.0 Q0.5 F300;

2.

G65 P3202 X0 Y0 Z0 R25.0 D8.0 H25.0 Q0.2 F300;

3. 能,程序略。

4. 设工件原点在球顶点,则球心在工件坐标系中坐标值为(0,0,-150),CAD 查询得球高度约等于 5.5mm,调用宏程序加工指令为:

G65 P3202 X0 Y0 Z-150.0 R150.0 D8.0 H5.5 Q0.2 F300;

3.8.2

1. 采用球头刀从下往上精加工凹球面宏程序调用指令如下,各地址含义同例 3-43。

G65 P3211 X___ Y___ Z___ R___ H___ D___;
O3211;
#30=#18-#7/2;   (计算球半径减刀半径)
#31=#30;   (Z 坐标值赋值)
G00 X#24 Y#25 Z50.0;   (刀具定位)
Z[-#31+#26+5];   (下刀)
G01 Z[-#31+#26] F200;   (直线插补到球顶点)
#31=#31-0.2;   (计算 Z 坐标值)
#32=SQRT[#30*#30-#31*#31];   (计算 X 坐标值)
G01 X[#32+#24] Z[-#31+#26];   (直线插补到底部加工起点)
N10 #32=SQRT[#30*#30-#31*#31];   (计算 X 坐标值)
G17 G02 X[#32+#24] I-#32 Z[-#31+#26];   (螺旋插补加工凹球面)
#31=#31-0.2;   (Z 坐标值递减)
IF[#31GE[#18-#11]]GOTO10;   (条件判断)
M99;   (程序结束)

调用宏程序实现图 3-93 凹球面的粗精加工部分程序段如下:

G65 P3210 X0 Y0 Z0 R15.0 H15.0 D12.0 Q0.5 F200;   (调用宏程序粗加工"SR15"凹球面)
G65 P3210 X0 Y0 Z0 R25.0 H25.0 D12.0 Q0.5 F200;   (调用宏程序粗加工"SR25"凹球面)
G65 P3210 X0 Y0 Z0 R34.8 H34.8 D12.0 Q0.5 F200;   (调用宏程序粗加工"SR34.8"凹球面)
…   (换球头刀、刀补等)
G65 P3211 X0 Y0 Z0 R35.0 H35.0 D8.0;   (调用宏程序精加工"SR35"凹球面)

2.

G65 P3210 X0 Y0 Z10.0 R20.0 H10.0 D12.0 Q0.5 F200;(调用宏程序粗加工"SR20"凹球面)

G65 P3210 X0 Y0 Z10.0 R30.0 H20.0 D12.0 Q0.5 F200; （调用宏程序粗加工"SR30"凹球面）
G65 P3210 X0 Y0 Z10.0 R39.8 H29.8 D12.0 Q0.5 F200; （调用宏程序粗加工"SR39.8"凹球面）
…　　　　　　　　　　　　　　　　　　　　　　　　（换球头刀、刀补等）
G65 P3211 X0 Y0 Z10.0 R40.0 H30.0 D8.0;　　（调用宏程序精加工"SR40"凹球面）

3.8.3

一、能，只需要设置椭球半轴长 a、b、c 均等于半球球半径即可。

二、1. 采用球头刀加工椭球面的宏程序调用指令为：

G65 P3222 A___ B___ C___ D___ Q___ F___;

各地址含义同例3-44。

O3222;　　　　　　　　　　　　　　　（宏程序号）
G00 X[#1+20] Y0;　　　　　　　　　　（快进至下刀平面）
Z0;　　　　　　　　　　　　　　　　　（快进至加工起始平面）
#34=0;　　　　　　　　　　　　　　　（角度计数器赋初值）
WHILE[#34LE90]DO1;　　　　　　　　　（条件判断，当#34小于或等于90°时执行循环1）
#30=[#1+#7/2]*COS[#34];　　　　　　（计算加工椭圆 X 向半轴长）
#31=[#2+#7/2]*COS[#34];　　　　　　（计算加工椭圆 Y 向半轴长）
#32=[#3+#7/2]*SIN[#34];　　　　　　（计算加工椭圆 Z 轴高度）
G01 X#30 Z#32 F#9;　　　　　　　　　（直线插补至椭圆加工平面）
#35=0;　　　　　　　　　　　　　　　（角度计数器赋初值）
　WHILE[#35LE360]DO2;　　　　　　　（条件判断，当#35小于或等于360°时执行循环2）
　#40=#30*COS[#35];　　　　　　　　（计算加工椭圆截面的 X 坐标值）
　#41=#31*SIN[#35];　　　　　　　　（计算加工椭圆截面的 Y 坐标值）
　G01 X#40 Y#41 F#9;　　　　　　　　（直线插补逐段加工椭圆）
　#35=#35+#17;　　　　　　　　　　（角度计数器加增量）
　END2;　　　　　　　　　　　　　　（循环2结束）
#34=#34+#17;　　　　　　　　　　　　（角度计数器加增量）
END1;　　　　　　　　　　　　　　　　（循环1结束）
G00 Z[#3+50];　　　　　　　　　　　　（抬刀）
M99;　　　　　　　　　　　　　　　　（程序结束）

　2. 程序略。
　3.
G65 P3220 A25.0 B20.0 C10.0 D10.0 Q1.0 F150;

3.9.1

一、1. 能，只要保证锥底圆和锥顶圆直径相等即可。加工宏程序段为：

G65 P3230 X0 Y0 Z0 A80.0 B80.0 H30.0 D12.0 F150;

　2. 如图3-102所示，可以。

二、1. 如下程序段分别调用宏程序完成圆锥台的粗精加工，缺点是空走刀较多，效率低。

G65 P3230 X0 Y0 Z0 A90.0 B70.0 H10.0 D12.0 F150;　（调用宏程序粗加工，加工圆锥台尺寸为"$\phi 90 \times \phi 70 \times 10$"）

G65 P3230 X0 Y0 Z0 A80.0 B60.0 H10.0 D12.0 F150;　（调用宏程序粗加工，加工圆锥台尺寸为"$\phi 80 \times \phi 60 \times 10$"）

G65 P3230 X0 Y0 Z0 A70.2 B50.2 H10.0 D12.0 F150;　（调用宏程序粗加工，加工圆锥台尺寸为"$\phi 70.2 \times \phi 50.2 \times 10$"）

```
G65 P3230 X0 Y0 Z0 A70.0 B50.0 H10.0 D12.0 F150；    （调用宏程序精加工圆锥台侧面）
    2.
♯1=40；                          （下方边长赋值）
♯2=20；                          （上方边长赋值）
♯3=20；                          （高度赋值）
♯30=[♯1-♯2]/♯3；                （计算每高度方尺寸变化量）
G00 G42 X[♯1/2+4] Y[♯1/2] D01；  （刀具定位，建立刀具半径补偿）
Z-♯3；                           （下刀）
N10 G01 X[♯1/2] Y[♯1/2] F100；   （直线插补到右后角点）
X-[♯1/2]；                       （到左后角点）
Y-[♯1/2]；                       （到左前角点）
X[♯1/2]；                        （到右前角点）
♯1=♯1-0.2；                      （边长递减）
♯31=[♯1-♯2]/♯30；                （计算高度值）
Z-♯31；                          （Z向移动）
IF[♯1GE♯2]GOTO10；               （条件判断）
G00 Z50.0；                      （抬刀）
G40 X100.0 Y100.0；              （取消刀具半径补偿）
    3.
♯1=0；                           （角度赋初值）
G00 G41 X34.0 Y0 D01；           （快进定位，刀具半径补偿）
Z-15.0；                         （刀具下降到加工平面）
N10 ♯2=30-15*SIN[♯1]；           （计算X坐标值）
♯3=15*COS[♯1]；                  （计算Y坐标值）
G01 X♯2 Z-♯3 F100；              （直线插补到切削起点）
G02 I-♯2；                       （圆弧插补）
♯1=♯1+0.5；                      （角度递增）
IF[♯1LE90]GOTO10；               （条件判断）
G00 Z30.0；                      （抬刀）
G40 X100.0 Y100.0；              （取消刀具半径补偿）
```

3.9.2

1. 在方坯料上加工椭圆台外轮廓（参看 3.5.1 节），然后调用宏程序完成椭圆锥台的粗精加工，程序略。

2. 能，宏程序调用指令和宏程序同例 3-49。

3.
```
G65 P3240 X0 Y0 Z0 A22.0 B15.0 I10.0 J10.0 H12.0 D12.0 F100；
```

3.9.3

1. 沿母线直线加工比沿截平面四周加工天圆地方得到的表面质量更高。

2. 修改程序 O3250 中的♯1、♯2、♯3和♯4的值，然后执行 O3251 主程序即可，程序略。

3. 有区别，该方法得到的不是本节意义上的"天圆地方"。

3.9.4

1. 设工件原点在工件上表面的前端面中心上，选择 ϕ6mm 球头刀从上往下沿圆柱面轴向走刀加工，精加工部分宏程序如下。

```
#1=15;                                      （月牙形半径赋值）
#2=12;                                      （宽度赋值）
#3=6;                                       （刀具直径赋值）
N10 #30=#30+0.2;                            （角度递增）
#31=[#1-#3*0.5]*COS[#30];                   （计算X坐标值）
#32=[#1-#3*0.5]*SIN[#30];                   （计算Z坐标值）
G00 X#31 Y[#2+#3/2] Z-#32;                  （定位到右后角）
G01 Y-[#3/2] F100;                          （直线插补到右前角）
G00 X-#31;                                  （快进到左前角）
G01 Y[#2+#3/2] F100;                        （直线插补到左后角）
IF[#30LT90]GOTO10;                          （条件判断）
```

2. 设工件原点在底平面的左前角，选择φ10mm球刀沿弧形面圆周方向走刀，精加工部分宏程序如下。

```
G00 X110.0 Y0 Z30.0;                        （快进到加工起点）
N10 #1=#1+0.1;                              （Y坐标值递增）
G01 X105.0 Y#1 F120;                        （直线插补到切削起点）
G18 G02 X65.769 Z58.545 R30.0;              （圆弧插补）
G03 X44.231 R35.0;                          （圆弧插补）
G02 X5.0 Z30.0 R30.0;                       （圆弧插补）
#1=#1+0.1;                                  （Y坐标值递增）
G01 Y#1;                                    （Y向进刀）
G18 G03 X44.234 Z58.545 R30.0;              （圆弧插补返回）
G02 X65.769 R35.0;                          （圆弧插补返回）
G03 X105.0 Z30.0 R30.0;                     （圆弧插补返回）
IF[#1LT30]GOTO10;                           （条件判断）
```

3. 设工件原点在球心，选择φ6mm立铣刀精加工，编制精加工部分程序如下（转角部分"R3"圆角过渡处理）。

```
#1=15;                                      （圆柱半径赋值）
#2=25;                                      （球半径赋值）
#3=6;                                       （刀具直径赋值）
#4=80;                                      （圆柱长度赋值）
#30=#2;                                     （高度赋值）
G00 X0 Y0 Z#2;                              （刀具下降）
  N10 #30=#30-0.1;                          （高度递减）
  #31=SQRT[#2*#2-#30*#30]+#3*0.5;           （计算加工球截圆半径）
  G18 G03 X#31 Z#30 R#2 F100;               （圆弧插补到切削起点）
  G17 G02 I-#31;                            （圆弧插补加工球头上部）
  IF[#30GE#1]GOTO10;                        （条件判断，直到球头上部分加工完毕）
G00 X[#4*0.5+#3];                           （快进到切削起点）
  N20 #30=#30-0.1;                          （高度递减）
  #31=SQRT[#2*#2-#30*#30]+#3*0.5;           （计算加工球截圆半径）
  #32=SQRT[#1*#1-#30*#30]+#3*0.5;           （计算加工圆柱截平面矩形半宽）
```

```
#33=SQRT[#31*#31-#32*#32];          （计算球截圆与圆柱截平面矩形的交点距
                                      离平面中心垂直距离）
    G00 X[#4*0.5+#3] Y#32 Z#30;     （刀具定位）
    G01 X#33 F100;                   （加工圆柱截平面矩形直线段）
    G03 X#32 Y#33 R#31;              （加工球截圆弧段）
    G01 Y[#4*0.5+#3];                （加工圆柱截平面矩形直线段）
    IF[#30GT0]GOTO20;                （条件判断，直到四分之一凹槽区域加工
                                      完毕）
G00 Z50.0;                           （抬刀）
    #30=#1;                          （高度重新赋值）
    #40=#40+90;                      （角度赋值）
    G68 X0 Y0 R#40;                  （坐标旋转设定）
    IF[#40LT360]GOTO20;              （条件判断，直到其余三个区域加工完毕）
    G69;                             （坐标旋转取消）
```

4. 建立工件坐标系在前端面 φ50mm 的圆心，采用 φ12mm 立铣刀精加工该圆台面，编制加工部分程序如下。

```
#1=50;                               （直径赋值）
#2=60;                               （直径赋值）
#3=30;                               （宽度赋值）
#4=12;                               （刀具直径赋值）
#30=[#2-#1]*0.5/#3;                  （计算半径每宽度变化量）
N10 #31=#31+0.2;                     （Y坐标值递增）
#32=#30*#31+#1/2;                    （计算X坐标值）
G01 X[#32+#4/2] Y#31 Z0 F150;        （直线插补到起点）
G18 G02 X[#4/2] Z#32 R#32;           （圆弧插补到顶部）
X-[#4/2] R[#4/2] F500;               （绕过顶点，防止顶部被踩平）
X-[#32+#4/2] Z0 R#32 F150;           （圆弧插补到底部）
G03 X[#32+#4/2] R[#32+#4/2] F500;    （快速返回起点）
IF[#31LT#3]GOTO10;                   （条件判断）
```

3.10

1.

```
#7=8;                                （球头刀直径赋值）
#18=4;                               （凸圆角半径赋值）
#30=0;                               （角度计数器置零）
#31=#7/2+#18;                        （计算球刀中心与倒圆中心连线距离）
WHILE[#30LE90]DO1;                   （当#30小于或等于90°时执行循环1）
#32=#31*SIN[#30]-#18;                （计算球头刀的Z轴动态值）
#1=#31*COS[#30]-#18;                 （计算动态变化的刀具半径补偿值）
G10 L12 P01 R#1;                     （刀具补偿值的设定）
G00 Z#32;                            （刀具下降至初始加工平面）
G42 X39.0 Y0 D01;                    （建立刀具半径补偿）
    #40=0;                           （#40赋初值）
```

```
        WHILE[#40LT360]DO2;              (当#40小于360°时执行循环2)
        #40=#40+0.5;                     (#40递增0.5°)
        #24=30*COS[#40];                 (计算X坐标值)
        #25=20*SIN[#40];                 (计算Y坐标值)
        G01 X#24 Y#25 F100;              (直线插补逼近椭圆曲线)
        END2;                            (循环2结束)
     G40 G00 X50.0;                      (取消刀具半径补偿)
     #30=#30+0.5;                        (角度计数器加增量)
     END1;                               (循环1结束)
     G00 Z50.0;                          (抬刀)
```

2. 请参考图3-125并结合图3-124绘制变量模型图，略。

3. 设工件原点在工件底平面的左前角，采用φ10mm立铣刀加工，加工部分程序如下。

```
     #1=60;                              (长度赋值)
     #2=30;                              (宽度赋值)
     #3=5;                               (角度赋值)
     #4=10;                              (立铣刀直径赋值)
     N10 #30=#30+0.1;                    (高度递增)
     #31=#30/TAN[#3];                    (计算X坐标值)
     G00 X[#31-#4/2] Y-#4 Z[#30+10];     (刀具定位)
     G01 Y[#2+#4] F150;                  (直线插补)
     #30=#30+0.1;                        (高度递增)
     #31=#30/TAN[#3];                    (计算X坐标值)
     G00 X[#31-#4/2] Z[#30+10];          (刀具定位)
     G01 Y-#4 F150;                      (直线插补返回)
     IF[#30LT[#1*TAN[#3]]]GOTO10;        (条件判断)
```

下面是采用G10指令编制的斜面加工部分程序（斜面加工也可以看成倒斜角加工）。

```
     #1=60;                              (长度赋值)
     #2=30;                              (宽度赋值)
     #3=5;                               (角度赋值)
     #4=10;                              (刀具直径赋值)
     G00 X-40.0 Y-10.0;                  (快进到起刀点)
     N10 #30=#30+0.2;                    (加工长度递增)
     #31=#30*TAN[#3];                    (计算Z坐标值)
     #32=#4/2-#30;                       (计算动态刀具补偿值)
     G10 L12 P01 R#32;                   (刀具补偿值的设定)
     G00 Z[10+#31];                      (刀具移动到加工高度)
        G41 G00 X0 D01;                  (建立刀具半径补偿)
        G01 Y[#2+#4] F150;               (直线插补)
        G40 G00 X-40.0 Y-10.0;           (取消刀具半径补偿)
     IF[#30LE#1]GOTO10;                  (条件判断)
```

4. 该程序的主要缺点在于未考虑刀具半径补偿和粗加工。编制一个五角星精加工宏程序对#1和#2重新赋值即可，非正五角星还需要对#3重新赋值。

参 考 文 献

[1] 冯志刚. 数控宏程序编程方法、技巧与实例. 北京：机械工业出版社，2007.
[2] 张超英. 数控编程技术——手工编程. 北京：化学工业出版社，2008.
[3] 韩鸿鸾. 数控编程. 北京：中国劳动社会保障出版社，2004.
[4] 杨琳. 数控车床加工工艺与编程. 北京：中国劳动社会保障出版社，2005.
[5] 杜军. 数控编程习题精讲与练. 北京：清华大学出版社，2008.
[6] 杜军. 数控编程培训教程. 北京：清华大学出版社，2010.